国家示范性高等职业院校重点专业建设项目成果
工程机械运用与维护专业核心课程

压路机运用与维护

主　编　刘厚菊
副主编　丁厚勇
主　审　王定祥

内 容 简 介

压路机是工程建设中不可缺少的机械之一。本书按照示范建设的要求,以工作过程为导向,以典型任务为载体,以构建职业能力培养的模块化课程为目的,根据工作过程由外而内的顺序进行编写。全书共分 8 章。第一章主要介绍压路机的总体结构、特点、型号,压路机发展现状与趋势,国内外主要压路机产品;第二章主要介绍几种典型压路机的操作程序及注意事项;第三章主要介绍几种典型压路机的结构与原理;第四章主要介绍几种典型压路机的拆卸步骤和注意事项;第五章主要介绍几种典型压路机的检验与调试方法;第六章主要介绍几种典型压路机的维护与保养;第七章以三一压路机及宝马 219 压路机为例介绍常见故障的分析与排除;第八章主要介绍新型压路机的工作原理。

本书是高职工程机械运用与维护专业核心课程"压路机运用与维护"的配套教材,也可作为从事压路机装配、调试及售后服务工作的员工培训材料。

图书在版编目(CIP)数据

压路机运用与维护/刘厚菊主编. —北京:北京大学出版社,2011.10
ISBN 978-7-301-19556-7

Ⅰ. ①压… Ⅱ. ①刘… Ⅲ. ①压路机—高等学校—教材②压路机—中等专业学校—教材 Ⅳ. TU661

中国版本图书馆 CIP 数据核字(2011)第 194446 号

书　　　名:	压路机运用与维护
著作责任者:	刘厚菊　主编
策划编辑:	傅　莉
责任编辑:	傅　莉　李成都
标准书号:	ISBN 978-7-301-19556-7/U·0061
出版发行:	北京大学出版社
地　　　址:	北京市海淀区成府路 205 号　100871
电　　　话:	邮购部 62752015　发行部 62750672　编辑部 62754934　出版部 62754962
网　　　址:	http://www.pup.cn
电子信箱:	zyjy@pup.cn
印　刷　者:	三河市欣欣印刷有限公司
经　销　者:	新华书店
	787 毫米×1092 毫米　16 开本　16 印张　389 千字
	2011 年 10 月第 1 版　2011 年 10 月第 1 次印刷
定　　　价:	32.00 元

未经许可,不得以任何方式复制或抄袭本书之部分或全部内容。
版权所有,侵权必究
举报电话: 010-62752024　电子信箱: fd@pup.pku.edu.cn

丛 书 序

一直以来，高职工程机械运用与维护专业基本沿袭本科相应专业的课程设置，开设有"工程机械底盘"、"工程机械"、"工程机械液压系统分析"、"工程机械电气设备"等主干专业课程，这些课程的教材是通过提取种类繁多的工程机械的某些共性部分编写而成。毫无疑问，这种课程体系对学生掌握较宽泛的专业知识是有极大帮助的，但对于培养生产一线"高技能型"人才的高职学生则显示出其局限性。

首先，这种课程体系呈现的专业知识并没有针对某一种或某一类工程机械。高职学生毕业后大多从事生产一线的具体工作，面对的是某一种具体的工程机械，学生要想对某种具体的工程机械有较全面的认识，必须将这些专业课程学到融会贯通的程度。遗憾的是，由于众所周知的原因，大部分学生往往达不到这种程度。因此，在毕业生跟踪调查中，我们往往会听到这样的声音："在学校里我们该学的知识学得很少，没用的知识倒是学了不少！"

其次，这种课程体系不便于项目课程教学。现代工程机械是集机、电、液、气一体化的高科技产品，各组成部分是有机联系在一起的。例如，同样一种故障模式，其故障原因既可能是机械方面的，也可能是液压方面的，还可能是电气方面的。在分析这种故障的时候，各专业课的老师可能会"各自为政"，只讲与本课程有关的内容，这样就人为地割裂了工程机械各部分的联系；有的老师可能也会附带介绍涉及其他专业课程的内容，这样又造成了知识的重复传授，浪费了学时。

再次，这种课程体系不便于安排实训，尤其是与课程同步的实训。我们的学生基本上是三一重工、中联重科、山河智能等联合办学企业的"订单班"学生，毕业后从事工程机械装配、调试、售后服务及营销等方面的工作，为达到"零距离"上岗的要求，在学校就应有针对性地安排拆装、调试、故障诊断等实训项目。实际进行某个实训项目的时候，由于各专业课程的进度不一，可能某些内容学生还没有学过，以致达不到应有的实训效果。

由于上述原因，结合企业调研、毕业生跟踪调查的结论，我们在工程机械运用与维护专业（高职）人才培养目标的基础上，结合企业的人才需求（订单），进行"宽基础、活模块、重实践"的课程体系改革。改革的成果之一是将整个专业课程体系分为"推土机运用与维护"、"装载机运用与维护"、"压路机运用与维护"、"摊铺机运用与维护"、"砼泵运用与维护"等五大核心专业课程以及其他拓展专业课程。学生可根据自己的专业方向（就业方向）选择相应核心专业课程和拓展专业课程，这样可避免学一些毕业后用不到的知识，同时强化毕业后必须用到的知识，体现高职学生知识"够用为度"的原则。

调整后的专业课程不是将原课程体系的教学内容简单拼凑，而是按照"以行业需求为导向、以能力为本位、以学生为中心"的原则，把行业能力标准作为专业课程教学目标和鉴定标准,按照行业能力要求重构教学内容。

  为方便新课程体系的教学实施,我们组织了本专业的骨干教师和联合办学企业的骨干技术人员编写了本套丛书,包括:《推土机运用与维护》、《挖掘机运用与维护》、《压路机运用与维护》、《装载机运用与维护》、《泵与泵车运用与维护》,以后还将陆续推出其他的系列教材。

  本套丛书是各位编写人员结合多年的教学、科研、生产及管理经验,吸收了参加中德师资培训、香港理工大学职教师资培训以及教育部骨干教师培训获得的职业教育理念,按照"工学结合、项目引导、'教学做'一体化"的原则,采用模块式结构编写而成的。丛书适合高职高专工程机械运用与维护专业实施"理实一体化"教学,也适合相关企业作为培训教材进行员工培训。

  丛书的所有编写人员在此衷心感谢所有鼓励、支持、帮助过我们的领导、同事、同行和朋友!也热切盼望各位关心高职教育的同行、朋友能够对本套丛书的谬误提出批评、修改意见,您的意见是我们持续改进的动力。来信请发至 zhbgn1969@163.com。

张炳根
于 2010 年 1 月

前 言

压路机应用在公路、铁路、机场、大坝、港口等建设中,主要作用是使沥青混凝土、水泥混凝土、稳定土(灰土、水泥加固稳定土和沥青加固稳定土等)以及其他筑路材料的颗粒处于紧密状态和增加它们之间的内聚力,以提高它们的强度、不透水性和密实度,防止因受雨水、风雪侵蚀以及运输车辆载荷作用而产生沉陷破坏。因此,压路机是工程建设中不可缺少的机械之一。为了提高路面的强度和密实度,压路机生产企业在不断地设计新产品,施工企业(压路机使用单位)也在不断地引进新产品,以满足日益增大的车流量、车载荷对路面质量的新要求。

本书根据压路机生产企业和压路机使用企业的共同要求,根据工作过程由外而内的顺序进行编写,具有以下3个特点。

(1) 通过对联合办学企业等压路机生产单位以及工程施工企业进行调查采访,以这些企业对学生的需求为依据进行内容选取。

(2) 按照示范建设的要求,以工作过程为导向,以典型任务为载体,以构建职业能力培养的模块化课程进行编写。

(3) 以联合办学企业之一——三一重工股份有限公司的典型产品为主要素材进行编写。

全书共分8章。第一章主要介绍压路机的总体结构、特点、型号,压路机发展现状与趋势,国内外主要压路机产品,由湖南交通职业技术学院李战慧编写;第二章主要介绍YL25C轮胎压路机、YZ18C振动压路机、YZC12振动压路机及HAMM3625HT压路机的操作程序及注意事项,由东南大学丁乡编写;第三章主要介绍YL25C轮胎压路机、YZ18C振动压路机、YZC12振动压路机的结构与原理,由万向集团陈伟军编写;第四章主要介绍YZ18C振动压路机和YZC12Ⅱ型双钢轮振动压路机的拆卸步骤和注意事项,由湖南交通职业技术学院刘厚菊编写;第五章主要介绍YL25C轮胎压路机、YZ18C振动压路机、YZC12Ⅱ型双钢轮振动压路机的检验与调试方法,由湖南交通职业技术学院王惠明编写;第六章主要介绍YL25C轮胎压路机、YZ18C振动压路机、YZC12振动压路机及HAMM3625HT振动压路机的维护与保养,由湖南交通职业技术学院毛昆立编写;第七章主要介绍三一压路机及宝马BD219压路机常见故障的分析与排除,由湖南交通职业技术学院傅晓辉编写;第八章主要介绍新型压路机的工作原理,由湖南交通职业技术学院丁厚勇编写。

本书在编写过程中得到了三一重工股份有限公司路基实业部,尤其是两位陈部长的大力支持,在此表示感谢。

我国工程机械发展迅速,不断有新的产品问世,我们教材编写组虽尽了自己的努力收集资料，但由于水平和能力有限，可能有些内容没有包括，也可能存在其他的漏洞和疏忽，恳请同行专家和使用本教材者批评指正，以便适时修订。

编 者
2011 年 8 月

目　录

第一章　认识压路机 1
第一节　几种常见的压路机 1
一、自行式单钢轮振动压路机 1
二、拖式单钢轮振动压路机 4
三、自行式双钢轮振动压路机 5
四、手扶式双钢轮振动压路机 6
五、两轮或三轮压路机 7
六、轮胎压路机 9
七、冲击式压路机 11
八、振荡压路机 14
九、夯实机械 15
第二节　压路机的分类与选型 16
一、压路机的分类 16
二、压路机的选型 18
三、压实作业参数和生产率 22
第三节　压路机发展现状及趋势 26
一、压路机的发展史 26
二、压路机发展现状 29
三、压路机发展趋势 32
第四节　国内外主要压路机产品介绍 34
一、德国宝马公司产品介绍 34
二、瑞典各公司主要产品介绍 36
三、美国 Ingersoll-Rand 公司主要产品介绍 38
四、三一重工股份有限公司主要产品介绍 40
五、徐工科技股份有限公司主要产品介绍 42
六、一拖（洛阳）建筑机械公司主要产品介绍 43

第二章　压路机操作 46
第一节　压路机操作规程概述 46
一、压路机安全操作规程总则 46
二、压路机加油前的安全措施 47
三、压路机使用、修理和维护前的安全措施 47
四、压路机操作规程 48
第二节　YL25C 轮胎压路机的操作 50
一、YL25C 轮胎压路机操作系统的组成 50

二、YL25C 操纵控制面板介绍 ……………………………………… 50
三、YL25C 轮胎压路机的操作程序 ………………………………… 51
第三节　YZ18C 振动压路机的操作 ………………………………………… 53
一、YZ18C 振动压路机整机特点 …………………………………… 53
二、YZ18C 振动压路机操作系统组成 ……………………………… 54
三、YZ18C 振动压路机操作控制面板介绍 ………………………… 55
四、YZ18C 振动压路机启动前的检查和准备 ……………………… 55
五、压路机操作程序 ………………………………………………… 56
第四节　YZC12 振动压路机的操作 ………………………………………… 58
一、YZC12 压路机操作控制系统的组成 …………………………… 58
二、YZC12 压路机控制面板的介绍 ………………………………… 58
三、YAC12 压路机操作程序 ………………………………………… 60
第五节　HAMM3625HT 压路机的操作 …………………………………… 60
一、压路机的铭牌 …………………………………………………… 60
二、技术资料 ………………………………………………………… 61
三、驾驶室介绍 ……………………………………………………… 61
四、控制说明 ………………………………………………………… 63
五、操作 ……………………………………………………………… 68
第六节　操作中常见故障分析与排除 ……………………………………… 74
一、主要仪表的作用 ………………………………………………… 74
二、根据仪表显示判断压路机工作状况 …………………………… 74
三、操作时的常见故障分析与排除 ………………………………… 74

第三章　典型压路机的结构与原理 …………………………………………… 77
第一节　YL25C 轮胎压路机的结构与原理 ………………………………… 77
一、轮胎压路机的工作装置 ………………………………………… 77
二、轮胎压路机的传动系统 ………………………………………… 84
三、轮胎压路机的转向 ……………………………………………… 86
四、制动系统 ………………………………………………………… 89
五、电气系统 ………………………………………………………… 90
六、轮胎压路机的刮泥装置 ………………………………………… 97
第二节　YZ18C 压路机典型部件的结构与原理 …………………………… 99
一、工作装置结构与原理 …………………………………………… 99
二、传动系统 ………………………………………………………… 102
三、转向系统结构与原理 …………………………………………… 103
四、隔振系统 ………………………………………………………… 106
五、电气系统 ………………………………………………………… 108
第三节　YZC12 压路机典型部件的结构与原理 …………………………… 114
一、整机特点 ………………………………………………………… 114
二、工作装置结构与原理 …………………………………………… 115
三、传动系统 ………………………………………………………… 117

四、转向系统结构与原理 ………………………………………………………………… 119
　　　五、隔振系统 ……………………………………………………………………………… 123
　　　六、电气系统 ……………………………………………………………………………… 124
　　　七、刮泥装置 ……………………………………………………………………………… 132
　第四节　振动压路机振幅的调整 ……………………………………………………………… 133
　　　一、YZ18C（YZC12）压路机的调幅机构 …………………………………………… 133
　　　二、其他设备的调幅机构 ………………………………………………………………… 133
　第五节　压路机的制动 ………………………………………………………………………… 136
　　　一、YZ18C 压路机的制动系统 ………………………………………………………… 136
　　　二、BW217D/PD 压路机的制动系统 …………………………………………………… 136
　　　三、YZ18GD 压路机的制动系统 ………………………………………………………… 138
　　　四、YZ20E 压路机的制动系统 ………………………………………………………… 138

第四章　典型压路机主要部件的组装和拆卸 ……………………………………………………… 140
　第一节　YZ18C 振动压路机主要部件的组装和拆卸 ……………………………………… 140
　　　一、振动轮的组装和拆卸 ………………………………………………………………… 140
　　　二、振动轮的拆卸 ………………………………………………………………………… 148
　第二节　YZC12Ⅱ型双钢轮压路机主要部件的拆卸与组装 ………………………………… 151
　　　一、拆卸 …………………………………………………………………………………… 151
　　　二、装配 …………………………………………………………………………………… 154

第五章　典型压路机的检验与调试 ………………………………………………………………… 158
　第一节　YZ18C 振动压路机的检验与调试 ………………………………………………… 158
　　　一、后桥总成质量检验 …………………………………………………………………… 158
　　　二、柴油机部装检验 ……………………………………………………………………… 159
　　　三、液压油箱部装检验记录 ……………………………………………………………… 160
　　　四、驾驶室检验 …………………………………………………………………………… 160
　　　五、钢轮组装检验 ………………………………………………………………………… 161
　　　六、梅花板部装检验 ……………………………………………………………………… 161
　　　七、滚轮部件检验 ………………………………………………………………………… 162
　第二节　YZC12 双钢轮振动压路机的检验与调试 ………………………………………… 163
　　　一、双钢轮压路机检验项目 ……………………………………………………………… 163
　　　二、双钢轮压路机装配时特别检查项目 ………………………………………………… 163
　　　三、双钢轮振动压路机调试项目（检验员跟车检验）………………………………… 164
　　　四、调试作业后整车清洗与保养（检验员跟车检验）………………………………… 164
　第三节　YL25C 轮胎压路机的检验与调试 ………………………………………………… 165
　　　一、零部件质量检验 ……………………………………………………………………… 165
　　　二、YL25C 压路机下线质量检验 ……………………………………………………… 166

第六章　压路机的维护与保养 ……………………………………………………………………… 167
　第一节　三一压路机的维护与保养 …………………………………………………………… 167
　　　一、技术保养 ……………………………………………………………………………… 167
　　　二、振动轮总成的使用与维护 …………………………………………………………… 169

　　　　三、油料和辅助用料表 ··· 169
　　　　四、后桥的维护与保养 ··· 170
　　　　五、空调系统的维护与保养 ··· 173
　　　　六、刮泥装置的维护与保养 ··· 174
　第二节　HAMMA3625HT压路机的维护与保养 ·································· 175
　　　　一、维护保养注意事项 ··· 175
　　　　二、油液选用 ·· 176
　　　　三、维护保养内容 ··· 177
　第三节　维护保养中英文对照 ·· 186

第七章　压路机常见故障分析与排除 ·· 188
　第一节　压路机故障概述 ·· 188
　　　　一、压路机故障成因 ··· 188
　　　　二、压路机故障的一般规律 ··· 189
　　　　三、压路机故障的一般分析方法 ··· 190
　　　　四、压路机故障的一般诊断与排除方法 ····································· 190
　第二节　三一压路机常见故障分析与排除 ·· 192
　　　　一、发动机常见故障、原因及排除方法 ····································· 192
　　　　二、三一振动压路机振动、行走、洒水系统常见故障分析与排除 ········· 193
　　　　三、其他常见故障 ··· 196
　　　　四、三一压路机典型液压元件常见故障分析与排除 ················· 196
　　　　五、三一压路机电气系统常见故障分析与排除 ························· 208
　　　　六、压路机空调系统常见故障分析与排除 ································· 210
　第三节　宝马（BOMAG）BD219双钢轮振动压路机常见故障分析与排除 ····· 214

第八章　其他压路机 ··· 235
　第一节　定向振动和振荡压路机 ·· 235
　　　　一、垂直振动压路机振动轮的结构与原理 ································· 235
　　　　二、振荡压路机振荡轮的结构与原理 ··· 235
　　　　三、混沌振动压路机 ··· 239
　　　　四、薄层路面振动压路机 ··· 239
　　　　五、履带式压路机 ··· 239
　　　　六、路肩专用压路机 ··· 239
　　　　七、沟槽专用压路机 ··· 239
　第二节　压路机新技术 ·· 240
　第三节　压路机的转向蟹行和闭环数字转向系统 ································ 241
　　　　一、压路机的转向蟹行液压系统 ··· 241
　　　　二、压路机的闭环数字转向系统 ··· 244

第一章　认识压路机

知识要点
（1）理解压路机对公路、铁路等工程施工的重要性。
（2）了解压路机的类型、型号含义、作用和原理。
（3）熟悉压路机的选型原则。
（4）了解压路机的发展趋势，了解国内外压路机主要生产厂家及主要产品。

技能要点
（1）能够说出压路机在施工中的作用。
（2）对照实物，能说出压路机的名称、类型及型号含义。
（3）能够分析常见压路机的压实原理。
（4）会根据施工条件进行压路机选型。
（5）懂得压路机的发展趋势，能够说出国内外压路机主要生产厂家及其产品类型。

修筑堤坝、机场、港口和道路，常采用稳定土（包括石灰稳定土、水泥或沥青加固稳定土）、沥青混凝土和水泥混凝土，以及其他道路铺筑材料，自下而上分层铺筑。为了使铺筑材料颗粒之间处于较紧的状态和增加它们之间的内聚力，可以采取静力和动力作用的方法使其变得更为密实。这种密实过程对提高各种筑路材料和整体构筑物的使用强度有着实质性的影响。对于塑性水泥混凝土，材料的密实过程主要是依靠振动液化作用使材料颗粒之间的内摩擦力降低和内聚力增加，从而在自重的作用下下沉而变得更加坚实。对于包括碾压混凝土在内的大多数筑路材料来说，它们都可以通过压实机械的压实作用来完成这种密实过程。

在筑路过程中，路基和路面压实效果的好坏，是直接影响工程质量优劣的重要因素。因此，必须要采用专用的压实机械对路基和路面进行压实以提高它们的强度、不透水性和密实度，防止因受雨水侵蚀而产生沉陷破坏。

第一节　几种常见的压路机

一、自行式单钢轮振动压路机

1. 工作原理及特点

自行式单钢轮振动压路机有光轮（如图1-1所示）和凸块（如图1-2所示）之分，现在大多采用两机合一，即在光轮外通过螺栓连接两个半圆的凸轮（如图1-3所示），节约了成本，扩大了压路机的适用范围。单钢轮振动压路机多靠轮胎驱动行走，钢轮碾压，其工作原理是利用机械的自重和激振器产生的激振力，迫使被压实材料做垂直强迫振动，从而急剧减小土壤颗粒间的内摩擦力，达到压实土壤的目的。振动压实可根据不同的铺筑材料和铺层厚度，合理选择振动频率和振幅，提高压实效果，减少压实遍数。振动压路机的压实深度和压实生产率均高于静作用式压路机，是一种理想的压实设备；激振力的大小可以根据需要进行调整。

图 1-1　单钢轮光轮振动压路机

图 1-2　单钢轮凸块振动压路机

图 1-3　光轮、凸块合一

单钢轮振动压路机具有压实效果好、生产率高、适应能力强、使用范围广等优点，采用振动压实较之静力压实均匀，密实度高。在相同条件下，振动压实的最佳压实深度可达500 mm，可相对减少碾压遍数，提高压实功效。

光轮振动压路机已被广泛应用于非黏性土、石的填方和沥青混合料路面的压实作业。为了扩大振动压路机的使用范围，单钢轮振动压路机的振动轮有大小之分，可根据不同的压实厚度选用不同重量的压路机。凸轮压路机主要用于碾压黏性土。

振动压路机是一种高效率的压实机械，它不仅生产能力高于静压和轮胎压路机，而且可应用振动冲击压力波的传播特性，增加压实厚度，强迫深层土壤的细颗粒填充到粗颗粒的缝隙中去，使土粒重新组合排列，并通过合理选择振频和振幅，到达最佳的压实效果。实践证明，采用振动压路机碾压，比同一吨级的静力式压路机的碾压遍数少，压实效果更好。土粒黏性愈小，压实效果愈佳。

然而，振动碾压滚在被压实材料表层上垂直往复跳动，会导致表层被压实材料直接随滚轮一起振动。由于滚轮与被压表层并非紧密接触，在激振力的周期性冲击作用下，被压表层与内层压实效果相反，会出现松弛状态，甚至可能引起表层土壤结构松散，降低表层的密实度的现象。振动压路机在一定的作业条件下，激振力较大，土壤接近压实时，由于振动轮的冲击振动，表层材料将被击碎，也会影响压实效果。

2. 型号

自行式单钢轮振动压路机的型号有 YZ18C、YZK18C 等，其含义分别如下。

```
Y    Z    18    C         Y    Z    K    18    C
压   振   主    第         压   振   凸   主    第
路        参    三         路        块   参    三
机   动   数    代         机   动        数    代
```

注：主参数为已加载的工作质量 18 t。

自行式单钢轮振动压路机还可以根据工作质量的大小进行分类，在此不详述。

3. 总体结构

单钢轮压路机主要由动力系统、后车架总成、后桥总成、液压系统、中心铰接架、前车架总成、振动轮总成、操作系统总成、驾驶室总成、覆盖件总成、空调系统、电气系统组成（如图 1-4 所示）。

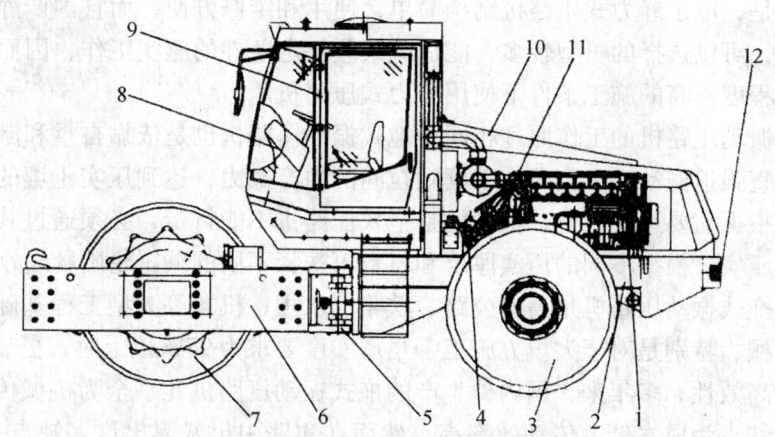

图 1-4 单钢轮振动压路机总体结构

1—动力系统；2—后车架总成；3—后桥总成；4—液压系统；5—中心铰接架；6—前车架总成；7—振动轮总成；8—操作系统总成；9—驾驶室总成；10—覆盖件总成；11—空间系统；12—电气系统

二、拖式单钢轮振动压路机

1. 工作原理及特点

拖式单钢轮压路机亦可分为光轮（如图1-5所示）和凸块（如图1-6所示）两类或者静力和振动两类。碾压轮有质量大小之分。静力拖式单钢轮压路机是依靠自重迫使被压实材料做垂直强迫振动，急剧减小土壤颗粒间的内摩擦力，达到压实土壤的目的。静力式压路机（包括静力光轮、凸块和羊足碾）是靠碾压轮自重及荷重所产生的静压力直接作用于铺筑层上，使土壤等被压材料的固体颗粒相互紧靠，形成具有一定强度和稳定性的整体结构。

图1-5 拖式光轮振动压路机

图1-6 拖式凸块振动压路机

与振动压路机相比，静力式压路机的压实功能具有一定的局限性，压实厚度也受到一定限制，一般不超过200～250mm，而且光面静力式压路机在压实过程中容易产生"虚"压实现象。但是，由于静力式压路机结构简单，使用和维修方便，而且国产静力式压路机系列化程度高，可供选择的机型较多，能适应某些特定条件的压实工作，因而国内仍普遍在机械化施工程度不高的施工条件下使用静力式压路机。

与自行式振动压路机的工作原理相同，拖式振动压路机也是依靠自重和激振力迫使被压实材料做垂直强迫振动，急剧减小土壤颗粒间的内摩擦力，达到压实土壤的目的；激振力的大小可以根据需要进行调整。不同的是拖式压路机不能行走，必须通过其他牵引车拖动才能行走和压实。根据不同的压实厚度和材料可选择不同的碾压轮质量或静力或振动。

超重吨位拖式振动压路机是高速公路、铁路、水坝、机场等大型工程基础施工中不可缺少的压实机械，特别是对于大填方施工，当压实度要求为95%以上时，更显示出这种机械的必要性和高效性。多年来，国内外生产的拖式振动压路机几乎全为机械传动方式，这种方式的最大特点为成本低、传动效率高，然而在实践中也暴露出许多缺点，如可靠性、传动效率并不如想象的那样高（主要为多级皮带传动使结构复杂所致），机架不能有效隔振影响压实效果等。因此，在当前国家加大基础设施建设力度的大前提下，工作可靠、性能优良的液压传动拖式振动压路机的发展就成为必然。

2. 型号

拖式单钢轮振动压路机的符号含义如下。

Y	Z	T		16	Y	Z	T	K	16
压	振	拖		主	压	振	拖	凸	主
路				参	路				参
机	动	式		数	机	动	式	块	数

注：主参数为已加载的工作质量16 t。

3. 总体结构

拖式振动压路机由牵引架、振动轮和驱动振动轴的发动机或马达组成。其行走由其他机械牵引，自身只提供碾压轮振动轴的驱动力，有凸块和光轮之分。

三、自行式双钢轮振动压路机

1. 工作原理及特点

自行式双钢轮振动压路机（如图1-7所示）是将单钢轮振动压路机的行驶轮胎用碾压轮代替，工作原理同单钢轮振动压路机的原理一样，是利用激振器产生的激振力使碾压轮振动，它的激振力介于单钢轮和手扶式之间，适用于大型沥青混凝土路面施工。其一般采用前后碾压轮驱动的方式。它的激振器静止时不产生激振力，此时可作为静力压路机使用。根据压实的遍数和压实的厚度，确定将其作为静力压路机还是振动压路机使用，激振力的大小可以根据需要进行调整。

图1-7 自行式双钢轮振动压路机

2. 型号

自行式双钢轮振动压路机的符号为YZC12，其含义如下。

Y	Z	C	12
压路机	振动	双钢轮	主参数

注：主参数为已加载的工作质量12 t。

3. 总体结构

自行式双钢轮振动压路机主要由发动机、传动系统、行走系统、振动系统、制动系统、前后碾压轮（既是工作装置又是行走终端）、操作控制系统、空调系统和电气系统等组成（如图1-8所示）。

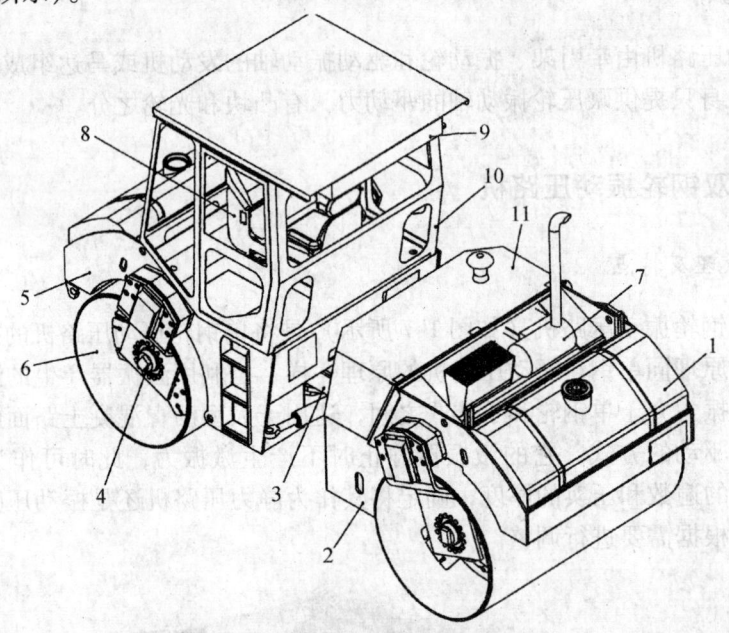

图1-8 自行式双钢轮振动压路机总体结构

1—洒水系统；2—后车架；3—中心铰接架；4—液压系统；5—前车架；6—振动轮；
7—动力系统；8—操纵台总成；9—空调；10—驾驶室；11—覆盖件

四、手扶式双钢轮振动压路机

1. 工作原理及特点

与单钢轮振动压路机一样，手扶式双钢轮振动压路机的工作原理也是利用机械的自重和激振器产生的激振力，迫使土壤做垂直强迫振动，急剧减小土壤颗粒间的内摩擦力，达到压实土壤的目的；激振力的大小可以根据需要进行调整。不同的是手扶式双钢轮振动压路机将行走轮胎变成了碾压轮，提高了压实效率，行走牵引力由人工提供，机动灵活性高，主要用于施工场地窄、工程量小的工程施工中。

2. 型号

手扶式为小型振动压路机（如图1-9、图1-10所示），型号没有统一标准。

图 1-9　手扶式平板夯　　　　　　图 1-10　手扶式振动压路机

3. 总体结构

这种压路机由动力与振动部分、压实部分及扶手等组成，行走由人工推动。

五、两轮或三轮压路机

1. 工作原理及特点

两轮（如图 1-11 所示）或三轮压路机（如图 1-12 所示）多为静力式压路机，它是依靠自身重力对被压实材料进行压实的。静力式压路机在压实地基方面不如振动压路机有效，在压实沥青铺筑层方面又不如轮胎压路机性能好。可以说，凡是静力式压路机所能完成的工作，均可用其他型式的压路机来代替。所以，无论从使用范围或实用性能来分析，静力式压路机都是不够理想的，或者说有被淘汰的趋势。但由于静力式压路机具有结构简单、维修方便、制造容易、寿命长、可靠性好等优点，而且国产静力光轮压路机的系列化程度比较高，可供选择的机型较多，能适应某些特定条件下的工作，因此，国内仍普遍在机械化施工程度不高的施工条件下使用静力光轮压路机。

图 1-11　两轮压路机　　　　　　图 1-12　三轮压路机

为了在压实性能、操纵性能、安全性能和减小噪声等方面有所改进，静力光轮压路机多采用以下技术。

(1) 大直径的滚轮。国外先进的压路机中，两轮压路机质量在 6~8 t 的滚轮直径为 1.3~1.4 m，质量在 8~10 t 的滚轮直径为 1.4~1.5 m，三轮压路机质量在 8~10 t 的滚轮直径为 1.6 m，质量在 10 t 以上的滚轮直径为 1.7 m。日本 KD200 型的压路机滚轮直径达 1.8 m。

增大滚轮直径不仅可以减少压路机的驱动阻力，提高压实的平整度，而且当线压在很大范围内变化时，均能得到较高的密实度。

(2) 全轮驱动。由于从动轮在压实的过程中，其前面容易产生弓形土坡，而后面容易产生尾坡，所以现代压路机多采用全轮驱动。采用全轮驱动的压路机，其前后轮的直径可做成相同的，其质量分配可做到大致相等。同时还可使其爬坡能力、通过性能和稳定性均得到提高。

另外，还可采用液力机械传动、静液压式传动和液压铰接式转向等技术。这样不仅可以提高压路机的压实效果，减少转弯半径，而且在弯道压实中不留空隙部位，特别适宜压实沥青铺层。

2. 型号

这种压路机的型号有 2Y10/12、3Y12/15 等，型号含义如下。

2	Y	10	12	3	Y	12	15
两个钢轮	压路机	主参数一	主参数二	三个钢轮	压路机	主参数一	主参数二

注：主参数一为已加载的工作质量，主参数二为未加载的工作质量，单位为 t。

3. 总体结构

两轮压路机由动力机械、后车架总成、前后碾压轮、传动系统、中心铰接架、前车架总成、操作系统总成、驾驶室总成、覆盖件总成、空调系统、电气系统等组成。三轮压路机只是将前碾压轮换成了两个轮径和轮宽一样大小的钢轮，并将三个钢轮按一定的方式排列（如图 1-13 所示）。

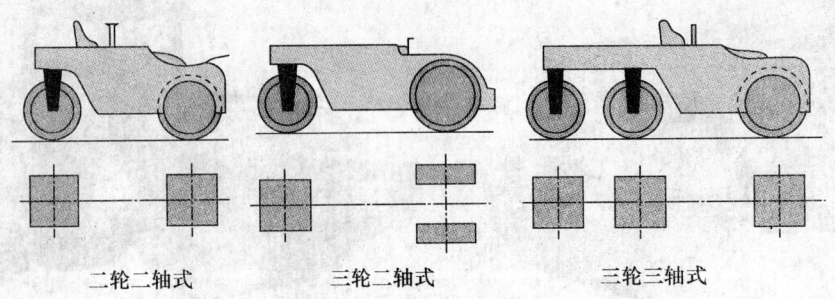

二轮二轴式　　　三轮二轴式　　　三轮三轴式

图 1-13　三轮压路机碾压轮布置形式

由于三钢轮压路机使用逐渐减少，可以用其他压路机代替，所以后面不再详细介绍。

六、轮胎压路机

1. 工作原理及特点

轮胎压路机是一种依靠机械自重，通过特制的轮胎对铺层材料以静力压实作用来增加工作介质密实度的压实机械。它除有垂直压实力外，还有水平压实力。这种水平压实力不但沿机械行驶方向有压实的作用，而且沿机械的横向也有压实的作用。由于压实力能沿各个方向作用于材料颗粒，再加上轮胎的弹性所产生的一种"搓揉作用"，产生了极好的压实效果，所以可得到最大的密实度。如果用光面钢轮压路机压实沥青混合料，钢轮的接触线在沥青混合料的大颗粒之间就形成了"过桥"现象，这种"过桥"所留下的间隙会产生不均匀的压实。相反，橡胶轮胎柔曲并沿着这些轮廓压实，从而产生较好的压实表面和较好的密实度。同时，由于轮胎的柔性，不是将沥青混合料推在它前面，而是给混合料覆盖上最初的接触点，给材料以很大的垂直力，这样就会避免光面钢轮压路机经常出现的裂缝现象。此外，轮胎压路机还具有可增减配重、改变轮胎充气压力的特点，这样更有利于对各种材料的压实。基于以上特点，轮胎压路机被广泛应用于各种材料的基础层、次基础层、填方以及沥青面层的压实作业；尤其是在沥青路面压实作业时，轮胎压路机独特的柔性压实功能是其他压实设备无法替代的，因而成为沥青混合料复压的主要机械，也是建设高等级公路、机场、港口、堤坝以及工业建筑工地的理想压实设备。如图1-14所示为三一重工股份有限公司生产的YL25C轮胎压路机。

图1-14 YL25C轮胎压路机

轮胎对铺筑层的压实作用不同于钢轮压路机。装有特制宽基轮胎的轮胎压路机，轮胎踏面与铺筑层的接触面为矩形，而钢轮与铺筑层的接触面为窄条。如图1-15（a）所示为充气轮胎与光面钢压轮工作时铺层中的压力分布，如图1-15（b）所示为充气轮胎与钢轮的压力分布。从图中可以看出，当钢压轮沿箭头所指方向进行滚压时，铺层表面的压实力是以铺层与钢轮的接触点1开始增加，然后逐渐上升达到点2的最大值，最后下降减少到点 3 的零值；而当充气轮胎滚压时，铺层表面的压实力同样很快地达到最大值，但由于接触区域（点 1 和点 4）轮胎的变形，高应力可以保持在轮胎转动 φ 接触角的时间内，其最大表面压应力值的延续时间（可达 1.5 s）视轮胎压路机的工作重力、轮胎种类和轮胎尺寸、充气压力以及压路机的运行速度而定。因此，在相同的运行速度下，当用充气轮胎滚压时，铺层处于压应力状态延续时间比用光面钢轮压时要长得多，同时还受充气轮胎独特的揉压作用，铺层的变形可随时发生，因而压实所需时间短，碾压次数少，对黏性材料压实效果好。

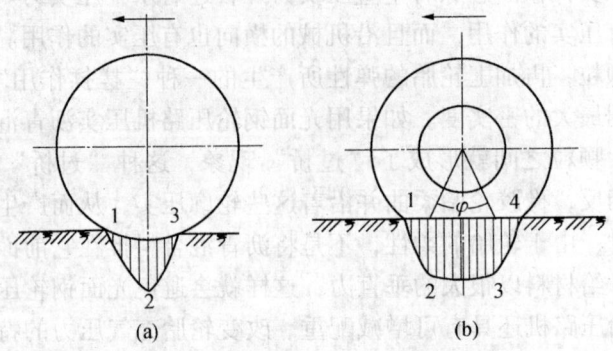

图 1-15 不同压路机对铺层的压力分布
(a) 光面钢轮；(b) 充气轮胎

充气轮胎的一大特点是可以改变轮胎内的气压，以限制对铺层压实材料表面的最大压应力作用，从而提高压实效果。在相同重力负荷下，充气轮胎的最大压应力比光面钢轮小，铺层材料表面的承载力因而也比较小，这样可使下层材料得到较好压实。因此，轮胎压路机可以用改变充气轮胎的负荷（增减压重的大小）或调节轮胎的充气压力来提高其压实性能，扩大它的使用范围。而钢轮压路机只能依靠改变压轮的负荷（增减压重的大小）来改变线载荷的大小。

在充气轮胎多次碾压时，轮胎的径向变形增加，而铺层的变形由于其强度提高而减小。铺层变形的减小将引起轮胎接触面积缩小，从而使接触压应力上升，压实结束时压力为第一遍碾压时压力的 1.5~2 倍。同时，充气轮胎的滚动阻力也随铺层强度的增加而减少，这可大大提高碾压效果和压实质量。

可见，采用充气轮胎作为工作装置的轮胎压路机可以对各种类型材料包括黏性材料和非黏性材料进行碾压。

2. 型号

轮胎压路机的型号为：YL + 主参数（已加载或最大的工作质量），型号含义如下。

Y	L	25	C
压路机	轮式	主参数	第三代

注：主参数为已加载的工作质量 25 t。

3. 总体结构

轮胎压路机主要由上车架，前、后轮胎（碾压轮），传动系统，操作系统，制动系统，洒水系统，电气系统以及空调系统等组成（如图1-16所示），其压实特点是钢轮压路机不能替代的，尤其是在高速公路路面施工中得到了广泛应用。

图1-16　轮胎压路机总体结构
1—前轮；2—发动机；3—水箱；4—上车架；5—后轮

七、冲击式压路机

1. 工作原理及特点

冲击式压路机是一种新型的拖式压路机，其最显著的特点是压实轮形状为非圆柱形，即三边、四边、五边和六边形，由轮胎拖拉机牵引作业（如图1-17所示）。

图1-17　冲击式压路机

冲击式压路机在工作中是由牵引车拖动三边（以三边为例，其他类似）弧形轮子向前滚动时，压实轮重心离地面的高度上下交替变化，产生的势能和动能集中向前、向下碾压，形成巨大的冲击波，通过三边弧形轮连续均匀地冲击地面，使土体均匀致密。在此过程中，三边压实轮每旋转一周，其重心抬高和降低3次，对地面产生夯实冲击和振动作用3次。具体冲击作用过程可分为以下两个阶段。

第一阶段：在牵引车的牵引下，压实轮依靠与地面的摩擦力沿外廓曲线向前滚动，重心处于曲线最低点时，再向前滚动，重心开始上移，牵引力带来的动能转化成压实轮的势能和动能，并且缓冲机构开始起作用，使蓄能器的缓冲液压缸收缩，蓄能器蓄能，具体表现为压实轮的运动滞于机身运动。

第二阶段：当压实轮重心处于曲线最高点向前滚动时，压实轮的势能开始转化为动能，蓄能器缓冲液压缸伸张，蓄能器中的压力能释放，转化为压实轮的动能。具体表现为压实轮的运动快于机身运动，补偿前一阶段滞后的位移，而且由于压实轮的特殊结构，其重心除了具有向前的线速度外，还有一个向下的线速度，直至压实轮另一条曲线的最低点接触地面，向下的线速度达到最大，动能达到最大。当压实轮的另一条曲线与地面接触时，开始对地面产生冲击夯实作用。牵引车的工作速度越大，使在第一阶段中蓄能器的缓冲液压缸收缩越大，蓄能越多，在第二阶段中释放的能量转化为压实轮的动能就越大，对地面产生冲击夯实的动能也越多，压实的效果也越好。根据经验和冲击式压路机设计行车速度要求，碾压速度以 10～12 km/h 为宜。

对于一般路基的非饱和土，冲压轮着地时由于动能释放，在冲压轮下的局部面积（约 0.60 m×0.80 m）产生瞬时的冲击动荷载，向下传递快速挤密深层土颗粒；同时冲击能量以震动波的形式在弹性半空间中传播，使土颗粒重新排列并相互靠拢，排出孔隙中的气体与水分，从而使土颗粒挤密压实。

由此可见，冲击压路机的压实原理可归类为轻型强夯，这种夯法结合了压路机连续工作的特点，即把强夯用夯锤一点一点上下夯击的方式变为连续滚动式的夯击，故有方便简单的特点及较高的工作效率。

冲击式压路机的多边形凸块碾压轮造型新颖奇特，碾压轮的滚动角呈小圆弧状，碾边为大圆弧曲面，各碾边按顺序冲击地面，产生强烈的冲击力波，向碾压轮下方和前方迅速传播。巨大的冲击质量（四边形冲击碾压轮的质量为 7.9 t）随着滚动角的变化，依次升至最高位置，随即向前自由坠落撞击地面（每秒钟冲击地面 2～3 次）。它具有超低频（0～3 Hz）和特大振幅的动态压实效果，其冲击能量高达 20～30 kJ，有效压实深度为 1～5 m。

冲击滚压技术经历了较长时间的研究和试验，直至 20 世纪 80 年代末，一种采用非圆多边形冲击碾压轮的新型冲击式压路机才进入实用阶段。

最早生产制造冲击式压路机的有南非兰派公司（LANDPAC）和澳大利亚博能公司（Brooms Hire）。兰派公司生产的是三边形和五边形的凸块轮，博能公司生产的 BH-1300 型冲击式压路机则采用四边形凸块轮。20 世纪 90 年代，冲击式压路机已经形成系列产品，技术性能不断完善，结构与造型也有很大创新。

冲击式压路机采用大功率轮式拖拉机牵引，牵引力大，碾压速度高（12～15 km/h），压实深度大。冲击压实与振动压实对比实验表明，冲击式压路机的压实速度约为拖式振动压路机的 3～4 倍，其压实深度可随碾压遍数递增，约为拖式振动压路机的 2～10 倍。可见，冲击式压路机不仅压实生产率高，而且压实效果好，其对土方基础工程的压实能力是各类振动压路机所不能比拟的。要充分发挥冲击式压路机的压实功能，必须满足以下条件。

（1）冲击式压路机在牵引滚动碾压过程中，必须保持牵引车平稳的牵引负荷。

（2）冲击凸块碾轮滚动时，应确保凸块冲击质量自由坠落而不受牵引车的限制，以充分发挥其冲击功能。

(3) 冲击荷载对牵引车不产生过大影响。

(4) 非圆多边形凸块碾压轮在运输工作状况时应升举悬空，迅速转换行走方式，以实现快速安全转移（即采用一种凸块钢轮与轮胎可转换的行走装置）。

现代冲击式压路机已采用新概念进行设计，其中包括：更新碾压轮，采用非匀速滚动的异形截面碾压轮替代传统的圆形碾压轮；所采用的多边形凸轮碾压轮的轮轴与牵引架不再采用传统的直接连接方式，而是采用一种复合连杆系统进行连接；碾压轮的弹性悬挂系统不再采用传统的被动式弹性悬挂装置，而是采用加载和卸载式可控弹性悬挂系统等。

新型的冲击压实技术突破了传统的碾压方法，新的压实概念创新了设计思想，标志着压实技术进入一个崭新的时代。

冲击式压路机具有惊人的压实能力，特别适合碾压软土地基、原始地基、深铺层土石方和含水量较高的黏性土。冲击凸块碾对压实表层同时具有独特的搓揉、翻松和拌和作用。在碾压过程中，上表层将有100 mm厚的土粒和土块被碾角翻松卷起，起到水平搓揉和与邻铺层之间的紧密渗透和连结作用，被翻松的表层与新铺层将彼此渗透混合，压实后整体性更好，不容易出现裂纹。

冲击压实同时具有静力、搓揉、振夯、冲击的作用，其工作原理包括振动压（低幅高频）和冲击压（高幅低频）。冲击式压路机在使用中采用拖车牵引，使非圆柱多边形的压实双轮滚动前进，压实轮凸点与冲击平面交替抬升与落下，使压实轮产生势能和动能，对地面产生集中的冲击能量，连续快速地对填料或地面产生夯击作用，并具有地震波的传播特性。冲击式压路机利用低频大振幅冲击力作用于填料体，并快速、连续、周期性地作用，产生强烈的冲击波向地基深层传播，对地下软弱土层，尤其是对非黏性饱和土可大大加速孔隙水的消散，提高土的固结速度。

由于冲击式压路机的冲击能量大，对土壤的含水量没有严格要求，故可大大减少对干性土的加水量，还可将湿的地基排干，加速软土地基的稳定。此外，借助冲击凸块碾独有的压实功能，可利用冲击式压路机作检测碾，用来检测尚未达到压实标准或密实度不足的地基和铺层。冲击式压路机还可以用来破碎旧水泥混凝土路面和旧沥青路面，使路面获得再生。

2. 型号

冲击式压路机的型号为YCT25，其含义如下。

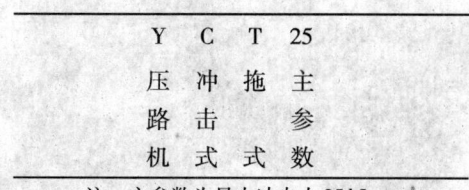

注：主参数为最大冲击力25 kJ。

3. 总体结构

冲击式压路机主要由拖架、摇臂、三叶凸形轮3部分组成，在这3部分之间的相互连结中间设置了多级缓冲结构，牵引轴处采用缓冲弹簧，摇臂限位处采用缓冲橡胶块，另一端采用缓冲油缸和贮能器,冲击轮与拖架之间采用橡胶套连结,摇臂轴处设举升伸出后,冲击轮由拖架上的3个橡胶轮支撑,作为短途转场及跨越桥涵构筑物之用。

八、振荡压路机

1. 工作原理及特点

振荡压路机是应用土力学理论,在碾滚内对称安装同步旋转的激振偏心块(轴),使碾滚承受交变扭矩,对地面持续作用,形成前、后方向的振荡波,从而使土壤承受交变剪切力;土壤将沿剪切力的方向产生急剧变形,剪切面滑移错位,填筑层的被压材料颗粒将互相填充、重新排列、嵌合楔紧,达到稳定的密实状态。在这种反复循环的水平剪切应变和滚轮垂直静载荷的作用下,实现对土壤在水平和垂直两个方向的压实。振荡压实机理是振动压实机理的延伸和发展。

2. 型号

振荡压路机的型号为YZD6,其含义如下。

```
 Y  Z  D  6
 压  振  荡  主
 路      参
 机      数
```
注:主参数为已加载的工作质量6 t。

3. 总体结构

YZD6振荡压路机的总体结构(如图1-18所示)与单钢轮振动压路机的总体结构相似,不同之处是振荡压路机的偏心轴为两根平行轴,偏心质量相对布置。

图1-18 振荡压路机总体结构

九、夯实机械

夯实机械有振动式夯实和冲击式夯实两类，是一种利用冲击或高频振动能量来完成压实作业的轻便型压实设备，是除压路机以外的另一类压实机械。

1. 冲击式夯实

冲击式夯实机械（结构如图 1-19 所示，原理如图 1-20 所示）适用于夯实黏性土和非黏性土，铺层厚度可达 1～1.5m 或更多，还可用于夯实自然土层，广泛用于公路、铁路、建筑、水利等工程施工中。在公路修筑施工中，冲击式夯实可用在桥背涵侧路基夯实、路面坑槽的振实以及路面养护维修的夯实、平整，是筑路工程中不可缺少的设备之一。现代夯实机械按其一次打击能量可分为以下三级：

(1) 重级——打击能量为 10～15kJ 或更高；
(2) 中级——打击能量为 1～10kJ；
(3) 轻级——打击能量为 0.8～1kJ。

自由落锤式夯实机械属于重级类。这种机型具有很高的打击能量，夯实板重力为 10～30kN，提升高度为 1.0～2.5m，在夯实板自重作用下夯击土壤；夯击频率比较低，取决于夯锤的提升高度。

重型机械夯、内燃爆炸夯、蒸汽锤夯和振动夯等属于中级类。这类夯实机械一般做成拖式、半拖式以及轮式或履带式牵引车所悬挂的装置，也可悬挂在挖掘机动臂上或做成专用的自移式夯实机。

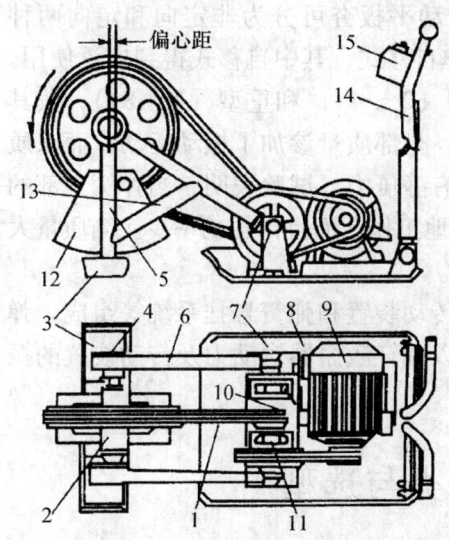

图 1-19 冲击式夯实机结构图

1—三角皮带；2—前轴；3—夯板；4—偏心轴；5—立柱；6—动臂；7—轴销；8—托盘；9—电动机；10—传动轴；11—滚动轴承；12—偏心块；13—斜撑；14—操作手柄；15—电源开关

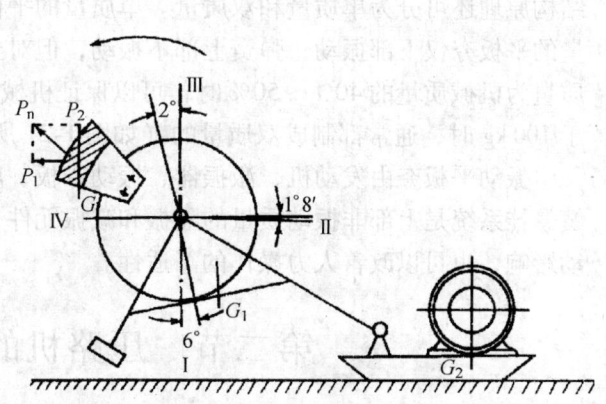

图 1-20 冲击式夯实机原理图

G—偏心块重力；G_1—皮带轮重力；G_2—拖盘总重力

各种手扶式夯实机属于轻级类，包括内燃机驱动、电机驱动和以压缩空气驱动等多种类型。这种机型自身的质量不大于20t，由一个或两个司机操纵。质量为5～20t 的夯实机械通常都制成自移式。这种质量和外形尺寸小的夯实机适用于沟槽、基坑回填土的夯实，特别适用于墙角等狭窄地带，以及小面积的土方夯实工作。

2. 振动式夯实

振动式夯实机械（如图 1-21 所示）是一种利用机械本身产生的高频振动来密实土壤的打夯机，它没有冲击式打夯机那样大的跳起高度（最大振幅仅为 16 mm 左右），但却有相当高的振动频率（可达 200 Hz），因此，它密实土壤是靠高频效率进行的。在我国，振动式打夯机的主要型式是各种规格（主参数为机质量，以 kg 表示）的振动平板夯，有内燃机驱动和电机驱动两种，振动式打夯机适用于颗粒性土壤（砂性土壤等）的夯实。

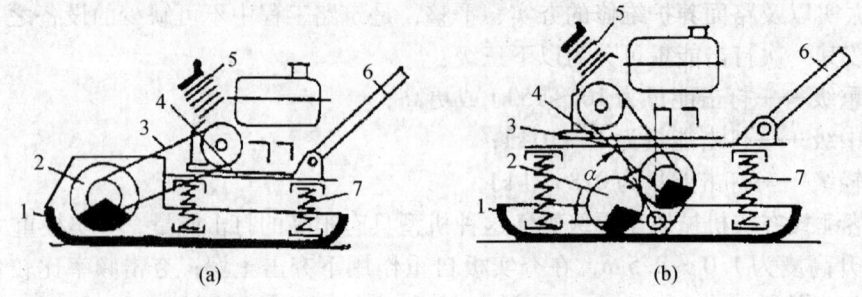

图 1-21　自移式双质量振动平板夯
(a) 非定向振动式；(b) 定向振动式
1—工作平板；2—振动器；3—V 形皮带；4—发动机底架；5—发动机；6—操纵手板；7—弹簧悬挂系统

振动平板夯有多种分类方法。按照振动特性，振动平板夯可分为非定向和定向两种（如图 1-21 所示）；按照移动方式又可分为自移式和非自移式，其中自移式得到广泛使用。按其质量可将振动平板夯分为轻型（0.1～2 t）、中型（2～4 t）和重型（4～8 t），按其结构原理还可分为单质量和双质量。单质量的平板夯，全部质量参加了振动运动；而双质量的平板夯仅下部振动，弹簧上部不振动，但对土壤有静压力。试验表明，当弹簧上部的质量为机械质量的 40%～50% 时，可以保证机械稳定地工作，而且消耗功率少。当质量大于 100 kg 时，通常都制成双质量的（如图 1-21 所示）。

振动平板夯由发动机、激振器、振动夯板、皮带传动装置和弹簧悬挂系统等组成。弹簧悬挂系统是上部非振动质量的隔振和减振元件，用以减轻激振器对动力及传动装置的振动影响，也可以改善人力操作的舒适性。

第二节　压路机的分类与选型

一、压路机的分类

压实机械的种类很多，不同的压实机械，其压实功能和适用范围也不相同。按压实机械工作机构的作用原理、行走方式、碾压轮的形状，压实机械可分为不同的类别和形式。

压路机与其他自行式施工机械不同之处在于：压路机的行走装置也是其工作装置，兼有行走和压实双重功能。

1. 按压实原理分类

按压实原理的不同，压路机可分为静力压实、振动压实和夯实三类。

静力压实是用具有一定质量的碾压轮慢速滚过铺层，用静载荷（自重）使铺层材料获得永久残留变形。随滚压次数的增多，材料的密实度增加，而永久残留变形减小，最后达到实际残留变形等于零。为了进一步提高被压材料的密实度，必须用较重的碾压轮来碾压。依靠静载荷（自重）压实时，材料颗粒间的摩擦力会阻止颗粒进行大范围运动，而且随着静载荷的增加，颗粒间的摩擦力也增加。因此，静力压实有一个极限的压实效果，无限地增加静载荷，有时也得不到要求的压实效果，反而会破坏土的结构。静力压实的特点是循环延续时间长，材料应力状态的变化速度慢，但应力较大。

振动压实是将固定在物体上的振动器所产生的高频振动能传给被压材料，使其发生接近自身固有频率的振动，颗粒间的摩擦力实际上被消除。在这种状态下，小的颗粒充填到大颗粒材料的孔隙中，材料处于容积尽量小的状态，压实度增加。振动压实的特点是表面应力不大，过程时间短，加载频率大，可广泛用于黏度小的材料，如砂土、水泥混凝土混合料。

夯实是利用一物体从某高度上自由落下时产生的冲击力，把材料压实。当自由下落物体与材料表面接触时，冲击力产生的压力波传入铺层材料中，使材料颗粒运动冲击载荷的影响深度比静压载荷的深度大，如果自由落体从 20cm 高处自由落到铺层表面，其冲击力大约为落体产生的静力的 50 倍。所以夯实比静作用压实的效果好。夯实的特点是对材料产生的应力变化速度很大，对土壤特别是对黏性土壤有较好的压实效果。

在同一机械中，可以同时采用几种压实方法，这种能利用几种压实方法的优点，可提高压实效果和扩大机械的使用范围。

2. 按行走方式分类

按行走方式的不同，压路机可分为拖式和自行式。

3. 按碾压轮的形状分类

压路机按碾压轮形状不同可分为光轮、羊足轮、凸块式滚轮和冲气轮胎等。光轮也可采用在其表面覆盖橡胶层的滚轮。羊足轮也可采用凸块式的碾压轮。

4. 按工作质量分类

拖式按工作质量大小可分为轻型（2~3t）、中型（3~6t）和重型（6t以上）；自行式也可分为轻型（0.5~1.5t）、中型（3~6t）、重型（6~12t）以及超重性（12t以上）。

5. 按驱动轮数量分类

按照驱动轮的数量不同，压路机可分为单轮驱动、双轮驱动和全轮驱动。

6. 按动力传动方式分类

按照传动方式不同，压路机可分为机械式、液力机械式、液压机械传动和全液压式。
表 1-1 列出了国内压实机械分类和型号的编制方法。

表 1-1　国内压实机械分类和型号的编制方法

类别	种别	型式	特性	代号	代号含义	主参数 名称	单位
压实机械	光轮压路机 Y	拖式		T	拖式压路机	加载后质量	t
		两轮自行式	Y（液）	2Y 2YY	两轮压路机 两轮液压转向	结构质量/加载后质量 结构质量/加载后质量	t
		三轮自行式	Y（液）	3Y 3YY	三轮压路机 三轮液压转向	结构质量/加载后质量 结构质量/加载后质量	t
	羊足碾 K	拖式 自行式	K（块） K（块）	YTK YK	拖式凸块压路机 羊足压路机	加载总质量 加载总质量	t
	轮胎压路机 L	拖式 自行式	L（轮） L（轮）	YLT YL	拖式轮胎压路机 自行式轮胎压路机	加载总质量	t
	振动压路机 YZ	拖式	K（块）	YZTK YZT	拖式凸块振动 拖式光轮振动	加载总质量 加载总质量	t
		自行式		YZ YZD	自行式振动 自行式振荡	结构质量 结构质量	
		手扶式	F（扶）	YZF	手扶式振动	结构质量	
	振动夯实	振动式	Z（振）	HZ HZR	电动式振动夯实 内燃式振动夯实	结构质量 结构质量	
	冲击式夯实 H	蛙式 爆炸式 多头式	W（蛙） B（爆） D（多）	HW HB HD	蛙式夯实机 爆炸式夯实机 多头式夯实机	结构质量 结构质量 结构质量	t

编号组成：类、组、型代号＋特性代号＋主参数

二、压路机的选型

现代压路机的结构形式、规格、技术性能参数及其压实功能有较大的选择余地，施工单位必须按照适用和经济的原则，合理选购和选用符合施工要求的压实设备。

压路机的选型应考虑以下一些因素，这些因素也是压路机合理选型的依据。

1. 根据工程质量要求选择压路机

若想获得均匀的压实密度，可选用轮胎式压路机。轮胎式压路机在碾压时不破坏土壤原有的黏度，各层土壤之间有良好的结合性能，加之前轮可摆动，故压实较为均匀，不会有虚假压实情况。

若想使路面压实平整，可选用全驱动式压路机。

对压路机压实能力要求不高的地区，可使用线压力较低而机动灵活的压路机。

若要尽快达到压实效果，可选用大吨位的压路机，以缩短工期。

2. 根据铺层厚度选择压路机

在碾压沥青混凝土路面时，应根据混合料的摊铺厚度选择压路机的重量、振幅及振动频率。通常，在铺层厚度小于 60 mm 的薄铺层上，最好使用振幅为 0.35～0.60 mm 的 2～6 t 的小型振动式压路机，这样可避免出现堆料、起波和损坏骨料等现象；同时，为了

防止沥青混合料过冷,应在摊铺之后立即进行碾压。对于厚度大于100 mm 的厚铺层,应使用高振幅(可高达1.0 mm)、6~10 t 的大中型振动式压路机。

3. 根据公路等级(类型)选择压路机

对于一、二级国家干线公路和汽车专用路,应使用6~10 t 的具有较高压实能力的大型振动压路机;对于三级以下的公路,或不经常进行压实作业时,最好配备2 t 左右机动灵活的振动压路机。对于水泥混凝土路面,可采用轮胎驱动式串联振动压路机;对于沥青混凝土路面,应选用全驱动式振动压路机;对于高级路面路基的底层,最好选用轮胎压路机或轮胎驱动振动压路机,以获得均匀的密实度;修补路面时可选用静力作用式光轮压路机。

4. 根据被压物料的种类选择压路机

被压物料及其含水量不同,其孔隙率大小与物理学特性也不同,选用不同类型和规格的压路机,其压实效果也会大不相同。

经验证明,对不同土质的被压材料,选用合理的压路机机种可获得理想的压实效果。应依据土壤和被压材料的特性选用压路机。

对于岩石填方压实,应选用大吨位压路机,以便使大型块料发生位移;对于黏土的压实,最好使用凸块捣实式压路机;对于混合料的压实,最好选择振动式压路机,以便使大小粒料掺和均匀;深层压实宜采用重型振动压路机慢速碾压,浅层则应选静力式压路机。

各种压路机所适用的物料种类参见表1-2。

表1-2 各种压路机所适用的物料种类

压路机种类	黏 土	砂 土	砾 石	混合土	碎 石	块 石
静光轮	C	B	A	A	B	C
轮胎轮	B	B	A	A	C	C
振动轮	B	C	A	A	A	A
凸块(羊足)轮	A	C	B	B	C	C

注:A—最佳适用,B—无其他机器时可代用,C—不适用。

被压材料不同,其压实特性也不同,必须选用合适的压路机才能获得理想的压实效果。

砂土和粉土,黏结性较差,水易浸入,不易被压实。此类土必须掺入黏土或其他材料进行改良处理,并选用压实功率大的静力式压路机压实。此类改良土铺筑路基时,不宜采用振动压路机和凸块式碾滚进行碾压。

对于黏性土,由于黏结性能好,内摩擦阻力大,含水量较多,故压实时需要提供较大的作用力和较长的有效作用时间,以利于排除空气和多余的水分,增大密实度。一般选用凸块压路机和轮胎式压路机压实黏性土铺筑的路基,可获得较好的压实效果。如果铺层较薄,还可选用超重型静压式光轮压路机,以较低的速度碾压,效果更佳。黏性土路基一般不采用振动压实,因为振动压路机易使土中水分析出,形成"弹簧"土,难以彻底压实。

介于砂土和黏土之间的各种砂性土、混合土有较好的压实特性,故采用各种压路机进行压实均能获得理想的压实效果,但选用振动压路机压实这类混合土时具有更强的压实功能和更高的作业效率。

对于碎石、砾石级配的铺筑层，选用振动压路机碾压，可使石料和粒料之间更好地嵌紧，形成稳定性较好的整体。

对于沥青混合料，由于沥青有一定的润滑作用，且铺筑层一般较薄，故可选用中、重型静力压路机，也可选用振动压路机压实，以便大小颗粒掺和均匀，提高压实质量。为了提高沥青路面的平整度，应选用光轮压路机碾压。

在选用压路机时，还应考虑被压材料的抗压强度。终压时，如果被压材料所承受的压力为抗压强度的80%～90%，则可获得最佳压实效果。如果终压时接触应力大于被压实材料的抗压强度极限时，上层将出现松散现象，骨料将进一步被压碎，铺筑层的级配反而被破坏。如果受机型的限制，压路机的单位压力过大或过小时，则应合理控制压实遍数，以免影响压实效果。

对于均质砂土，则选用轮胎式压路机较好，因轮胎在碾压过程中可与土壤同时变形，压实力作用时间长，接触面大，揉合性好，密实度均匀。

各种类型的压实机械所适应的各种被压材料参见表1-3。

表1-3 按照土质种类选择压实机械表

土质种类 \ 压实机械	静作用压路机	轮胎压路机	大型振动压路机	牵引式凸块压路机	推土机 普通型	推土机 湿地型	小型振动压路机	振动平板夯	备注
岩块等，经过挖掘、压实也不容易成细粒化的岩石			A					D	硬岩
风化岩、泥岩，已成为细粒化，但很紧密的岩石等		B	A	B				D	软岩
单粒度砂、碎石、砂丘的砂等			B				D	D	砂、含砾石砂
含适当量的细粒粉而粒度良好的容易密实的土、细砂、碎石		A	B				D	D	砂质土、含砾石砂质土
细粒多但灵敏性低、含水量低的罗姆土，容易坍的泥岩等		B		A			D		黏性土、含砾石黏性土
含水量调节困难，不容易用来作交通用土的、细砂质土等						C			含水分过剩的砂质土
高含水量的罗姆土；灵敏性高的土、黏土；黏性土				A	C	C		D	灵敏的黏性土
黏度分布好的土	B	A	A				A	D	颗粒材料
单粒度的砂及黏度差混有碎石的砂	B	B					D	D	砂及混有碎石的砂
砂质土 黏性土				B	B	B	A B	D D	细料

注：A—有效的，B—可以使用的，C—因行车困难，不得已而使用的，D—因施工规模所限而选用的。

被压材料的含水量是影响压路机压实效果的重要因素。被压层只有在最佳含水量状态下才能得到最佳压实效果。若含水量过大，压实到一定程度时，水分将聚集在土体颗粒之间的孔隙内，吸收和消耗大部分碾压能，衰减了碾压作用力的传递。即使增加压实重量和碾压遍数也不可能将土壤压实，反而会使被压层出现反弹现象，成为压实的顽症；若含水量过小，土颗粒之间的润滑作用减小，其内摩擦阻力将随之增大，可选用重型压路机进行压实，或适当增加碾压遍数。

含水量过高可采用翻晒等措施，使其含水量降低，达到压实规范的要求。一般当实际含水量比最佳含水量高2%～3%时，就不宜选用振动压路机进行压实。

当土壤或被压实材料的实际含水量低于3%～5%以上时，应在施工现场进行洒水，以补充水分。如果现场难于补充水分，则可选用超重型静压式压路机，或选用重型压路机进行压实，并适当增加遍数。

对岩石填方的压实，应选用大吨位压路机进行压实，以使大型块料产生位移，再使中小型石料嵌紧在其中。

5. 根据压实作业项目内容和机械化施工程度选择压路机

压实作业项目不同，选用的压路机的种类和规格也应不同。

一般来说，路基和底基层压实多选用压实功率大的重型和超重型静压式压路机、振动压路机和凸块式压路机。这类重型压实设备的压实效果好，能有效排除铺层中的空气和多余的水分，将被压层的固体颗粒嵌合楔紧，形成坚固稳定的整体，为上下层打下高强度的基础。

进行路面压实作业时，则多选用中型静压式或振动压路机，也可选用轮胎式压路机。这类中型压实设备既可获得表层的高密实度，又可达到路面平整度的要求。

路肩、桥涵填方、人行道、园林道路压实作业和小面积路面修补，则可选用轻型、小型振动压路机或夯实机械，以防路缘崩塌，毁坏构筑物。

振动压路机也可对于干硬性水泥混凝土进行有效压实。

按作业内容选用压路机，可参见表1-4所推荐的范围进行。

表1-4 按照作业内容选择压路机

作业内容	使用机械	摘　要
道路填土，江河筑堤，填筑堤坝等压实	轮胎压路机，凸块压路机，轮胎驱动振动压路机	适用于大面积、较厚的填土的压实。振动压路机在砂质成分多的地方使用效果特别好，凸块压路机适用于黏性土质多的地方
填土坡面的压实	夯实机，振捣棒，拖式振动压路机，专用斜坡压路机	沿着坡面进行压实时使用。规模小时使用夯实机或振捣棒等，规模大时使用拖式振动压路机
桥、涵的里填侧沟等基础的压实	夯实机，振捣棒	在面积受到限制的地方用来压实
沥青路表面的压实	静碾两轮压路机，轮胎压路机，双钢轮振动压路机	大规模铺路工程，先用轮胎压路机进行粗压，然后用光轮压路机进行碾压，最后用轮胎压路机封层。简易铺路等小规模作业时，只用振动压路机进行碾压
道路基层与稳定土	振动压路机，三轮压路机，轮胎压路机	大型铺路工程应使用振动压路机和轮胎压路机联合作业，小型工程可用静碾三轮压路机压实
港口、码头及深层填方	拖式振动压路机，冲击式压路机	填土层深，含水量大，有开阔的作业面积，用履带式牵引车配合施工
人行道，园林小道，边角及小面积修补	冲击夯，振动平板夯，小型振动压路机	小规模压实作业

6. 根据作业种类选择吨位型号（参见表1-5）

表1-5 振动式压路机的吨位型号及适用作业种类

类 型	机重/t	工作宽度/cm	适用作业种类
小型	1.0～1.5	40～100	沟槽回填、人行道路、公园道路、道路维修
中型	4.5～6.0	160～180	城市道路、场地、基础回填、公路施工与修理
大型	7.0～18.0	190～220	公路、水坝、机场、林区公路、大面积基础回填

7. 根据工程类型选择压路机振幅和振动频率的大小（参见表1-6）

表1-6 不同的工程类型及其适用的振幅、频率

工程类型	振幅/mm	频率/Hz
路基压实	1.64～2.00	25～30
粒料及稳定土基层和底基层压实	0.80～2.00	25～40
沥青路面压实	0.40～0.80	30～50

三、压实作业参数和生产率

为了提高压实质量，获得最佳压实效果和最佳作业效率，除了根据上述原则选定压路机外，还应根据施工组织形式、对工程质量和技术要求以及作业内容、压路机的性能，正确选择和确定压路机的压实作业参数。

这些压实作业参数包括压路机的单位线压力、平均接地比压、碾压速度、碾压遍数、压实厚度、轮胎式压路机的轮胎气压和振动压路机的振幅、振频和激振力等。这些压实作业参数应在作业前预先确定好。下面介绍几种主要压实作业参数的选择原则和应考虑的一些因素。

1. 应满足工程质量和生产率的要求

路基和路面施工对密实度、密实度均匀性、路面的平整度、抗弯强度、排水性能都有一定的要求。选用轮胎式压路机可提高密实度的均匀性；选用重型和超重型压路机（包括振动压路机）可获得高密实度，提高路基的强度；要提高路面的平整度，还必须选用全轮驱动的压路机进行碾压，这样可以消除由于从动轮向前挤压路面而形成的微型波浪。

压路机的生产率是指每小时所完成的土石填方压实的体积。压路机的生产率应与摊铺机的摊铺能力、拌和设备的生产能力相适应。体积生产率的计算公式为：

$$Q = C \cdot \frac{B \cdot v \cdot H \cdot 100}{n} \tag{1-1}$$

式中：Q——体积生产率，m^3/h；

C——压实效率，C = 实际生产率/理论生产率（压路机处于近似连续工作状态时，通常取 $C = 0.75$）；

B——碾滚宽度，m；

v——碾压速度，km/h；

H——压实后的铺层厚度，m；

n——碾压遍数。

体积生产率通常适合对路堤、基层和底基层的压实生产率的计算。影响体积生产率的主要因素有碾压宽度、碾压速度、碾压遍数和铺层厚度等。

沥青路面的压实生产率通常按面积生产率进行计算，计算公式为：

$$A = C \cdot \frac{B \cdot v \cdot 1000}{n} \tag{1-2}$$

式中：A——面积生产率，m^2/h；

C——压实效率，C = 实际生产率/理论生产率；

B——碾滚宽度，m；

v——碾压速度，km/h；

n——碾压遍数。

影响面积生产率的主要因素有碾滚的宽度、碾压速度和碾压遍数等。

计算压实生产率时应考虑压路机的连续碾压能力，同时应考虑纵向和横向碾压的重叠度，以及铺层接头引起压实作业效率降低等因素。

为了提高施工进度，缩短施工工期，可以考虑适当提高压路机的吨位，选用大吨位压路机进行碾压，以减少碾压遍数，或适当增加铺层厚度，以提高压实生产率。

2. 碾压速度

碾压速度取决于土壤和被压材料的压实特性、压路机的压实性能与功能、对工程质量的要求以及压层的厚度和作业效率等。例如，黏性土变形滞后现象明显，故碾压速度不宜过高。对新铺层的压实，由于初压铺层的变形量达，压路机的滚动阻力亦大，碾压速度低则有利于碾压作用力向深处传递。碾压速度高，虽然作业效率高，在一般情况下往往会降低压实质量；碾压速度低，压实质量高，但作业效率低。

国外研究资料表明，对沥青混合料进行振动压实，在一定的碾压速度范围内，振动压路机的作业速度对混合料的压实度影响甚微。如图1-22所示为沥青混合料应用振动压路机进行碾压时，选用不同的作业速度得到的压实度与碾压遍数的关系曲线。实验被压层为5 cm厚的混合料，压路机为6 t双钢轮振动压路机。当碾压速度从2.5 km/h增至10 km/h后，压实度减小了2%左右，但压实效率则大大提高。当然，如果压实度尚未达到工程质量的要求时，还是应该降低碾压速度或者增加碾压遍数，以达到提高压实度的目的。

通常压路机在进行初压时，可按下面推荐的作业速度范围进行碾压。静压式光轮压路机进行初压的速度为 1.5～2 km/h，轮胎式压路机进行初压的速度为 2.5～3 km/h，振动压路机进行初压的速度为 3～4 km/h。

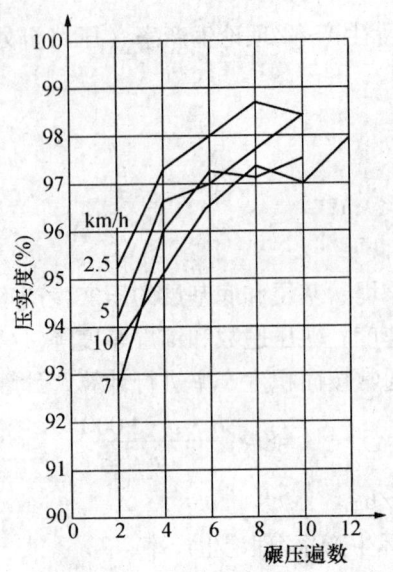

图 1-22　沥青路面碾压速度与压实度、碾压遍数的关系

随着碾压遍数的增加，密实度提高，在进行复压和终压时，压路机的碾压速度可适当提高。通常，静压式光轮压路机的碾压速度可增加到 2～4 km/h；轮胎式压路机可增加到 3～5 km/h；而振动压路机的碾压速度可增加到 3～6 km/h。

总之，压路机的碾压速度既不能过高，也不宜过低。碾压速度过高，会降低压实质量；碾压速度过低，会降低压实效率，增加施工成本。通过反复实验，不断总结经验，即可确定最佳碾压速度。

3. 碾压遍数

碾压遍数是指压路机依次将铺层全部压完一遍（相邻碾压轮迹应重叠 0.2～0.3 m），在同一地点碾压的往返次数。

碾压遍数的确定应以达到规定的压实度为准。一般情况，压实路基和路面基层，碾压遍数大约为 6～8 遍；压实石料铺筑层大约为 6～10 遍；压实沥青混合料路面大约为 8～12 遍。如采用振动压路机进行碾压，压实遍数则可相应减少。

为了使被压材料获得最佳的压实度，碾压遍数通常由式（1-3）确定：

$$n = \frac{\varepsilon}{\varepsilon_1 \psi} \tag{1-3}$$

式中：ε——从初始压实度提高到最佳压实度所需要的相对变形（即绝对变形与厚度之比）；

ε_1——第一次碾压时的不可逆相对变形；

ψ——由重复碾压引起的不可逆相对变形影响系数，参见表 1-7。

表 1-7　不可逆相对变形影响系数 ψ、当量变形模量 E' 和比例系数 α 值

土的状态	变形前的土特性		系数 ψ	E'/MPa	α
	变形量 E/MPa	土的压实度之比 δ/δ_{max}			
完全松散的土	0.5～1	0.62	1.2	3	0.90
很松散的土	1～2	0.75	1.25	5	0.80
松散土	2～4	0.80	1.3	6.5	0.75
未充分压实土	4～8	0.85	1.4	8.5	0.60
压实的土	8～10	0.90	1.50	12	0.50

式（1-3）中，相对变形 ε 和不可逆相对变形 ε_1 的值分别由式（1-4）和式（1-5）计算得出：

$$\varepsilon = 1 - \frac{\delta_H}{\delta_0} \tag{1-4}$$

$$\varepsilon_1 = \frac{20\alpha q}{E' H R^{0.5}} \tag{1-5}$$

式中：δ_H——压实前的土密实度；

δ_0——压实要求达到的土密实度；

E'——土层的当量变形模量，参见表 1-7；

α——考虑不可逆变形在总变形中所占的比例系数，参见表 1-7；

H——松土铺层厚度，$H = H_0/(1-\varepsilon)$，其中 H_0 为压实土层厚度，mm；

q——单位线压力，N/cm；

R——压轮半径，cm。

轮胎压路机的碾压遍数不仅与土质有关，还与轮胎的气压有关。根据统计规律，轮胎压路机的碾压遍数可参见表 1-8 确定。

表 1-8　各种土壤的压实遍数和轮胎气压

参数 \ 土质	砂 土	亚砂土	黏 土
轮胎气压/MPa	0.2	0.3～0.4	0.5～0.6
所需的碾压遍数	4～6	6～8	10～12

智能型压路机则可通过机载压实度检测仪进行随机检测，并将数据输入微机，确定还需要碾压的遍数。必要时，可将各项检测数据随时打印出来，供操作手和施工技术人员参考。

4. 压实厚度

压实厚度是指铺层压实后的实际厚度。压实厚度是靠铺层松铺厚度来保证的，其厚度关系为：松铺厚度 = 松铺系数 × 压实厚度。其中松铺系数为压实干密度与松铺干密度的比值，该值需要通过实验方法确定。根据土壤特性和施工作业方式，土壤的松铺系数一般为 1.3～1.6。

压实厚度的确定与压路机的压实能力和作用力的影响深度有关。由压路机作用力的最佳作用深度决定的各种类型压路机适宜的压实厚度参见表 1-9。

表1-9 几种类型压路机适宜的压实厚度

压路机类型	适宜的压实厚度/cm	碾压遍数	适宜土壤种类
8~10 t 静光轮压路机	15~20	8~12	非黏性土
12/15 t,18/21 t 静光轮压路机	20~25	6~8	非黏性土
9/16 t,16/20 t 轮胎压路机	20~30	6~8	亚黏土非黏性土
30~50 t 拖式轮胎压路机	30~50	4~8	各类土壤
2~6 t 拖式羊足压路机	20~30	6~10	黏性土
14 t 拖式振动压路机	100~120	6~8	砂砾石、碎石
10 t 振动压路机	50~100	4~6	非黏性土

5. 振频和振幅

振动压路机的最佳压实效果主要依赖于振动轮产生的振动波迫使土壤产生共振,此时,土颗粒处于高频振动状态,被称为土壤的"液化"状态,土颗粒将向低位能方向移动,从而为压实创造了最有利的条件。

振频和振幅是振动压路机压实作业的重要性能参数。振动轮在单位时间内振动的次数称为振动压路机的振频。振幅是激振时振动轮跳离地面的高度。振频高,被压实层的表面平整度较好;振幅大,激振力就越大,压力波传播的深度也越大。振动压实时,振幅和振频必须合理组合协调工作,才能获得最佳的压实效果。

实践证明,压实厚铺层路基,选择低频(25~30 Hz)、高幅(1.5~2 mm)组合,可获得较大的激振力和压实厚度,提高作业效率;对薄铺层路面进行振动碾压,则应选择高频(33~50 Hz)、低幅(0.4~0.8 mm)组合,这样可以提高单位长度上的冲击次数,提高压实质量。碾压沥青路面时,若铺层厚度小于60 mm,采用2~6 t 的中小型振动压路机,其振幅控制在0.35~0.6 mm 范围内,效果更佳,这样可以避免混合料出现堆料、起波、粉碎骨料等现象。如果沥青混合料铺层的压实厚度超过100 mm,则应选用高幅(1.0 mm)压实。为了防止沥青混合料过冷,错过最佳压实时间,应在摊铺作业后紧随进行碾压。

通常,在单位线压力相同的情况下,如果碾压轮的直径小,则单位作用压力大,压实功能就高;而碾压轮直径大,则不容易使碾压层表层产生波浪和裂纹。同吨级的压路机,三轮压路机的单位线压力比两轮压路机要大,压实功能也稍微高些。在其他条件相同的情况下,采用全轮驱动的压路机进行碾压,由于驱动轮前的被压材料在驱动力作用下被不断楔紧在碾压轮下方,因而有效地增大了压实作用力,进一步提高了压实质量。

第三节 压路机发展现状及趋势

一、压路机的发展史

1. 压实技术的起源

压实作为强化工程物的基础、堤坝及路面铺装层的主要手段,早已为工程专家们熟知和应用。采用机械进行有效地压实,能显著地改善基础填方和路面结构层的强度及刚度,提高其抗渗透能力和气候稳定性,在大多数情况下可以消除沉陷,从而提高了工程的承载能力和使用寿命，并且大大减少了维修费用。

压实机械发展至今，经历了一个漫长而富有哲理的历史时期，世界上最早出现的压实方法是踩踏、揉搓和捣实。早在远古时代，先民们就曾利用牛羊畜群的蹄足对土壤踩踏、揉搓和捣实作用来压实水坝和河堤，这就是近代羊足碾的起源。夯实和冲击方法也很早就有应用，中国古代利用石夯进行堤坝压实，直到今天这种压实方法在我国农村还有应用，这就是当今动态压实方法的起源。

18世纪出现了用马和牛牵引的压路机。大约19世纪，法国制造出蒸汽机驱动的压路机，这是一种光轮压路机。

美国是发展土壤压实技术的先驱。大约在1905年，在加利福尼亚制成了第一台羊足碾，用来压实土壤，当时普遍使用马车运土。

压实机械对土壤施加能量的方法及施加能量的大小，使得压实效果差别很大。现代压实技术所采用的压实方法可归纳为静压力、揉搓力、振动力、捣实力、冲击力5种状态，相对应的有静作用光轮压路机、轮胎压路机、振动压路机、捣实压路机和冲击压路机5种作业原理的压路机，以及振动夯、冲击夯与蛙式夯等夯实机械。

2. 国际压路机的发展历史

压路机作为压实机械中最主要的机种，经历了漫长的发展和演变。早期出现的压路机都是拖式的，可以追溯到18世纪初制造的畜力牵引的光轮碾，在中国则可以追溯到更为古老的年代，我们的祖先在一千多年前就创造了用人力或畜力拖动的石磙，它是拖式压路机的雏形。

19世纪的工业革命席卷了西方，欧洲最早制造出了蒸汽机驱动的拖拉机。随后在1862年就研制成了以蒸汽机为动力的自行式三轮压路机，并于1986年投产。美国是最早开展压实理论及方法研究的国家。20世纪初，他们的一些研究机构对道路的沉陷及其他一些机构缺陷进行了研究，并且在理论上和实践上提出了解决方案。同时负责修建水坝、军用机场的美国工程兵和负责灌溉工程的联邦内务局也对土壤压实进行了研究。在此期间，美国的工程师们成功开发了世界第一台拖式羊足碾压路机。

当内燃机刚出现时，美国人便敏锐地觉察到蒸汽机非常不合时宜，他们于1919年研制成功了以内燃机为动力的压路机。一个偶然的机会，工程师们在填土工地上观察到了汽车轮子的压痕，并据此原理于1940年发明了轮胎压路机，从而出现了有别于刚性滚轮的柔性压实方法。轮胎压路机的滚轮是充气轮胎，它的真正应用开始于20世纪50年代，但直到60年代因成功解决集中充气问题，才使其技术日臻完善。集中充气系统的压路机可根据铺层状况和施工要求随时调节轮胎的充气压力，使之处于最佳工作状态，从而获得较高的生产效率和压实质量。

以上所述都是静压式压路机。为了增加压实效果，在相当长的时间内，主要是增加重量来实现，最大的拖式轮胎压路机最大重量曾达到200 t，而在20世纪40年代至50年代，50～70 t的轮胎压路机曾被普遍用于建筑飞机场、道路和堤坝。振动压实技术和振动压路机的出现是压实机械发展史上一个划时代的贡献，从此，改善压实效果不再简单地依赖压路机重量或线压力的增大，同时将振动方式和振动参数的研究推向了另一个高峰。

在20世纪30年代初，德国在修建公路网时使用了由劳森豪森公司首创的一台拖拉机牵引的1.5 t振动平板压实机和一台25 t的推土机式振动压实机。世界第一台拖式振动压实机出现在 20 世纪 40 年代，但真正大量投放市场是在 50 年代初。初期发展的振动压路机吨位都较小，主要用于压实砂石粒料，并且品种很少，总体技术性能较差。

随着振动压实理论研究的深入，隔振材料和振动轴承制造技术也日臻完善，使得振动压路机在 20 世纪 60 年代迅速占领了世界压实机械市场，其机型也由小型向中大型方向发展。同时出现了拖式振动、单轮振动、双轮振动、组合振动、手扶振动及羊足式和凸块式的振动压路机等多种类型，其应用范围也扩大到了包括粒料、黏性土及沥青混凝土，以及厚铺层和薄铺层、大型和小型工程等几乎所有的压实工作状况。到 20 世纪 70 年代初，振动压路机在国际市场的销售总量中已占到 60% 以上的份额；到 21 世纪初，这一数据已突破 80%，振动压路机已经成为压实机械制造厂商的主导产品。

20 世纪 70 年代初，压实机械发展史上的一个重要变革是迅速而普遍地推广应用了静液压传动和电液控制技术；到 70 年代末，在压路机特别是振动压路机上，机械传动绝大多数被液压传动取代。电液控制技术在振动压路机上的应用使得振动参数的调整成为可能，从而出现了调频、调幅的振动压路机，为压实工作参数的优化和随机监控创造了条件。理论研究是压实技术创新的支撑，土壤材料的压实是一个物理力学的综合作用过程，这相比其他土方机械的作业理论而言要复杂得多；这不仅是因为被碾压材料的结构成分和物理力学性能随机性很强，还因为压实作业不仅要有生产效率指标，而更突出的是要有压实质量指标。

正因为如此，促进现代压实技术和压实机械的发展将会更多地依靠理论上的新突破，并为诠释和创造全新压实过程的理论支撑。压实理论的研究显示出了更浓厚的综合特点，即从工作介质的材料特性、力学基础、施工方法和机器结构、运动学与动力学的综合角度来研究压实作业过程。20 世纪末利用这种综合研究创新的振荡压路机和垂直振动压路机都已进入了实用阶段，一种产生非简谐振动的混沌振动压实方法也正处在试验阶段，它们将进一步定位各自的压实领域，如振荡压路机很可能成为压实沥青面层和 RCC 路面的主要机种，垂直振动压路机能适应铺层 1.5 m 碾压混凝土大坝的压实施工。

这种综合研究的另一个特点是更加注重多种压实施力方法的综合利用，即通过静压、揉搓、振动、捣实和冲击等多种方法的联合作用来强化压实过程，冲击式压路机的问世就是一个很好的例子。冲击式压路机使用的并非是传统的圆柱压轮，而是由 3～5 个边组成的多边形滚轮，由牵引车拖行，以每秒 2～3 次顺序地对地面产生冲击；这种剧烈冲击具有地震波的传播特性，其压实深度随压实遍数而递增，在 5 m 深处的压实度可达到 90%～92%。冲击压路机具有冲击、振动、捣实、搓揉的综合作用，适合大型填方、塌陷性土壤和干砂填筑工程的压实。

目前，压实机械比较先进的国家有德国、美国、瑞典、日本等。

3. 国内压路机的发展历史

我国压路机的生产和制造始于 20 世纪中叶，以仿制静作用的光轮和轮胎压路机为主；1961 年西安公路交通大学与西安筑路机械厂联合开发了 3 t 自行式振动压路机，成为我国自行开发设计振动压实机械的起点；随后，1964 年洛阳建筑机械厂研制出 4.5 t 振动压路机，1974 年洛阳建筑机械厂与长沙建筑机械研究所合作开发了 10 t 轮胎压路机和 14 t 拖式振动压路机，1975 年徐州工程机械制造厂仿制了日本酒井（SAKAI）公司的轮胎压路机。20 世纪 80 年代中期，我国开始引进国外先进的振动压路机技术，其中 1984 年徐州工程机械制造厂引进了瑞典戴纳帕克（DYNAPAC）公司的 CA25 轮胎驱动式振动压路机和 CC21 Ⅱ 型串联式振动压路机技术，1987 年洛阳建筑机械厂引进了德国宝马格（BOMAG）公司的 BW217D 和 BW217AD 振动压路机技术，江麓机械厂引进了德国伟博麦士（VIBROMAX）公司的 W1102 系列振动压路机技术。1999 年三一重工股份有限公司在充分吸收国内、外压路机先进技术的基础上，开发研制了 YZ 系列单钢轮振动压路机和 YZC 系列双钢轮压路机。

我国对压路机的理论研究和产品自主研发起步较晚，整体技术状态与国际先进水平存在较大差距，主要表现为产品系列不完整，起重型振动压路机生产数量和品种较少，专用压实设备缺乏，综合性能、经济指标及自动控制技术等仍然较落后。

20 世纪 90 年代以后，随着我国基础工业的发展，特别是液压泵、液压马达、振动轮用轴承、橡胶减振器等零部件技术的引进和国产化，使得振动压路机的总体技术水平和可靠性有了很大提高；主机制造厂商也对振动压路机的引进技术不断地进行了消化吸收，并初步实现了产品规格的拓展；加上国内大专院校和科研院所的科研攻关，使得我国自行研制振动压路机的能力和水平有了较大的提高。

二、压路机发展现状

（一）国外压路机发展现状及技术水平

随着微电子技术向工程机械的渗透，国外压路机日益向智能化和机电液一体化方向展。自 20 世纪 90 年代以来，国外压路机进入了一个新的发展时期，即在广泛应用新技术的同时，不断涌现出一些新产品和应用一些新结构。继完成提高整机可靠性任务之后，技术发展的重点在于增加产品的电子信息技术含量和智能化程度，提高产品的系列化、标准化和通用化水平，改善驾驶人员的工作条件，向节能、环保方向发展，并有向特大型化、多用途、超小型化、微型化两极发展的趋势。在国际上，代表现代压实技术水平和发展方向的主要有 BOMAG、DYNAPAC、Ingersoll-Rand、悍马（HAMM）和 SAKAI 等公司及其产品。

国外压路机技术水平主要表现在 GPS 技术的应用、智能压路机的发展、压实工作状况的实时检测技术、振荡压实技术的发展、特种压实滚轮和特种压实机械的发展等方面。

1. GPS 技术的应用

应用 GPS 技术是现代工程机械控制与管理技术的重要发展方向，是应用信息技术的重要方面。运用全球定位技术不仅可以实现对高性能产品的实时控制、及时的服务指导，实现机械的最佳使用和维护，而且可以大大减少中间服务环节，从而有效地减少产品的售后服务和使用成本。

BOMAG 公司开发了用于压路机 GPS 系统的软件 BCM05，从而使本地 GPSIATS 系统可以与 BOMAG 监测系统实现联系。这一系统已应用到 BW177D-4 新型单钢轮压路机系列和装有压实数据管理系统的串联压路机产品中。BCM05 和 GPSIATS 组成的系统可以精确确定压路机的位置，定位精度达到 50 m。BCM05 软件可形成高质量的格式文件、备份各种压实数据，避免由于误操作造成的影响。同时，由于这一系统不断地记录和显示作业结果，从而缓解了操作人员的压力，优化了压实设备的使用性能，降低了作业成本。

2. 智能压路机的发展

基于压实度在线检测系统的智能化振动压路机的发展始于20世纪60年代。在1962年美国专利US3053157中提出了压实度仪的基本原理，即利用振动轮垂直方向加速度的振幅来测量压实材料的压实程度；20世纪70年代Konig在德国专利DE3775019中提出了利用振动工作部件与压实材料之间相互作用的动力特征来判断压实进程；但由于技术上的不成熟导致测量误差过大，这些专利没有形成可实际应用的产品。

20世纪80年代，随着新技术的产生和研究方案的成熟，出现了一些可以安装到压路机上的压实度计，并在80年代末期正式投入应用；同时德国的BOMAG公司改进了Konig的设想，研制出了BTM压实度计，并首次安装位移传感器，用以根据地面压实状态的不同来控制压路机的行走速度，这使得振动压路机第一次有了"智能"的概念。

目前，国内压路机生产厂家也在进行"智能化"振动压路机的研究，比较典型的有中联重科股份有限公司和江麓-浩利工程机械有限公司。

所谓智能化振动压路机是将计算机技术、精密传感技术、电液控制技术、卫星通信和遥感控制技术引入压实控制中，即随着压实过程的进行，能够根据被压材料以及机械运行的状况自行判断、自行调节压实等性能参数，从而实现最佳压实效果的压实机械控制系统。BOMAG公司开发的智能压实管理系统，主要由压实度检测装置、微处理器和变频变幅机构组成。在工作过程中，该系统可连续自动检测并控制压路机的压实性能，使其达到最优化。该压路机还可同时检测沥青路面的温度，操作人员可以在模拟监视器上直接观察到路面压实度的变化情况。

试验表明，该系统计算的动刚度可以用来测量一定路基刚度和沥青温度下路面的压实度。该系统可改善压实均匀性和沥青路面表面质量，同时它还具有机械状态监测和故障诊断等功能。智能压实技术的进一步发展是应用自适应和自学习技术，实现压实作业的最优化控制。在对某种材料的碾压过程中，机械能够自动评价压实效果，调节各种压实参数，保证各种压实作业达到最佳压实工况。

3. 压实工作状况的实时检测技术

实现压实工作状况的实时在线监测是人们一直追求的目标。BOMAG公司为其压路机产品配备了压实工作状况实时检测系统。该系统具有使用方便的检测数据管理、大容量文件形成和压实状况评价等功能。所记录的数据还可通过U盘输入到PC机上进行处理分析。这一系统使用于公路、铁路、机场、水坝等大规模工程领域的振动压实。压实工作状况的实时检测大大方便了操作人员的工作，消除了压实作业的盲目性，为压实效果的评价和监督提供了依据，最终可以确保压实作业的质量和效益。

4. 振荡压实技术的发展

振荡压实技术的经济和环保效益越来越受到人们的重视和认可。实践表明，这一技术对土壤和沥青路面的压实均具有良好的效果。从20世纪50年代起，振动压实技术有了很大的发展，振动压路机在压路机市场中具有绝对优势。然而，振动压实还不能解决现代压实中所遇到的全部问题。例如,对桥面、停车场、居民区路面以及其他精细表面的压实,振动压路机的垂直作用力就显得十分不利。同样,在非稳定土壤中强烈的振动只能使材料分散或重新破坏,达不到所要求的密实度。在压实过程中,振动压路机依靠强大的激振力向被压实材料传递振动能量,滚轮常与路面脱振而形成"跳振",而振荡压路机的滚轮与被压实材料表面始终保持紧密的接触,从而实现对材料的揉搓作用并快速压实。在振荡压路机的滚轮中安装有两个旋向相同的偏心块,可对滚轮轴形成转矩。两个偏心块每转一圈转矩改变一次方向,从而使滚轮产生振荡运动。

5. 特种压实技术的发展

近年来,特种压实技术的发展主要表现为滚轮形状的变化和适用特殊工程要求的专用压路机的研制等方面,主要产品包括冲击式压路机、轮胎振动压路机、垃圾填埋压实机械斜坡振动压路机、多边形压路机和遥控压路机等。此外,特种压实技术还包括混沌振动、摆振压实等新型压实原理和装置,以及各种压实技术应用软件等。

SAKAI 公司生产的 GW750 型轮胎式振动压路机具有全轮驱动和铰接式转向的特点,适用于工作状况恶劣的场所;振动作用增强了轮胎的揉搓和振动压实效果,改善了路面的密封防水性能;四级振动可获得最佳的压实效果;同时具有最佳的操作视野。该机整机重量为 9 100 kg,可产生 25 t 轮胎压路机的碾压效果。

SAKAI 公司生产的 CV550 型特种压路机是专门为斜坡压实而设计的。该机的特点是具有履带驱动系统,提高了机械的牵引性能。这种产品可在斜坡上自行压实,从而改变了拖动压实的传统压实方法;同时配备了单轴和双轴振动滚轮,以及标准滚轮和凸块式滚轮等多种可选部件,从而可适应多种碾压工程的要求。该机碾压坡度可达 62%,所需的碾压遍数较少。应用该产品可提高路堤和水坝等斜坡的压实速度和效率。

BMP851 型压实机是 BOMAG 公司生产的小型压实机械产品,该机具有线控与红外遥控两种操作方式,适合于沟槽、管道填埋、回填土等狭窄场地的作业。在一般场合下可用线控操作装置,经济实用;当需要在复杂危险场地作业时,可方便地更换为遥控操作方式。该机还配备多种形式滚轮供用户选用。

与传统的振动压路机相比,多边形压路机有许多优点,其中最重要的优点是多边形压路机对于各种土壤(无论是非黏性土、混合土还是黏性土)均具有最佳的压实效果。这一优点可使土壤碾压铺层厚度最大可增加一倍。多边形压路机还是现有地面复压的理想机械,冲击板型的设计使土壤铺层间具有极佳的黏结效果。多边形压路机 BW225D-3WVC 是 BOMAG 公司的新产品,除用于压实外,该机还是混凝土路面很好的破碎机。

(二)国内压路机发展现状及技术水平

我国压路机行业经过四十多年的不断发展,已经有了长足的进步,尤其是进入 90 年代以后,压路机需求与产销量迅速增长,加入压路机生产的企业不断增多,转营及兼营企业多达八十余家。目前主要企业有三一重工股份有限公司、中联重科股份有限公司、徐工科技股份有限公司、一拖(洛阳)建筑机械有限公司、厦工集团三明重型机械有限公司等,能够生产 0.5~30 t 振动压路机、4~25 t 静碾压路机和 16~30 t 轮胎压路机等规格品种较为齐全的系列产品,年产销量已超过 8 000 台,相当于世界总产量的 10% 左右,基本适应了国内的市场需求,并有少量出口,成为世界压实机械重要的使用和产销大国。

国内静作用光轮压路机仍然有 1500 台的年需求量，占市场总量的 20% 左右，并呈现出下滑趋势；而振动压路机主要以液压驱动为主，占市场总量的 30% 左右；全液压驱动的振动压路机因其可靠性好和作业效率高而得到越来越广泛的应用，产销量正逐年上升，目前占市场总量的 70% 左右，其中进口或合资品牌产品占 40% 左右。

近年来，国内压路机主要生产企业逐渐具备开发生产高技术水平全液压振动压路机的能力，广泛采用进口发动机、闭式液压系统、振动轴承、橡胶减振块等，使产品可靠性、耐用度等方面有了较大幅度提高；并且通过对引进技术的消化和吸收，在智能化、新型压实原理和技术、GPS 技术和压实技术应用软件等方面进行了一系列研究与开发，使得我国压实技术和产品得到了长足的发展。可以预测，利用十余年时间，我国必将由一个压实机械研究和制造"大国"逐步发展成为一个"强国"。

三、压路机发展趋势

随着市场竞争的日趋激烈和技术的高度发展，现代压路机的结构更趋先进，技术性能更趋完善，可靠性进一步提高，附加功能增加，零部件制造和装配工艺得到进一步改善，操作控制系统向全电液和电子监控方面发展，驾驶向舒适性、方便性方向发展，整机给人以爽心悦目的感觉。现代压路机发展有如下趋势。

1. 全液压传动和全电液控制

液压传动具有过程平稳、操纵灵活、省力等优点，并且为自动控制创造了条件。特别是压路机的行走驱动采用静液压系统，可以大大提高压路机的压实效果。全轮驱动压路机的滚轮既是行走装置又是作业装置，可以减少对压实材料的拥推作用，避免产生拱坡与裂纹等缺陷。

2. 技术性能和参数匹配进一步优化

调频调幅性能使得频率和振幅达到最佳组合成为可能，压实滚轮的分配质量与激振力的匹配更趋合理，全轮驱动、剖分式振动轮、蟹行机构等，这些都是改善机动性能、提高压实效率和质量的保证。

3. 智能化

如德国 BOMAG 公司采用的密实度检测管理系统，由自动变幅压实系统（BVM）、变幅控制压实系统（BVC）、全球定位系统和沥青经理（ASPHALT MANAGER）、压实管理系统（BCM）等部分组成。在对压路机控制和机械压实状态实施监测的基础上，压路机将实现全面自动化，达到压实作业的最优控制。机器可以按照土质的变化情况不断调整自身各项参数（振动频率、振幅、碾压速度、遍数）的组合，自动适应外部工作状态的变化，使压实作业始终在最优条件下进行；并且可以应用机载计算机系统对工作过程进行监测，对机器技术状态进行监控、报警及故障分析等。

瑞典 DYNAPAC 公司开发的 CompBase（土石方压实）和沥青路面压实（PaveComp）施工方案软件具有压实过程预测及智能选型和施工工艺选择功能。CompBase 软件中包括了 DYNAPAC 公司压路机在 7 种土方材料上压实的压实性能，确定土方类型后，选择需要的设备型号，就能获得在一定铺层厚度下达到规定密实度（标准或修订普氏值）所需的碾压遍数，这样，施工企业就能够计算出在规定时间内完成压实所需的设备数量。PaveComp施工方案软件能够根据施工条件提供熨平板、摊铺机和压路机的选型，还能根据材料温度、气温、时间条件提供碾压速度、频率和振幅，以及碾压遍数的选择，从而有效地指导压实。CompBase 和 PaveComp 都建立在 IHCC 丰富的"经验数据库"基础上，与实际施工有极高的吻合性。这些振动压路机过程计算机仿真软件可模拟滚轮与土壤相互作用的动力学特性，根据给定的土壤条件，选择不同的机型和施工工艺，并对方案进行比较和优化。

4. 防滑转控制系统

如德国 HAMM 公司 3625HT 型压路机配置的防滑转控制系统，可防止钢轮或轮胎在上、下坡或恶劣工况下打滑。该机采用先进的自动滑转控制（ASC）差速系统，通过监视所有轮胎和钢轮的转动情况，自动平衡各行走驱动扭矩，实现最佳牵引力分配，从而达到提高爬坡性能和确保压实效果的目的。BOMAG 公司称，其装备有防滑转控制系统的BW213、BW225 高爬坡性能机型可在 68% 的坡道上安全行驶。

5. 其他

未来压路机的发展还应考虑以下几方面因素。

（1）环保要求：采用电喷柴油发动机，降低废气污染排放；减少各种油料的消耗，采用可循环利用的材料制造零部件等。DYNAPAC 公司最近推出了一款 CC722 双钢轮压路机，采用具有最新环保技术的柴油发动机，备有 167 kW 的强劲动力，配有电子喷射及空气后冷装置，使得发动机具有非常低的排放，电子控制装置可以有效地解决发动机在不同工况时出现的各种问题；使用可以自然降解的液压油，而且用量仅需 50 升左右即可。

（2）人性化设计：如美国凯斯（CASE）公司 200 系列的推土机采用流线型、大倾角的外形设计；宽敞的操作平台单独安装在设备上，减少了噪声和振动，驾驶环境更为舒适；消声器隐藏在后部发动机罩盖下，有效地减少了来自机器后部的噪声和热量；双侧上车设计和可左、右旋转的减振式操作椅，独特的倾斜式发动机后罩使得能见度最大化；操作系统只需一个控制杆控制前进和后退，所有的控制开关由一个可锁防护罩保护；独特的动力上掀式后盖，在地面上就可以对燃油滤芯、油位计、油管、空气滤清器、冷却剂室等进行维修检查，站在后部保险杠上可以方便地检查发动机等部位。这些人性化的设计，使得操作和保养机器变得异常简便，大大降低了强度和工作量。

（3）各种辅助装置齐备：配备辅助装置的主要作用是实现一机多用，主要表现在单钢轮机型可方便拆装的凸块壳、双钢轮机型的切边轮、压实度在线检测系统、沥青表面温度检测装置等。这些辅助装置进一步改善了压路机的适应性和压实质量等。同时，各种特殊用途的压实机械也应运而生，进一步扩大了压实机械的应用领域。

（4）公司个性化特点更加突出：无论是外观造型设计，还是色彩设计，更重要的是大量专有技术的应用，使得各公司产品特性鲜明，成为人们识别的最直观的标志。

第四节　国内外主要压路机产品介绍[①]

熟悉国内外压路机主要生产厂家、主要产品及参数，将对压路机选型、使用、保养及运输等提供更多的帮助。

一、德国宝马公司产品介绍

1. 单钢轮振动压路机

BOMAG公司生产的全液压单钢轮振动压路机主要有BW219DH-3、BW225DH-3等，其主要技术性能参数参见表1-10。

表1-10　BOMAG公司全液压单钢轮振动压路机主要技术性能参数

性能参数	型号	BW219DH-3	BW225DH-3
工作质量/kg		19 200	25 200
振动轮分配质量/kg		12 780	17 040
振动轮静线载荷/(N/cm)		588	784
振动频率/Hz		26/30	26/26
名义振幅/mm		2.14/1.21	2/1.1
激振力/kN		326/250	330/182
行驶速度/(km/h)		0～3.2, 0～5.6, 0～12	0～3.2, 0～5.5, 0～10
最小转弯外直径/mm		12 040	12 160
理论爬坡能力/%		57	40
最小离地间隙/mm		450	430
振动轮直径×宽度/mm		1 600×2 130	1 600×2 130
轴距/mm		3 123	3 313
转向角/摆动角		±35°/±12°	±35°/±12°
轮胎规格		23.1-26	750/65-26DT820
柴油机	制造商	Deutz	Deutz
	型号	BF6M1013E	BF6M1013E
	额定功率/kW	141	141
	额定转速/(r/min)	2 300	2 300
燃油箱容量/L		340	340
长×宽×高/mm		6 114×2 300×3 000	6 563×2 380×3 050

2. 双钢轮振动压路机

BOMAG公司生产的全液压双钢轮振动压路机主要有BW202AD-2、BW202AD-4、BW202AHD-4、BW203AD-4等，其主要技术性能参数参见表1-11。

[①] 三一培训教材——压路机，易小刚，2005年。

表 1-11 BOMAG 公司全液压双钢轮振动压路机主要技术性能参数

性能参数		型号 BW202AD-2	BW202AD-4	BW202AHD-4	BW203AD-4
工作质量	含驾驶室或防落物架/kg	10 700	11 800	12 850	13 100
	无驾驶室/kg	10 100	11 300	12 350	12 600
前轮分配质量/kg		5 000	5 600	6 150	6 300
后轮分配质量/kg		5 100	5 700	6 200	6 300
静线载荷/(N/cm)		230/234	257/262	282/285	289/289
振动频率/Hz		30/45	40/50	40/50	40/50
名义振幅/mm		0.74/0.35	0.83/0.35	0.71/0.3	0.7/0.3
激振力/kN		62/58	126/84	126/84	126/84
振动轮直径×宽度/mm		1 220×2 135	1 220×2 135	1 220×2 135	1 236×2 135
发动机	制造商	Deutz	Deutz	Deutz	Deutz
	型号	BF4L913	BF4M2012C	BF4M2012C	BF4M2012C
	额定功率/kW	76	98	98	98
	额定转速/(r/min)	2 150	2 300	2 300	2 300

3. 轮胎压路机

BOMAG 公司生产的轮胎压路机主要有 BW24R、BW24RH、BW27RH 3 种型号，均为全液压传动，其主要技术性能参数参见表 1-12。

表 1-12 BOMAG 公司全液压轮胎压路机主要技术性能参数

性能参数		型号 BW24R	BW24RH	BW27RH
最大工作重量/kg		24 000	24 000	27 000
最小工作重量/kg		8 900	9 550	14 550
单胎最大载荷/kg		3 000	3 000	3 300
行驶速度	前进/(km/h)	0~6、0~13、0~22	0~6、0~10、0~20	0~6、0~10、0~20
	后退/(km/h)	0~6	0~6	0~6
最小转弯外直径/mm		16 530	16 530	16 530
理论爬坡能力/%		35	30	27
碾压宽度/mm		2 265	2 265	2 265
轮胎数量，前+后		4+4	4+4	4+4
轮胎规格		11.00-20-16PR	11.00-20-16PR	11.00-20-16PR
柴油机	制造商	Cummins	Deutz	Deutz
	型号	4B3.9-C	BF4M2012	BF4M2012C
	额定功率/kW	71	74.9	98
	额定转速/(r/min)	2 200	2 200	2 200
长×宽×高/mm		5 075×2 265×3 080	5 075×2 265×3 080	5 075×2 265×3 080

二、瑞典各公司主要产品介绍

1. 单钢振动轮压路机

DYNAPAC公司生产的全液压单钢轮振动压路机主要有CA512D、CA602D等，其主要技术性能参数参见表1-13。

表1-13　DYNAPAC公司全液压单钢轮振动压路机主要技术性能参数

性能参数	型号	CA512D	CA602D
工作质量/kg		15 600	18 600
振动轮分配质量/kg		10 500	12 700
振动轮静线载荷/(N/cm)		483	584
振动频率/Hz		27/31	29/31
名义振幅/mm		1.8/1.0	1.8/1.1
激振力/kN		260/195	317/231
行驶速度/(km/h)		0～12	0～12
最小转弯外直径/mm		10 800	10 800
理论爬坡能力/%		56	49
最小离地间隙/mm		460	460
振动轮直径×宽度/mm		1 563×2 130	1 573×2 130
轴距/mm		3 280	3 280
转向角/摆动角		±38°/±12°	±38°/±12°
轮胎规格		23.1-26	23.1-26
柴油机	制造商	Cummins	Cummins
	型号	6BTA5.9	6BTA5.9
	额定功率/kW	130	130
	额定转速/(r/min)	2 400	2 400
燃油箱容量/L		320	320
长×宽×高/mm		6 000×2 400×2 960	6 000×2 400×2 960

2. 双钢轮振动压路机

BYNAPAC公司生产的全液压双钢轮振动压路机主要有CC422、CC522、CC622等，其主要技术性能参数参见表1-14。

表 1-14　DYNAPAC 公司全液压双钢轮振动压路机主要技术性能参数

性能参数	型号	CC422	CC522	CC622
操作质量	含驾驶室或防落物架/kg	11 200	12 550	13 200
	无驾驶室/kg	10 400	11 850	12 600
前轮分配质量/kg		5 150	5 890	6 360
后轮分配质量/kg		5 250	5 960	6 210
静线载荷/(N/cm)		300/306	296/300	293/287
振动频率/Hz		51	51	49
名义振幅/mm		0.8/0.4	0.67/0.34	0.7/0.3
激振力/kN		138/70	138/70	128/65
振动轮直径×宽度/mm		1 300×1 680	1 400×1 950	1 400×2 130
发动机	制造商	Cummins	Cummins	Cummins
	型号	4BTA3.9	4BTA3.9	4BTA3.9
	额定功率/kW	93	93	93
	额定转速/(r/min)	2 200	2 200	2 200

3. 轮胎压路机

DYNAPAC 公司生产的轮胎压路机主要有 CP132、CP221、CP271 等型号，均为全液压传动，其中 CP271 的主要技术性能参数参见表 1-15。

表 1-15　DYNAPAC 公司全液压轮胎压路机主要技术性能参数

性能参数		型号	CP271
最大工作重量/kg			27 000
最小工作重量/kg			12 400
单胎最大载荷/kg			3 000
行驶速度/(km/h)			0～23
最小转弯外直径/mm			16 530
理论爬坡能力/%			35
碾压宽度/mm			2 350
轮胎数量，前+后			5+4
轮胎规格			11.00-20-16PR
轮胎重叠宽度/mm			42
水箱容积/L			415
柴油机	制造商		Cummins
	型号		4BT3.9
	额定功率/kW		74
	额定转速/(r/min)		2 200
长×宽×高/mm			5 150×2 350×3 580

三、美国 Ingersoll-Rand 公司主要产品介绍

1. 单钢轮振动压路机

Ingersoll-Rand 公司生产的全液压单钢轮振动压路机主要有 SD175-D、SD180-D 等，其主要技术性能参数参见表 1-16。

表 1-16 Ingersoll-Rand 公司全液压单钢轮振动压路机主要技术性能参数

性能参数		型号 SD175-D	SD180-D
工作质量/kg		18 970	18 040
振动轮分配质量/kg		12 287	11 040
振动轮静线载荷/(N/cm)		568	510
振动频率/Hz		21.7/30.4	21.7/30.4
名义振幅/mm		1.65/0.82	1.66/0.83
激振力/kN		319/159	360.3/180.1
行驶速度/(km/h)		0~6.6, 0~13.2	0~6.6, 0~13.2
最小转弯外直径/mm		19 590	20 540
理论爬坡能力/%		45	46
最小离地间隙/mm		475	475
振动轮直径×宽度/mm		1 600×2 120	1 600×2 120
轴距/mm		3 530	3 530
转向角/摆动角		±30°/±17°	±30°/±17°
轮胎规格		23.1-26.8PR R-3	23.1-26.8PR R-3
柴油机	制造商	Cummins	Cummins
	型号	6CT8.3	6CT8.3
	额定功率/kW	151	172
	额定转速/(r/min)	2 000	2 000
燃油箱容量/L		365	365
长×宽×高/mm		6 325×2 490×3 100	6 215×2 870×3 100

2. 双钢轮振动压路机

Ingersoll-Rand 公司生产的全液压双钢轮振动压路机主要有 DD90HF、DD110、DD125、DD130 等，其主要技术性能参数参见表 1-17。

表1-17 Ingersoll-Rand公司全液压双钢轮振动压路机主要技术性能参数

性能参数		型号 DD90HF	DD110	DD125	DD130
操作质量	含驾驶室或防落物架/kg	9 843	11 480	12 718	13 442
	无驾驶室/kg	——	10 705	——	12 325
前轮分配质量/kg		5 104	6 077	6 659	7 032
后轮分配质量/kg		4 739	5 403	6 059	6 410
静线载荷/(N/cm)		298/277	301/267	306/278	323/294
振动频率/Hz		41.7/63.3	30.8/41.7	41.7	41.7
名义振幅/mm		0.63/0.48	0.94/0.46	0.89/0.43	0.89/0.4
激振力/kN		172.5/128.2	133.4/35.7	135.2/64.9	160/71.5
振动轮直径×宽度/mm		1 219×1 676	1 372×1 981	1 372×2 134	1 400×2 134
发动机	制造商	Cummins	Cummins	Cummins	Cummins
	型号	4BTA3.9	4BTA3.9-C	6BTA5.9-C	6BTA5.9
	额定功率/kW	82.1	93.2	110.4	129
	额定转速/(r/min)	2 200	2 200	2 200	2 200

3. 轮胎压路机

Ingersoll-Rand公司生产的轮胎压路机主要有PT125R等型号，为全液压传动，其主要技术性能参数参见表1-18。

表1-18 Ingersoll-Rand公司全液压轮胎压路机主要技术性能参数

性能参数		型号 PT125R
最大工作重量/kg		12 642
最小工作重量/kg		——
单胎最大载荷/kg		1 405
行驶速度/(km/h)		0~15, 0~24
最小转弯外直径/mm		15 800
理论爬坡能力/%		20
碾压宽度/mm		1 980
轮胎数量，前+后		4+5
轮胎规格		7.50-15-6PR
轮胎重叠宽度/mm		13
水箱容积/L		379
柴油机	制造商	Jorn. Deer
	型号	4039D
	额定功率/kW	56
	额定转速/(r/min)	2 200
长×宽×高/mm		3 890×1 980×3 225

四、三一重工股份有限公司主要产品介绍

三一重工股份有限公司生产的压路机可统称为三一压路机,其主要产品介绍如下。

1. 单钢轮振动压路机

三一重工生产的全液压单钢轮振动压路机主要有 YZ18C、YZ20C、YZ26E 等,其主要技术性能参数参见表 1-19。

表 1-19 三一重工全液压单钢轮振动压路机主要技术性能参数

性能参数	型号	YZ18C	YZ20C	YZ26E
工作质量/kg		18 800	19 800	25 400
振动轮分配质量/kg		12 500	12 600	17 100
振动轮静线载荷/(N/cm)		565	569	772
振动频率/Hz		29/35	29/35	27/31
名义振幅/mm		1.9/0.95	1.9/0.95	2.0/1.0
激振力/kN		380/266	380/266	416/256
行驶速度/(km/h)		0~6.5, 0~12.5	0~6.5, 0~12.5	0~5, 0~10
最小转弯外直径/mm		12 000	12 000	12 000
理论爬坡能力	振动/%	48	42	40
	不振动/%	50	48	45
最小离地间隙/mm		410	410	470
振动轮直径×宽度/mm		1 600×2 170	1 600×2 170	1 700×2 170
轴距/mm		3 130	3 130	3 240
转向角/摇摆角		±35°/±15°	±35°/±15°	±35°/±15°
轮胎规格		23.1-26	23.1-26	23.5-25
发动机	供应商	Deutz	Deutz	Deutz
	型号	BF6M1013	BF6M1013	BF6M1013C
	额定功率/kW	133	133	161
	额定转速/(r/min)	2 300	2 300	2 300
燃油箱/L		300	300	300
长×宽×高/mm		6 080×2 350×3 180	6 080×2 370×3 180	6 460×2 472×3 190

2. 双钢轮振动压路机

三一重工生产的全液压双钢轮振动压路机主要有 YZC10Ⅱ、YZC11Ⅱ、YZC12Ⅱ、YZC13Ⅱ 等,其主要技术性能参数参见表 1-20。

表 1-20 三一重工全液压双钢轮振动压路机主要技术性能参数

性能参数	型号	YZC10Ⅱ	YZC11Ⅱ	YZC12Ⅱ	YZC13Ⅱ
工作质量	驾驶室/kg	10 800	11 500	12 500	13 000
	驾驶棚/kg	10 400	11 100	12 100	12 600
前轮分配质量/kg		5 350	5 700	6 200	6 500
后轮分配质量/kg		5 450	5 800	6 300	6 500
静线载荷/(N/cm)		273/278	291/296	285/289	298/298
振动频率/Hz		40/50	40/50	42/50	42/50
名义振幅/mm		0.75/0.37	0.82/0.39	0.75/0.37	0.81/0.39

续表

性能参数	型号	YZC10Ⅱ	YZC11Ⅱ	YZC12Ⅱ	YZC13Ⅱ
激振力/kN		110/70	120/75	130/85	140/90
行驶速度/(km/h)		0~6.5、0~12	0~6.5、0~12	0~6.5、0~12	0~6.5、0~12
最小转弯外直径/mm		12 240	12 240	12 460	12 460
理论爬坡能力	振动/%	42	38	35	30
	不振动/%	45	42	40	35
最小离地间隙/mm		400	400	400	400
振动轮直径×宽度/mm		1 248×1 920	1 248×1 920	1 250×2 135	1 250×2 135
轴距/mm		3 280	3 280	3 280	3 280
转向角/摇摆角		±35°/±10°	±35°/±10°	±35°/±10°	±35°/±10°
蟹行距离/mm		±170	±170	±170	±170
发动机	制造商	Deutz	Deutz	Deutz	Deutz
	型号	BF4M1013	BF4M1013	BF4M1013	BF4M1013
	额定功率/kW	88	88	88	88
	额定转速/(r/min)	2 300	2 300	2 300	2 300
水箱/L		2×480	2×480	2×480	2×480
燃油箱/L		200	200	200	200
长×宽×高/mm		5 000×2 120×3 000		5 000×2 350×3 000	

3. 轮胎压路机

三一重工生产的全液压轮胎压路机主要有 YL25C、YL26C、YL28C 等，其主要技术性能参数参见表 1-21。

表 1-21 三一重工全液压轮胎压路机主要技术性能参数

性能参数	型号	YL25C	YL26C	YL28C
最小工作重量/kg		14 000	14 000	14 000
最大工作重量/kg		25 000	26 000	28 000
行驶速度/(km/h)		0~8、0~20	0~8、0~20	0~8、0~20
最小转弯外直径/mm		18 600	18 600	18 600
理论爬坡能力/%		20	20	20
最小离地间隙/mm		300	300	300
轴距/mm		4 000	4 000	4 000
压实宽度/mm		2 300	2 300	2 300
轮胎数量，前+后		5+4	5+4	5+4
轮胎规格		12.00-20-16PR		
轮胎重叠宽度/mm		68	68	68
水箱/L		400	400	400
燃油箱/L		210	210	210
柴油机	制造商	Cummins	Cummins	Cummins
	型号	4BTA3.9C-110	4BTA3.9C-110	4BTA3.9C-110
	额定功率/kW	82	82	82
	额定转速/(r/min)	2 200	2 200	2 200
长×宽×高/mm		5 270×2 300×3 150		

五、徐工科技股份有限公司主要产品介绍

1. 单钢轮振动压路机

徐工科技生产的全液压单钢轮振动压路机主要有 XS160A、XS190A、XS220A 等，其主要技术性能参数参见表 1-22。

表 1-22 徐工科技全液压单钢轮振动压路机主要技术性能参数

性能参数	型号	XS160A	XS190A	XS220A
工作质量/kg		16 800	18 900	22 500
振动轮分配质量/kg		10 700	12 800	15 100
振动轮静线载荷/(N/cm)		492	589	695
振动频率/Hz		28/35	29/35	27/32
名义振幅/mm		1.8/0.88	1.8/0.9	2.1/1.12
激振力/kN		350/240	360/260	415/280
行驶速度/(km/h)		0～12	0～12	0～12
最小转弯外直径/mm		12 800	12 800	12 800
理论爬坡能力/%		55	55	55
最小离地间隙/mm		460	460	460
振动轮直径×宽度/mm		1 520×2 130	1 520×2 130	1 600×2 130
轴距/mm		3 280	3 280	3 280
转向角/摆动角		±33°/±10°	±33°/±10°	±33°/±10°
轮胎规格		23.1-26	23.1-26	23.1-26
柴油机	制造商	Cummins	Cummins	Cummins
	型号	B5.9-C	B5.9-C	B5.9-C
	额定功率/kW	138	138	138
	额定转速/(r/min)	2 400	2 400	2 400
燃油箱容量/L		320	320	320
长×宽×高/mm		6 095×2 430×3 188	6 095×2 140×3 188	6 095×2 430×3 188

2. 双钢轮振动压路机

徐工科技生产的全液压双钢轮振动压路机主要有 XD120、XD130 等，其主要技术性能参数参见表 1-23 所列。

表 1-23 徐工科技全液压双钢轮振动压路机主要技术性能参数

性能参数	型号	XD120	XD130
工作质量/kg		12 300	13 000
前轮分配质量/kg		6 100	6 400
后轮分配质量/kg		6 200	6 600
静线载荷/(N/cm)		281/285	294/304
振动频率/Hz		30～45	30～45
名义振幅/mm		0.8/0.4	0.72/0.36
激振力/kN		140/70	150/80

续表

性能参数 \ 型号	XD120	XD130
振动轮直径×宽度/mm	1 250×2 130	1 250×2 130
发动机 制造商	Cummins	Cummins
发动机 型号	B3.9-C	B3.9-C
发动机 额定功率/kW	97	97
发动机 额定转速/(r/min)	2 500	2 500

3. 轮胎压路机

徐工科技生产的轮胎压路机主要有 YL16C、YL20C、XP261、XP301 4 种型号，YL 系列为机械式传动，XP 系列为全液压传动，其中 XP261、XP301 的主要技术性能参数参见表 1-24。

表 1-24　徐工科技全液压轮胎压路机主要技术性能参数

性能参数 \ 型号	XP261	XP301
最大工作重量/kg	26 000	30 000
最小工作重量/kg	14 500	27 000
单胎载荷/kg	2 363	2 727
平均接地比压/kPa	250~420	260~480
行驶速度 前进/(km/h)	6.5、11、19	6.5、11、19
行驶速度 后退/(km/h)	6.0	6.0
最小转弯外直径/mm	23 500	23 500
理论爬坡能力/%	20	20
碾压宽度/mm	2 750	2 750
轮胎数量，前+后	5+6	5+6
轮胎规格	11.00-20-16	11.00-20-16
轮胎重叠宽度/mm	50	50
柴油机 制造商	上柴	上柴
柴油机 型号	D6114ZG10B	D6114ZG6B
柴油机 额定功率/kW	115	132
柴油机 额定转速/(r/min)	2 000	2 000
长×宽×高/mm	5 060×2 845×3 480	5 060×2 845×3 480

六、一拖（洛阳）建筑机械公司主要产品介绍

一拖（洛阳）建筑机械公司（简称一拖洛建）是我国生产压实机械和路面机械的大型专业化生产出口基地，其主要产品介绍如下。

1. 单钢轮振动压路机

一拖洛建生产的全液压单钢轮振动压路机主要有 YZ16B、YZ18、YZ20 等，其主要技术性能参数参见表 1-25。

表1-25　一拖洛建全液压单钢轮振动压路机主要技术性能参数

性能参数	型号	YZ16B	YZ18	YZ20
工作质量/kg		16 000	18 000	20 000
振动轮分配质量/kg		10 000	11 700	13 000
振动轮静线载荷/(N/cm)		460	538	598
振动频率/Hz		30/36	29/35	29/35
名义振幅/mm		1.8/0.9	1.9/0.9	1.9/0.9
激振力/kN		330/220	350/250	370/270
行驶速度/(km/h)		0～11.2	0～11.2	0～11.2
最小转弯外直径/mm		12 500	12 500	12 500
爬坡能力/%		45	46	46
最小离地间隙/mm		472	472	472
振动轮直径×宽度/mm		1 520×2 130	1 520×2 130	1 600×2 130
轴距/mm		3 148	3 148	3 148
转向角/摆动角		±32°/±10°	±32°/±10°	±32°/±10°
轮胎规格		23.1-26	23.1-26	23.1-26
柴油机	制造商	Cummins	Cummins	Cummins
	型号	6CT8.3	6CT8.3	6CT8.3
	额定功率/kW	142	142	142
	额定转速/(r/min)	2 000	2 000	2 000
长×宽×高/mm		5 975×2 298×2 993		

2. 双钢轮振动压路机

一拖洛建生产的全液压双钢轮振动压路机主要有 YZC8、LDD210H、YZC12、LDD212H 等，其主要技术性能参数参见表1-26。

表1-26　一拖洛建全液压双钢轮振动压路机主要技术性能参数

性能参数	型号	YZC8	LDD210H	YZC12	LDD212H
工作质量/kg		8 000	10 000	12 000	12 000
前轮分配质量/kg		4 000	5 000	6 000	6 000
后轮分配质量/kg		4 000	5 000	6 000	6 000
静线载荷/(N/cm)		226/226	230/230	276/276	276/276
振动频率/Hz		40/50	40/50	35/55	40/50
名义振幅/mm		0.67/0.34	0.74/0.35	0.74/0.35	0.74/0.35
激振力/kN		90/69	115/85	135/99	150/99
振动轮直径×宽度/mm		1 100×1 735	1 250×2 130	1 250×2 130	1 250×2 130
发动机	制造商	Deutz	Cummins	Deutz	Cummins
	型号	F4L912	4BTA3.9	F6L912	4BTA3.9
	额定功率/kW	51	80	82.4	80
	额定转速/(r/min)	2 400	2 200	2 500	2 200

3. 轮胎压路机

一拖洛建生产的轮胎压路机主要有 LRS1016、YL16G、YL25 等，其中 LRS1016 为机械传动，YL16G、YL25 为液压传动，其主要技术性能参数参见表 1-27。

表 1-27 一拖洛建轮胎压路机主要技术性能参数

性能参数	型号	LRS1016	YL16G	YL25
最大工作重量/kg		16 000	16 000	25 000
最小工作重量/kg		10 000	9 000	16 000
单胎载荷/kg		1 778	1 778	2 272
平均接地比压/kPa		150~300	150~300	200~400
行驶速度/(km/h)		4.7、8.0、14	0~6、0~15	0~6、0~23
最小转弯外直径/mm		19 580	19 580	23 580
理论爬坡能力/%		20	20	20
碾压宽度/mm		2 290	2 290	2 790
轮胎数量，前+后		4+5	4+5	5+6
轮胎规格		11.00-20-16	11.00-20-16	11.00-20-16
轮胎重叠宽度/mm		40	40	50
柴油机	制造商	Cummins	Cummins	Cummins
	型号	4BT3.9	4BT3.9	4BT5.9
	额定功率/kW	75	75	100
	额定转速/(r/min)	2 400	2 400	2 400
长×宽×高/mm		4 770×2 290×3 162	4 770×2 290×3 162	4 730×2 790×3 350

第二章 压路机操作

知识要点

(1) 了解一般压路机的操作注意事项。
(2) 熟悉 YL25C 轮胎压路机、YZ18C 单钢轮振动压路机、YZC12 双钢轮振动压路机及 HAMM3625HT 压路机各操作手柄和仪表的作用。
(3) 掌握上述几种压路机的操作程序及操作注意事项。
(4) 掌握根据仪表读数判断压路机工作性能的方法。
(5) 熟悉操作中常见故障的分析与排除。

技能要点

(1) 能正确描述一般压路机的操作注意事项。
(2) 能说出各操作手柄的作用、各仪表的作用。
(3) 能正确操作 YL25C 轮胎压路机、YZ18C 单钢轮振动压路机、YZC12 双钢轮振动压路机及 HAMM3625HT 单钢轮振动压路机。
(4) 能根据仪表显示判断压路机工作状况。
(5) 能对操作中出现的一般故障进行排除。

第一节 压路机操作规程概述

掌握压路机的操作方法是压路机运用与维护必须具备的技能,也是培养高职高专人才全面发展的需要。下面将介绍压路机操作的一般注意事项。

一、压路机安全操作规程总则

(1) 只有受过专门训练的人员或熟练工作人员才允许驾驶压路机。
(2) 在使用压路机前,操作人员必须熟悉操作手册的内容。
(3) 确保按照操作手册的要求进行操作。
(4) 禁止操作需要调整和修理的压路机。
(5) 只有当压路机停下来后才允许上、下压路机,上、下时应握住扶手或车把。
(6) 压路机不准带人。
(7) 确保在行驶方向的路面或前方没有障碍物。
(8) 在不平的路面上行驶时,应加倍小心。
(9) 当在情况不明的路面行驶时应低速慢行。

(10) 当急转弯时应该在推荐速度下慢速行驶。

(11) 避免横穿斜坡行驶，可沿坡面方向直上、直下行驶。

(12) 当在接近路边或空洞处压实路面时，应该确保至少钢轮宽度的 2/3 行驶在先前已压实的路面上。

(13) 使用所提供的安全设备，在装备有翻车保护机构（ROPS）的压路机上应系安全带。

(14) 保持压路机的清洁，清除操作平台和台阶上的脏物和润滑脂；保持所有标牌的清洁和完全清晰可辨。

二、压路机加油前的安全措施

(1) 关闭发动机。

(2) 禁止吸烟。

(3) 附近不能有明火。

(4) 将加油器管嘴与油箱颈口接触以防止产生静电火花。

三、压路机使用、修理和维护前的安全措施

(1) 在修理和维护前，必须在钢轮或车胎前、后垫上楔块并锁好制动，必要时应使用铰接限定装置（安全插销）。

(2) 如果压路机没有安装驾驶室，当噪声大于 85dB 时建议使用听力保护装置。

(3) 严禁对压路机做任何变化与改动，这将会影响压路机的安全性。确实需要对压路机进行改动时，应事先得到生产厂家的书面认可。

(4) 按操作手册启动机器。当启动和驾驶冷机时，由于液压系统温度较低，制动距离较液压系统达到正常温度时要长。

(5) 禁止机械在静止时和在坚硬的地面上进行振动，以免损坏机器。

(6) 严禁压路机在超过其允许爬坡度的坡道上行驶。

(7) 在泥泞道路上，如果没有防滑措施，即使坡道的坡度小于允许的坡度，也不得使用压路机。

(8) 为避免意外翻车，在斜坡边工作时，不要突然转向。

(9) 在雨天，应尽量避免在斜坡边进行振动压实作业。因为振动会增加向两边滑行的危险。

(10) 开启覆盖件进行维护时，请注意头部安全。

(11) 在沟渠或斜坡的边缘使用压路机时应加倍小心。

(12) 夜间行驶和施工时，应开启前、后大灯进行照明。

(13) 在雨天作业时，为保证能见度，应使用雨刮器。

四、压路机操作规程

1. 开机前的准备工作

(1) 基本要求如下。

① 充分了解所在工作位置的安全制度及当地对压路机碾压工作的操作要求,如信号、手势、符号及告示等。在压路机行驶或碾压路面作业之前,不能酗酒、服用兴奋剂或其他影响反应能力的药物。

② 找到放置灭火器、急救物资和报警电话的地方。

③ 采用常识来避免事件的发生。如果确实发生不测,不要惊慌和不知所措,应迅速有效地采取措施,首先是保证生命安全,然后考虑避免物资的损失。

④ 为保护自身安全,应该戴安全帽、护耳及工作手套,穿带钢的工作鞋、反光服。

⑤ 必要时还应戴上防护目镜和口罩。

⑥ 压路机只能用于操作手册中的约定用途。

(2) 检查机器注意以下事项。

① 不能有如组件松动、断裂或遗失等损坏的情况发生。如果存在损坏,在修复前应设置警告标示,防止使用损坏的机器工作。

② 挡风玻璃和反光镜应清洁。

③ 标志和图案应清洁和清晰可辨。

④ 所有用手或脚控制的元件、台阶、防滑装置和手柄不能被冰覆盖,也不能被油污或脏物所污染。

⑤ 不能有工具或其他物件置于机器上。

⑥ 所需各种液体处于正确液位,必要时应补充。

⑦ 当需要加油时,参照"压路机加油前的安全措施"中所述内容。

⑧ 在检查液位和给机器加油时不允许吸烟。

⑨ 如果发现了问题或怀疑压路机已损坏,应该与设备生产厂家联系,对其进行修理。

⑩ 不要在可能有爆炸性气体的环境中开动机器,不要在狭窄、通风不好的地下工作。任何情况下都应保证通风良好。

⑪ 如果用于碾压路面的材料会导致灰尘,应采取防尘措施或装备通风装置(在路面洒水或戴口罩)。

(3) 操作人员的能力要求如下。

① 操作人员应接受培训,对机器非常熟悉并对机器的操作非常熟练,包括机器的控制装置标志和符号。

② 操作人员应该意识到压路机的能力和局限性,如速度限制、侧面倾斜限制、制动和转向的限制。

③ 操作人员必须熟悉紧急制动的位置。

(4) 个人安全。启动机器前,应确认压路机上没有任何警示标志表明该机器不能驾驶或需要修理;确认没有修理师正在对机器进行修理;而且只能从操纵台上启动机器。如果装备了翻车保护机构（ROPS），则应该注意佩戴安全带。

行驶前，确认坐椅紧固。不要在驾驶时调节操作人员的坐椅，以免坐椅朝着不希望的方向移动；当调节坐椅靠背时，应确保其紧固；驾驶员必须坐在坐椅上。

（5）工作地区。仔细检查工作地区机器的前、后和上部；检查路面上可能会对机器造成损坏的裂缝或坑洞，确保不存在由于压路机的振动而造成损害的建筑或设备，因为压路机的振动危害会通过路基材料传递一定距离。

2. 启动

（1）启动前的准备工作。确保停车制动（紧急制动）正常工作，确保所有控制装置正常工作，按照操作手册启动机器。注意，刚开始启动机器时，液压油温度较低，制动距离比液压系统达到正常操作温度时要长。

（2）启动后的操作。确认各仪表反应正常；在按要求操作前应试开压路机，以确保所有控制装置反应正常，尤其是紧急制动；如果发现任何问题，则关闭发动机；如果人员离开机器，必须在机器上放置警告标志。

（3）低温天气的启动。在低温天气时，按照日常操作规程启动机器。注意不要立即将发动机高速运转。

3. 驾驶

（1）注意事项。当发动机运转时，决不能在没有制动的情况下离开操作台；驾驶时应该关闭驾驶室的门窗；尤其是倒车时，应注意路面状况；应通过视觉、听觉和嗅觉来确认压路机没有任何故障；应尽量减少或避免吸入压路机所排出的废气，因废气中含有剧毒一氧化碳；急转弯时应慢速行驶。

（2）在斜坡上驾驶。只允许沿斜坡上、下驾驶，并检查操作手册中所允许的坡度；压路机装备有静液驱动装置，在斜坡上应采用工作模式而不是行驶模式，在斜坡上不要换挡。

（3）在不平路面上驾驶。应该避免在道路边缘、沟渠及类似的地方驾驶，潮湿的路面和损坏的路面将影响压路机克服负载的能力；注意压路机上空的可能障碍物如低空悬挂的电缆、树枝及其他障碍物；建议使用翻车保护机构，并系好安全带；当在接近路边或坑洞处压实路面时，应该确保至少钢轮的2/3行驶在先前已压实的路面。

（4）在公共道路上行驶。在公共道路上行驶时，应时刻注意遵守交通规则，即打开车前灯和转向灯，并在车尾标志为慢行车辆（在某些国家要求这样）；决不能超过交通规则所允许的速度，并注意制动后的接触；如果障碍物非常近，导致压路机陷入包围，应该压碎并通过障碍，而不是停在原处。

4. 使用后的操作

注意安全停车，应将压路机停在不对其他交通工具造成障碍或可能引起交通事故的地方；尤其是在晚上，红色反光灯应该面向车辆开来的方向，应将车停在平的、坚固的地面上，并使用紧急制动对机器实施制动；当压路机需要长时间停靠时，应该用停车楔块垫起钢轮。

第二节　YL25C 轮胎压路机的操作

一、YL25C 轮胎压路机操作系统的组成

三一重工股份有限公司生产的 YL25C 轮胎压路机的操作系统由控制面板、控制器、操作手柄、电磁阀、步进电机、控制线路以及各种控制开关组成，其驾驶室操纵台如图 2-1 所示。轮胎压路机采用 PLC 控制，PLC 可根据不同工作状况自动调节；采用西门子控制器，技术先进，性能可靠；油门采用直线步进电机，自动转速设定，可使发动机达到最佳功率配置；通过电磁阀对马达速度进行控制；两个速度挡位可实现无级调速，可满足各种工作状况要求；工作挡采用恒速控制，行驶挡前进、后退采用加速控制，无冲击现象，有效地保证压实质量。

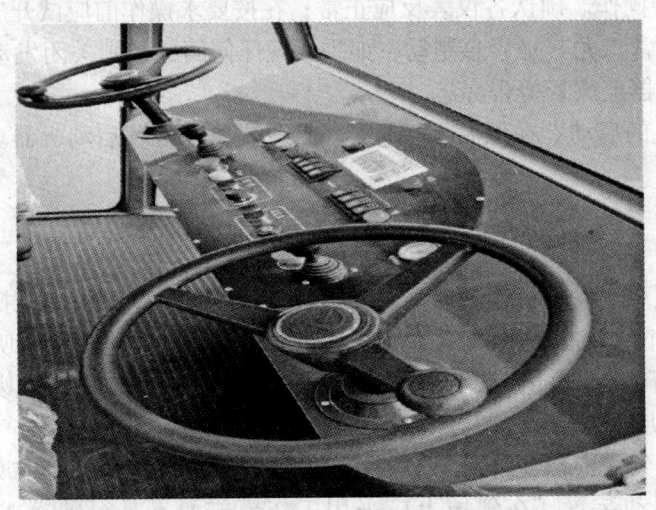

图 2-1　YL25C 轮胎压路机驾驶室操纵台

二、YL25C 操纵控制面板介绍

YL25C 驾驶室由双坐椅、双操作系统组成。操纵台固定在车架上，位于司机前方，各操作手柄、转向盘、监测仪表等集成在其上。操纵控制面板布置示意图如图 2-2 所示。

操纵控制面板上的监控操作系统可以实时显示发动机转速、累计工作时间、冷却液温度、空滤压力、洒水水箱液位等状态并提供指示或报警，以及提供实现各种动作或命令的人机接口，主要包括：OP73 文本显示器（9）、中位指示灯（15）、充电故障指示灯（4）、综合报警指示灯（3）、刹车压力报警指示灯（14）以及左、右电控行驶手柄（18）、（27）和不同主令开关等。

OP73 显示器可以实时显示发动机转速、累计工作时间、冷却液温度、燃油液位及行驶速度等参数值，时钟设置及显示，行驶速度控制闭环、开关选择，洒水控制连续、间歇切换选择，并提供空滤堵塞、机油压力低、冷却液温度高、水箱缺水及制动压力低等报警显示；充电故障指示灯可指示电源系统故障；在出现空滤堵塞、机油压力低、冷却液温度过高、水箱缺水报警时，综合报警器指示灯则以 1 Hz 频率闪烁；在系统刹制动压力低报警时，指示灯（14）亮。

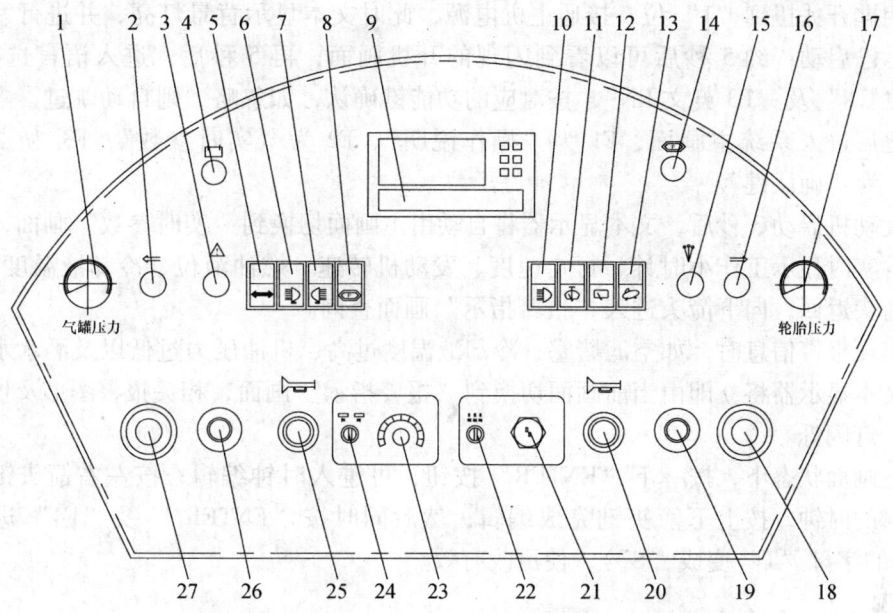

图 2-2 YL25C 轮胎压路机操纵控制面板示意图

1—气罐压力表；2—左转向灯；3—报警指示灯；4—充电故障指示灯；5—转向开关；6—前工作大灯；7—后工作大灯；8—手动制动开关；9—文本显示器；10—前照灯；11—前窗雨刮器；12—后窗雨刮器；13—马达换挡开关；14—刹车压力报警指示灯；15—中位指示灯；16—右转向灯；17—轮胎压力表；18—右电控行驶手柄；19—右紧停开关；20—右喇叭开关；21—启动钥匙开关；22—油门控制开关；23—洒水流量调节旋钮；24—洒水控制开关；25—左喇叭开关；26—左紧停开关；27—左电控行驶手柄

三、YL25C 轮胎压路机的操作程序

1. 文本显示器的操作

文本显示器如图 2-3 所示。

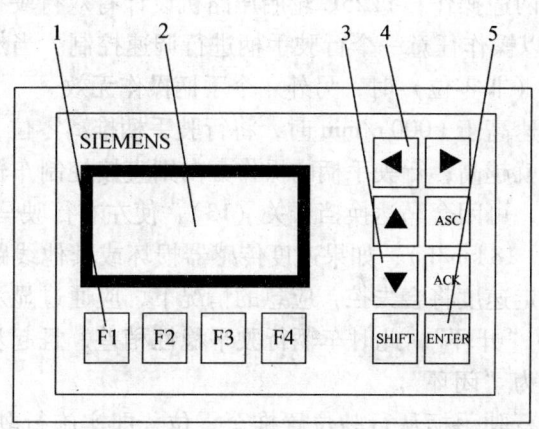

图 2-3 YL25C 压路机文本显示器

1—功能键；2—液晶显示屏；3—上下翻页；4—左右选择键；5—确认回车键

将钥匙开关扭到"1"位,接通主机电源,此时文本显示背景灯亮,并进行系统初始化,表示已启动;约 5 秒后可以看到闪现的开机画面;再 5 秒后,进入语言选择画面,"F1 中文 CN"及"F3 英文 EN",按对应的功能键确认,如忽略,则自动跳过,默认前次操作。之后进入系统主画面,F1 为"操作说明",F2 为"实时参数",F3 为"功能设置",F4 为"确认键"。

在发动机启动 3 秒后,文本显示器将自动由主画面切换到"实时参数"画面,进入监视状态,实时显示工作小时计、行走速度、发动机转速、燃油液位、冷却液温度等参数,按向上箭头返回,向下箭头进入"报警指示"画面查询。

当出现报警信息时,如空滤堵塞、冷却液温度过高、机油压力过低以及洒水水箱缺水等,则文本显示器将立即由当前画面切换到"报警指示"画面,相关报警图形及仪表板的报警指示灯闪烁。

在主画面状态下,按一下"ENTER"按钮,可进入时钟编辑;按左右箭头键,选定需要编辑的时钟,按上下箭头键完成编辑;然后同时按"ENTER"及"F4"进行确认(时钟旁的字母"T"变成"S"),使更改有效。

2. 发动机启动与发动机转速控制

发动机启动前,应首先确认左右行驶手柄以及紧停开关在零位。插入开关钥匙,向右转至工作位置,这时充电指示灯、警告指示灯、制动压力指示灯都亮,其他指示灯不亮,表示电路正常,已具备了启动的条件;再将开关钥匙向右转至启动位置,使柴油发动机点火启动;随后立即松开钥匙,让其自行恢复至工作位置,启动完毕。

发动机转速控制共有 3 个模式,当转速控制开关在"怠速"时,发动机转速为怠速 950 r/min;将转速控制开关拨到"额定",转速升高至 2 350 r/min;将开关拨到"自动",则当行驶手柄离开零位时,发动机转速自动运行在经济模式 2 100 r/min,在行驶手柄回到零位 10 秒后,转速自动返回低怠速状态。

3. 行驶和制动操作

为方便驾驶员左右两边操作,YL25C 轮胎压路机设计有双行驶操作手柄,如图 2-2 中(18)、(27)所示,可以操作任意一个行驶手柄进行调速控制。当然,为了操作安全,当一个手柄处于工作位置(非零位)时,另外一个手柄操作无效。

当发动机启动且转速高于 1 000 r/min 时,将行驶手柄推离零位,手柄偏离零位角度越大,则设定的行驶速度就越高;行驶手柄的操作方向则直接控制车辆行驶方向;当机器需要获得较快转速转场时,可闭合马达换挡开关(13),使左右行驶马达变成小排量高转速,机器以高速挡行驶(0~18 km/h);如果速度传感器损坏或其他线路故障导致控制器无法检测到速度信号,则行走速度将会失控,应急的情况下,应通过显示器功能设置菜单将速度控制由"闭环"改为"开环",此时车辆行驶平稳性稍差,且起步时发动机易掉速,待故障排除后应马上重设为"闭环"。

在车辆行驶中,将行驶手柄从行驶位置推至零位,即实施行驶制动过程,10 秒后自动实施抱闸,以免停留在坡道上出现滑坡;如按下手动制动开关(8),行驶泵停止工作,经过一定延时,减速机抱闸即实施了可靠制动,减小机器冲击;在机器出现意外失控时,可按下红色紧停开关(26)、(19),则迅速切断控制器输出电源,并紧急抱闸,避免事故发生。

4. 洒水系统的操作

压路机自动或手动洒水可由洒水控制开关（24）控制；通过洒水流量调节旋钮（23），即可实现无级调节洒水流量，以满足不同施工工艺要求。特殊要求下，还可以通过文本显示器中功能设置菜单选择"间歇洒水"，水泵即进入间隙工作模式，这样不但充分保证喷水的雾化效果，而且大大降低了耗水量。

5. 轮胎压力以及集中充气系统储气罐压力监测

轮胎压力、集中充气系统储气罐压力可以通过控制面板上压力表（17）、（1）实时监测。YL25C 轮胎压路机的轮胎充气压力为 200～800 kPa。

6. 其他辅助电器装置的操作

为提供行车安全、提高驾驶员舒适度而设置的辅助电器装置主要包括：前、后工作灯，前后转向灯，喇叭，制动灯，前窗雨刮器及洗涤器，后窗雨刮器，室内灯，前照灯，收放机以及空调等。

操纵控制面板上相应的开关可对以上电器进行操作。空调为冷暖两用，可通过驾驶室前封板上的控制板进行操作。

第三节 YZ18C 振动压路机的操作

一、YZ18C 振动压路机整机特点

YZ18C 振动压路机的发动机、液压系统、驱动桥、振动轴承等关键件为国际优选知名品牌产品，为机器的整体性能和可靠性提供了充分保证。

1. 动力系统

YZ18C 振动压路机采用道依茨 BF6M1013（DEUTZ）或康明斯 6BTA5.9-C173（COMMINS）柴油机，均为涡轮增压水冷型柴油机，并采用智能电控系统控制发动机转速，实现输出功率与作业工况的科学匹配；高效安全，满足低温启动等恶劣环境的要求，具有很高的可靠性和燃油经济性。

2. 压实系统

YZ18C 振动压路机采用高精度的、强制润滑的振动轮，可有效提高振动轴承的寿命和可靠性，获《振动轮循环润滑冷却机构》等 19 项专利，已通过湖南省火炬计划科学技术成果鉴定，达到国内同类产品先进水平。

3. 液压系统

YZ18C 振动压路机行驶、振动和转向 3 大系统均为液压传动，且 3 个系统的液压泵连成一体，由发动机曲轴输出端通过弹性联轴器直接驱动各泵，操纵灵敏，控制容易，传动平稳。

4. 行驶系统

YZ18C 振动压路机具有 4 挡行走速度，4 种牵引模式能保证压路机在各种工况下以最佳速度进行压实以及能以较快的速度行驶。

5. 制动系统

YZ18C 振动压路机具有工作制动、行车制动、停车制动和紧急制动三级制动系统，并采用机电液一体化控制，确保安全可靠。

6. 润滑系统

YZ18C 振动压路机采用获得国家专利的振动轴承鼠袋润滑冷却结构，保证轴承更长的使用寿命。

7. 操作舒适性

YZ18C 振动压路机采用驾驶室左、右双开门结构；四级减振机构能有效地隔离来自振动轮及其他如路面崎岖、起步停车等因素造成的振动；带冷暖空调，宽敞明亮、视野好、乘坐舒适；具有隔声、防水、防尘功能，更符合人机工程设计理念。

8. 维修保养方便性

YZ18C 振动压路机全部维修点都触手可及，玻璃钢覆盖件开启方便迅速，同时采用免维护的中心铰接装置，转向油缸的关节轴承也采用免维护性轴承。

二、YZ18C 振动压路机操作系统组成

YZ18C 振动压路机的操作系统由转向盘、仪表盘、操作手柄等组成，驾驶室操作系统如图 2-4 所示。

图 2-4　YZ18C 振动压路机驾驶室操作系统

三、YZ18C 振动压路机操作控制面板介绍

YZ18C 振动压路机操作控制面板组成如图 2-5 所示，其操纵装置、指示监控仪表符号一览表如图 2-6 所示。

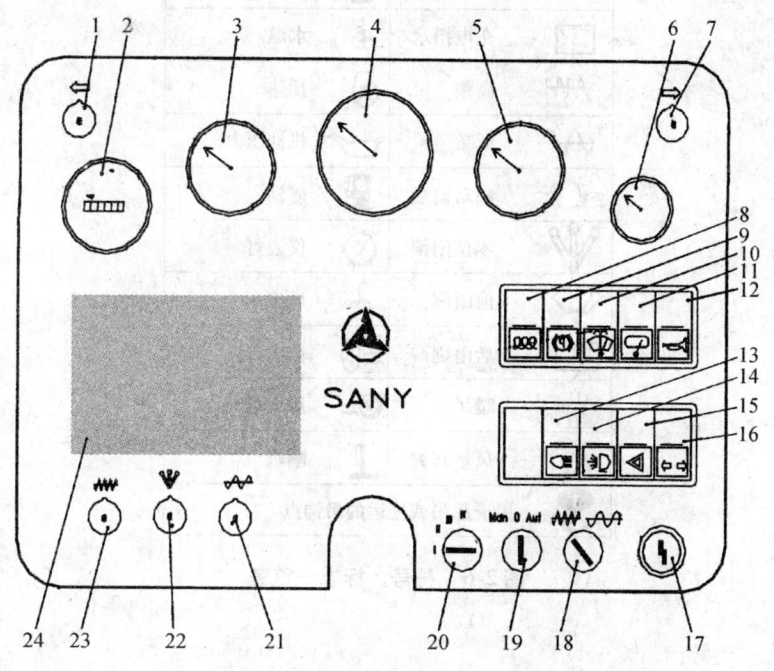

图 2-5　YZ18C 振动压路机操作控制面板

1—左转向指示灯；2—小时计；3—水温表；4—发动机转速表；5—机油压力表；6—燃油表；7—右转向指示灯；8—空调暖风开关；9—手刹开关；10—前窗雨刮器开关；11—后窗雨刮器开关；12—喇叭开关；13—前大灯开关；14—后大灯开关；15—驻车报警开关；16—转向灯开关；17—点火开关；18—高低频振动转换开关；19—手/自动振动选择开关；20—速度挡位选择开关；21—低频振动指示灯；22—中位指示灯；23—高频振动指示灯；24—液晶显示屏

四、YZ18C 振动压路机启动前的检查和准备

压路机启动前应进行下列检查。

（1）仔细检查各部件紧固连接情况，如有松动须拧紧。

（2）检查发动机机油量、燃油量，按规定正确选用并加足所需燃料，排除燃油中空气。

（3）检查冷却水位，若不足须加足。

（4）检查液压油量（油标 1/2～2/3）。

（5）检查空气滤清器并清除积尘。

（6）检查燃油滤清器，必要时清洗干净。

（7）确认蓄电池完好无损。

（8）检查轮胎气压。

（9）确认转向及停车制动完全正常。

（10）确认紧急制动处于打开位置。

(11) 确认压路机右侧前后车架的安全固定杆处在打开位置（即运行位置）。
(12) 确认振动选频开关处于"0"位。
(13) 确认振动按钮处于停振位置——按钮未按下位置。

⇦⇨	方向指示	⌛	小时计
	充电指示		水温
∿∿∿	高频		预热
∿	低频		机油压力
	制动监视		燃油
	零位闭锁		仪表灯
	前雨刷		风扇
	后雨刷		前大灯
	暖风	®	后大灯
	风量开关		喇叭
	用于起吊或拖运的吊钩点		

图 2-6 符号、标志一览表

五、压路机操作程序

发动机启动后，检查所有工作系统、操作装置、监视仪表的情况，一切正常后，应按以下程序对压路机进行操作。

1. 行驶操作

将行驶操作手柄从"0"位向前推至运行位置，压路机向前行驶；从"0"位往后拉，则压路机向后退。行驶操作手柄向前或向后动作的幅度大小决定行驶速度的快慢。

根据不同的工作状况，可选择不同的行驶挡位——Ⅰ、Ⅱ挡作为工作挡，压路机只有在Ⅰ、Ⅱ挡时才能进行振动工作；Ⅳ挡为行驶挡，压路机在Ⅳ挡时可高速行驶；在压路机钢轮轻微打滑时，可选用Ⅱ挡行驶；轮胎轻微打滑时，可选用Ⅲ挡行驶。

2. 行驶时的制动操作

将行驶操作手柄从行驶位置推至"0"位，即实施制动过程。

3. 振动压实的操作

振动压实可分为两挡——低频挡和高频挡。低频挡：振动力大、振幅大、振动频率低；高频挡：振动力小、振幅小、振动频率高。其操作由高低频振动转换开关控制，同时，操作者应注意高频振动指示灯和低频振动指示灯的相应显示。

在振动压实前，首先根据工作情况，通过高低频振动转换开关选择合适的振动频率；

然后通过手/自动振动选择开关选择自动或手动。

当选择自动挡时，压路机的振动由其行驶速度控制。即行驶速度大于 1 km/h 时，起振；低于该值时，自动停振。

当选择手动挡时，压路机的振动由振动按钮控制。即按钮按下，起振；再按一下，停振。

注意：

（1）变换振动挡位时，应使压路机完全停止振动，然后换至所需挡位。为避免偏心轴换向引起惯性冲击，切忌在振动时直接进行振动频率之间的转换。应根据土层的含水量和土层的种类，选择合适的振动频率和振幅。

（2）只有行驶速度为工作挡时才能实施振动。

（3）尽量不要在压路机静止时实施振动。

（4）不允许在混凝土等坚硬的路面启动振动。

4. 停车操作

（1）停止振动（当采用自动挡振动时，不需另外停振）。

（2）将行驶操作手柄缓慢推至"0"位，行驶停止。

（3）将油门调节手柄调至怠速位，让其低速运转一段时间，以便将发动机慢慢降温。

（4）将点火开关钥匙向左转至"0"位，发动机熄火，全部监控指示灯熄灭。

（5）断开电源总开关。

注意：

停车时，视场地情况在车轮和振动轮下加垫木头或石块。

5. 释放制动与拖动

当因故液压系统不能提供释放制动液压油时，系统设置了手动释放制动以解除制动的功能。将手摇泵其中一根油管卸下（注意覆盖件必须处于关闭位置），把位于集中阀块处的备用油管卸去堵头与手摇泵油口相接，用摇杆上下摇动手摇泵（手摇泵可能要加液压油），观察释放制动油压压力表，使释放制动液压油压力达到 2.6 MPa，这时，前后停车制动器已可靠松开，继续进行下面的准备，即可拖动压路机。将行驶泵上下安全阀各旋松 2 圈左右，拖动速度不超过 1 km/h。拖动完毕必须恢复原装配和接管方式。

6. 转向操作

YZ18C 压路机采用折腰转向，转向油缸的两端分别连接在前、后车架上。当转向油缸反向调整时，前、后车架发生相对位移，从而实现转向。

7. 压路机工作时注意事项

压路机进入正常工作后应注意以下事项。

（1）压路机工作时，无论高、低速行驶或振动压实，必须将油门开至最大位置——即额定转速状态，否则压路机工作将不正常。

（2）随时注意检查发动机机油压力和工作温度。如有不正常情况，则应停机检查。

（3）注意观察液压油箱温度计，其温度指示不得高于 80℃，否则要停机检查原因或关闭振动进行静压。

注意：

(1) 注意压路机各零部件有无松动或不正常的响声。如有，则应停机检查。

(2) 注意压路机的发电机或其他电器元件有无过热而烧焦的气味。如有，则应停机检查。

(3) 注意各系统有无泄漏。如有，则应停机检查。

第四节　YZC12 振动压路机的操作

一、YZC12 压路机操作控制系统的组成

YZC12 压路机操作控制系统主要由控制面板、方向及变速操作手柄、油门控制手柄等组成，如图 2-7 所示。

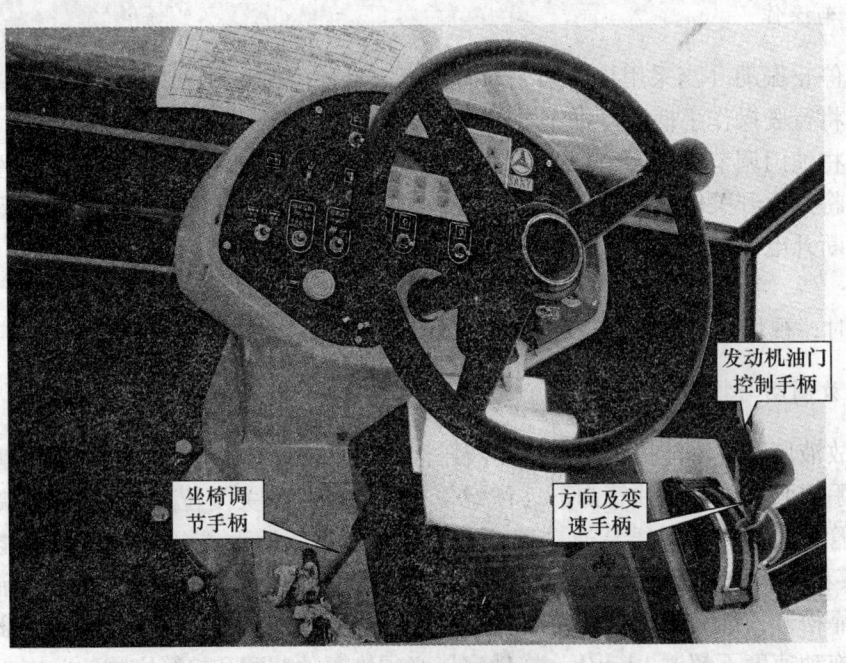

图 2-7　YZC12 压路机操作系统组成

二、YZC12 压路机控制面板的介绍

1. YZC12 压路机控制面板的组成

YZC12 压路机控制面板（如图 2-8 所示）由文本显示器、行走-工作模式选择开关、零位闭锁指示灯、燃油表、蓄电池报警灯、洒水方式选择开关、振动控制开关、喇叭、振动频率选择开关、振动方式选择开关、前大灯选择开关、后大灯选择开关、蟹行模式选择开关、发动机速度选择开关、停车制动开关、转向开关、启动按钮、紧急制动按钮、水温表、警示灯等组成。

图 2-8　YZC12 压路机控制面板组成

1—文本显示器；2—行走-工作模式选择开关；3—零位闭锁指示灯；4—燃油表；5—蓄电池报警灯；6—洒水方式选择开关；7—振动控制开关；8—喇叭；9—振动频率选择开关；10—振动方式选择开关；11—前大灯选择开关；12—后大灯选择开关；13—蟹行模式选择开关；14—启动按钮；15—停车制动开关；16—发动机转速选择开关；17—转向开关；18—紧急停车按钮；19—蟹行指示灯；20—警示灯；21—水温表

2. 文本显示器

YZC12 压路机采用西门子 TD400C 文本显示器，如图 2-9 所示。整机采用 PLC 控制，通过操纵台面板上的文本显示器，可以观察发动机转速、行驶时间等实时参数，并对发动机机油压力、油水分离器、空气滤清器等进行实时监测。当出现异常时，声光报警提示。屏幕显示中，F1——实时参数；F2——语言切换；F3——功能设置；F4——系统设定。

图 2-9　YZC12 压路机文本显示器

三、YAC12 压路机操作程序

YZC12 压路机操作前的检查同 YZ18C 振动压路机。操作程序与 YZ18C 振动压路机有些不同，一是行走-工作模式的选择；二是振动模式选择（前轮振动、后轮振动或双轮振动）；三是 YZC12 压路机多了蟹行机构和洒水系统。因此，当压路机需要蟹行时，可通过蟹行选择开关来选择是前轮蟹行还是后轮蟹行；当需要洒水时，可通过洒水选择开关选择是手动洒水还是自动洒水，或通过文本显示器设置间歇洒水。

第五节　HAMM3625HT 压路机的操作

HAMM 压路机总体结构如图 2-10 所示。

操作压路机之前，首先要熟悉压路机操作手册，了解安全注意事项，并严格遵守安全、操作和维护章程。由于压路机操作重量和机器重心的提高，压路机在坡道行驶，特别是横向驶过山坡时，很容易翻车，因此在坡道上行驶时，只能沿坡道上、下行驶。此外，平滑的钢轮或部分轮胎，在潮湿或是不均匀的地面行驶时会减少附着力；禁止在雪地和冰上操作压路机；当行驶在硬的路面，特别在穿过山坡且打开振动时，轮胎或钢轮的附着力会更低，机器倾翻的危险性更大。

图 2-10　HAMM 压路机总体结构

通过正确的操作和及时的维护，包括使用指定类型的燃料和油及使用原装的 HAMM 备件，可使机器保持高的可靠性。

一、压路机的铭牌

机器编号是机器唯一的识别标志，可以在机器铭牌上找到，铭牌上还包括机器重量及型号等。铭牌固定在机架上，一定不要取下或更换铭牌。若铭牌过于陈旧或丢失，凭机器编号可向 HAMM 服务部门订购，机器编号刻印在机器前部右边机架上，新更换的铭牌一定要固定在机器上。

二、技术资料

HAMM3625 压路机技术参数参见表 2-1。

表 2-1 HAMM3625 压路机技术参数

项目名称	参 数	项目名称	参 数
不带驾驶室的净重	24 310 kg（53 604 lbs）	钢轮齿轮箱	4 L
带驾驶室的操作重量	24 960 kg（55 037 lbs）	振动器	2 L
前轴重量	16 170 kg（19 382 lbs）	Deutz 柴油发动机	BF6M1013EC
后轴重量	8 790 kg（10 253 lbs）	额定功率（2 300 r/min）	174 kW/236.5 PS
工作宽度	2 220 mm	工作电压	12 V/155 A·h
转弯半径 外部/内部	7 160 mm/4 940 mm	液压传动	全轮驱动
压路钢轮直径	1 600 mm	行走速度	0～12 km/h
轮胎	轮胎 23.5 R25 XTL	有振动时爬坡能力	52%
燃料箱	300 L	无振动时爬坡能力	57%
发动机机油	26.5 L	Ⅰ级：频率/振幅	最大 27 Hz/1.95 mm
冷却液	25 L	Ⅱ级：频率/振幅	最大 30 Hz/1.15 mm
液压油箱	50 L		
差速器箱	14 L		

三、驾驶室介绍

驾驶室由坐椅、操作手柄、仪表板等组成。仪表板由发动机油温显示、液压系统油温显示、燃油量显示、发动机油压报警闪烁灯、发动机转速显示、发动机速度显示、频率显示、振幅显示、紧急停车按钮、振动控制、振动模式选择、行走模式选择、行走操作手柄、驻车制动器等组成。

HAMM3625HT 压路机的驾驶室组成如图 2-11 和图 2-12 所示。

302—紧急停车开关；
303—闪烁/照明操作手柄（可选件）；
501—行走操作手柄；
502—零位锁/驻车制动器；
503—多功能操作手柄；
520—坐椅调节手柄-重量/高度；
522—坐椅调节按钮-前、后；
524—座位旋转调节手柄；
525—座位左右调节手柄；
528—转向柱调节手柄

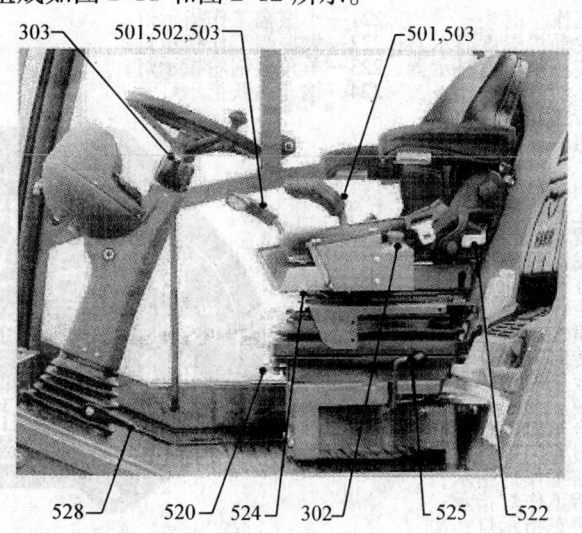

图 2-11 HAMM3625HT 压路机驾驶室组成（一）

310—钥匙启动开关-电气系统
　　及启动发动机；
405—电源插座；
501—行走操作手柄；
502—零位锁/驻车制动器；
503—多功能操作手柄；
520—坐椅调节手柄-重量/高度

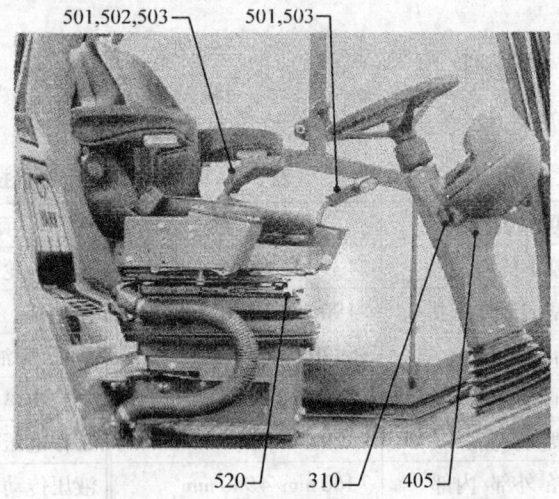

图2-12　HAMM3625HT压路机驾驶室组成（二）

HAMM3625HT压路机仪表板组成及功能介绍如图2-13和图2-14所示。

301—喇叭按扭；
303—闪烁/照明操作手柄（可选件）；
305—闪烁报警开关；
312—振动控制开关；
319—振动模式选择开关-自动/手动；
348—行走模式选择开关-正常/精确行走；
349—发动机控制开关-手动/自动；
357—发动机及最终速度选择开关；
358—微调开关

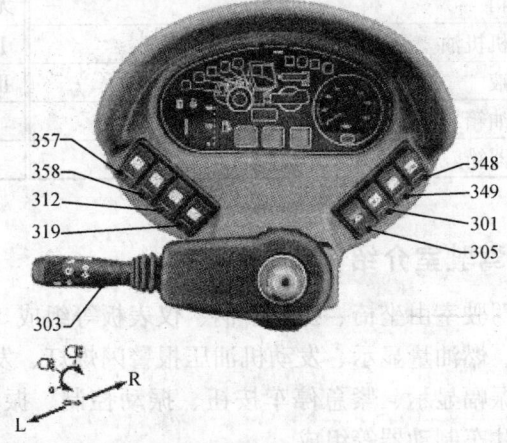

图2-13　HAMM3625HT压路机仪表板组成

101—工作小时表；
102—发动机温度显示器；
103—液压油温度显示器；
104—燃油量显示器；
106—转速显示器；
108—速度显示器；
109—压实度仪HMV；
110—频率显示器；
201—充电指示灯；
202—发动机油压报警灯；
203—发动机空气滤芯阻塞报警灯；
204—驻车制动器工作灯；
206—冷却液液位报警灯；
207—喷水控制灯；
211—转向闪光灯；
214—液压油滤芯阻塞报警灯；
215—液压油油位报警灯；
216—冷车启动指示灯；
217—报警闪烁灯；
218—前工作灯指示；
219—后工作灯指示；
220—停车指示灯；
221—小振幅工作指示灯；
222—大振幅工作指示灯；
223—羊角碾钢轮指示灯；
224—钢轮跳跃指示灯

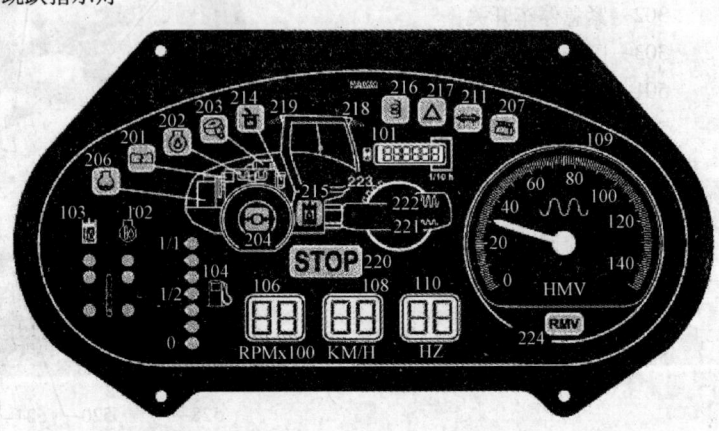

图2-14　仪表板功能介绍

HAMM3625HT 压路机开关按钮及手柄说明如图 2-15 和图 2-16 所示。

310—钥匙启动开关-电气系统及启动发动机
405—电源插座
353—驻车制动器控制开关
354—自动更新开关

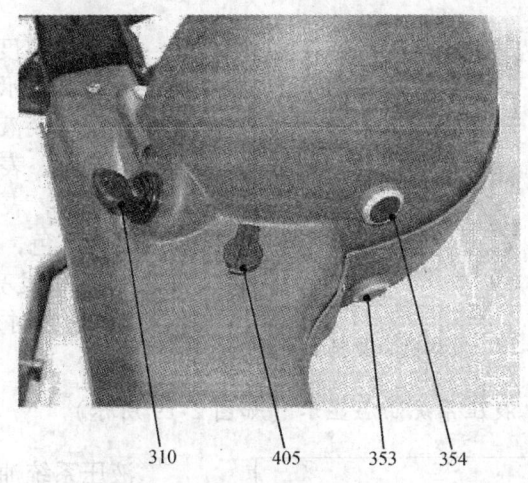

图 2-15　开关按钮说明

351—km/h-mph 转换开关；
352—光轮-羊角碾开关；
356—电瓶主开关；
400—保险丝及继电器；
530—手压泵；
531—手压泵加力手柄

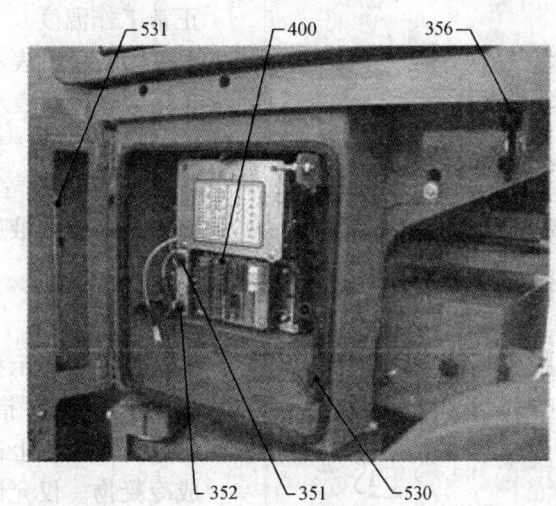

图 2-16　开关及手柄说明

四、控制说明

1. 工作小时表（如图 2-17 所示）

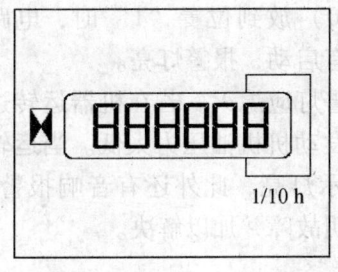

当柴油发动机运行时，工作小时表用于记录其运行时间，维修工作应根据运行小时数来进行。

图 2-17　发动机工作小时表

2. 发动机油温显示（如图 2-18 所示）

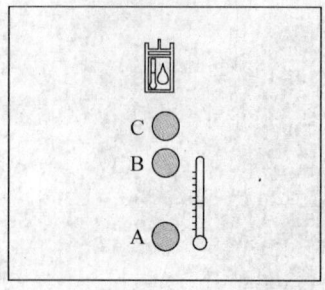

图 2-18　发动机油温显示装置

发动机温度显示指示灯在发动机超出正常工作温度时发亮，其指示不同的液压油的温度，如升温阶段、正常工作温度及液压油过热。
A 亮为黄色，表示发动机温度过低；
B 亮为红色，表示发动机升温；
C 闪亮为红色，表示发动机过热。
注意：当 B 发亮且发动机管理控制处于 AUTOMATIC（自动）状态时，发动机转速将升至最大以改善冷却。

3. 液压系统油温显示（如图 2-19 所示）

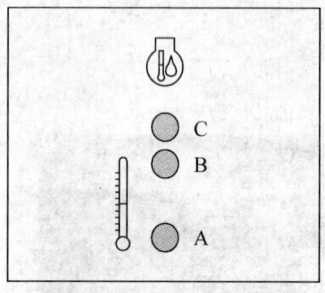

图 2-19　液压系统油温显示

液压系统油温显示指示灯在发动机超出正常工作温度时发亮，其指示不同的液压油的温度，如升温阶段、正常工作温度及液压油过热。
A 亮为黄色，表示液压油温度过低；
B 亮为红色，表示液压油升温；
C 闪亮为红色，表示液压油过热。
注意：当 C 闪亮且停车指示灯（220）亮并伴有音响报警时，应查找液压油过热的原因并加以解决。

4. 燃油量显示（如图 2-20 所示）

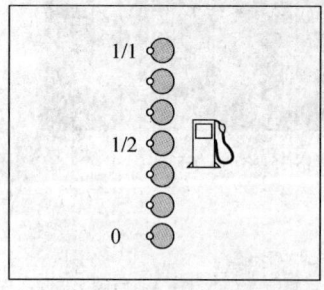

图 2-20　燃油量显示图

燃油量显示指示灯显示燃料箱里的柴油量，当燃油量少于 35 升时指示灯闪烁报警。注意，决不能把料箱用空，每天晚上都应加满柴油，这能预防在空料箱里形成冷凝物。仅允许使用清洁的燃油。

5. 发动机油压报警闪烁灯（如图 2-21 所示）

图 2-21　发动机油压报警闪烁灯

当钥匙启动开关（310）放到位置"1"时，电路系统开启。此时发动机没有启动，报警灯亮。

当发动机启动后，报警灯应熄灭。若在机器运转过程中报警灯闪亮，则说明发动机机油压力太低。当运转中指示灯亮，同时停车指示灯亮，此外还有音响报警，此时必须关闭发动机，查明故障并加以解决。

6. 发动机转速显示（如图 2-22 所示）

图 2-22　发动机转速显示

发动机转速显示表显示的数字乘以 100 即为发动机的转速。如果速度用微调开关（358）来调节，则显示额定转速，大约 3 秒后再次显示实际转速。在发动机控制出错时则显示错误数字。

7. 行走速度显示（如图 2-23 所示）

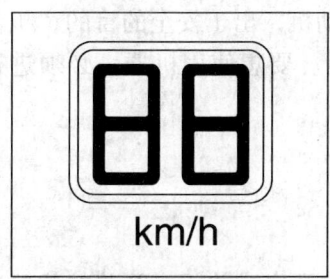

图 2-23　行走速度显示

行走速度显示表以 km/h 或 mph 显示行走速度，由转换开关（351）选择显示单位并显示之。用微调开关（358）来设定行走速度时，显示额定速度，大约 3 秒种后继续显示当前实际行走速度。在行走控制出错时，显示错误数字。

8. 频率显示（如图 2-24 所示）

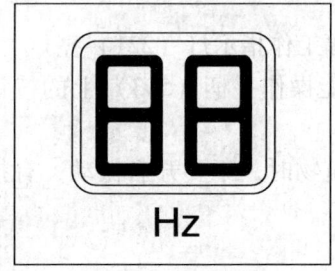

图 2-24　频率显示

频率显示表显示当前振动频率。如果设定频率由微调开关（358）来调节，则显示额定频率，大约 3 s 后显示当前实际振动频率。若在较长时间段内不能达到设定频率，则显示资料闪烁。若行走控制出错，则显示资料错。

9. 振幅显示（如图 2-25 所示）

当机器选择大振幅时，大振幅指示灯亮；当机器选择小振幅时，小振幅指示灯亮。

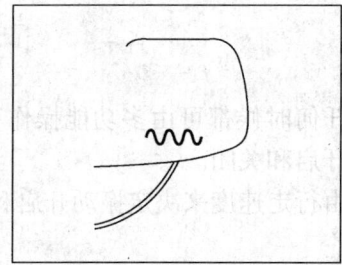

小振幅指示灯

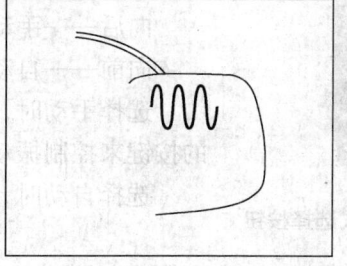

大振幅指示灯

图 2-25　振幅显示

10. 紧急停车按钮（如图 2-26 所示）

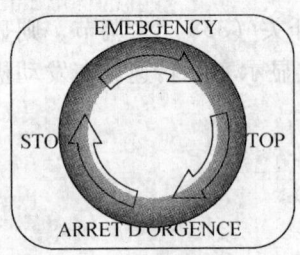

图 2-26 紧急停车按钮

紧急停车按钮是在遇到紧急情况时使用，不要将紧急停车按钮作为日常停车的手段。按下紧急停车按钮，液压传动和振动立即停止，钢轮立即制动，驻车制动器工作灯（204）开始闪烁。

注意：按下紧急制动按钮后顺时针转动按钮即可释放按钮，此时驻车制动器工作灯（204）仍然闪烁，直到制动释放。

注意：使用了紧急停车按钮后，行走操作手柄（501）必须回到中位。如果在紧急停车按钮按下时启动了发动机，出于安全的目的，机器没有任何功能，速度显示器（108）将显示错误信息（Er39）。要想使用机器，必须进行如下操作：将行走操作手柄（501）置于中位。

11. 振动控制（如图 2-27 所示）

图 2-27 振动控制按钮

振动控制开关控制机器的振动开启或关闭，开关的位置决定振动是大振幅还是小振幅。

向前——大振幅，同时大振幅工作指示灯（222）亮；

中位——关闭振动；

向后——小振幅，同时小振幅工作指示灯（221）亮。

当振动开启时，可以从多功能操作手柄（503）上的按钮来关闭振动。

注意：当工作区域附近有建筑物时，不要开启振动，有损坏建筑物的危险。

12. 振动模式选择（如图 2-28 所示）

图 2-28 振动模式选择按钮

振动模式选择开关设定振动模式，即振动开启/关闭是手动还是自动控制。

向后——手动；

向前——自动。

选择手动时，任何时候都可由多功能操作手柄（503）上的按键来控制振动开启和关闭。

选择自动时，由行走速度来决定振动开启和关闭。

13. 行走模式选择（如图2-29所示）

图2-29 行走模式选择

行走模式选择开关控制行走模式是正常行走还是精确行走。只能在机器停止及行走操作手柄中位时，才能改变行走模式的设定。若在行走过程中改变设定，机器的行走系统将使机器停止。此时要启动行走，须将行走操作手柄置于中位，重新激活行走控制系统。

向前——精确行走（开关指示灯亮）；

向后——正常行走模式。

电子控制系统将保证机器的传动和振动功能，并保证机器最佳工作状态。

14. 行走操作手柄（如图2-30所示）

图2-30 行走操作手柄

行走操作手柄控制压路机的行走速度。

向前推——前进；

向中位——制动；

向后拉——后退；

中位——停车。

行走操作手柄偏离的角度与行走速度成正比，同时取决于最终速度的设定及行走模式的选择。若行走操作手柄停留在中位达10秒钟，则驻车制动器自动进入制动状态。

注意：该压路机具有停车功能，即将操作手柄突然拉到与当前行进的方向相反的位置或超过中位时，视为紧急情况，机器立即停止。

15. 驻车制动器（如图2-31所示）

图2-31 驻车制动器

零位锁：将行走操作手柄按如图2-31所示方向推入凹槽中即实施零位锁；将操作手柄拉出凹槽即可释放锁。零位锁是安全装置，它可以避免发动机启动时意外开动机器。驾驶员离开驾驶座时一定要使用零位锁。

驻车制动器：当行走操作手柄在零位锁位置时，驻车制动器抱死，驻车制动器工作灯（204）闪烁；当行走操作手柄离开零位锁位置时，驻车制动器释放，机器可以行走，驻车制动器工作灯（204）熄灭。

16. 行走操作手柄的辅助功能（如图2-32所示）

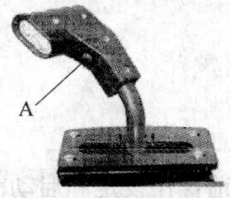

图2-32 驻车制动器

使用振动控制开关（312）开启振动后，可以随时使用图2-32中的A键关闭振动；再次按A键可以开启振动。

五、操作

注意：每次操作机器前必须认真阅读操作手册和安全手册，仔细检查机器是否能够安全行走。

每次操作机器行走、振动以及发动机转速的电子控制后，必须重新设定机器的电子系统，且此项工作必须由受过专门训练的人员来完成。不允许在重新设定前使用机器，这样会使机器控制失灵。

1. 工作开始前必须做的事项

（1）根据保养手册来检查机器，工作区域不得存在障碍物、油污及冰等。按钮功能说明如图 2-33 所示。

（2）检查闪烁/照明操作手柄（303）、闪烁报警开关（305）和喇叭按钮（301）的功能。

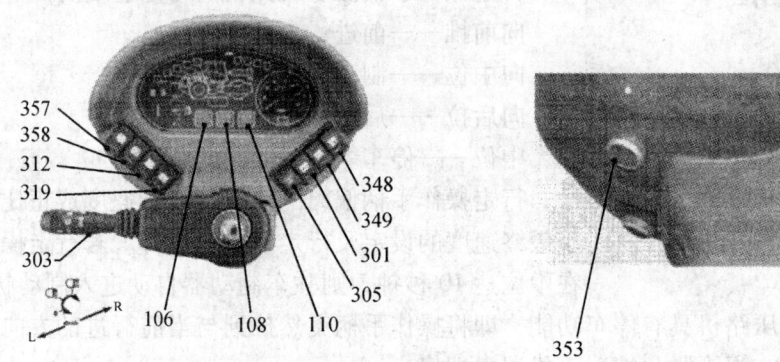

图 2-33　按钮功能说明

106—转速显示器；108—速度显示器；110—频率显示器；301—喇叭按钮；303—闪烁/照明操作手柄；305—闪烁报警开关；312—振动控制开关；319—振动模式选择开关；348—行走模式选择开关；349—发动机控制开关；353—驻车制动器；357—发动机及最终速度选择开关；358—微调开关

（3）检查驻车制动器（353）是否正常工作。

（4）检查轮胎气压，使用适当的充气装置来保证指定的轮胎气压，轮胎气压过高会引起爆炸，过低会影响机器稳定性和影响压实效果。

（5）检查燃料箱内柴油量，必须用干净的柴油加至滤网下沿，不要将柴油用光，尤其在晚间要加满油，以防止在空油箱中形成露水。

（6）加油时注意防火，加油前熄灭发动机及燃油加热器。

（7）加油时严禁吸烟，严禁在有明火或火花的场所加油。

（8）不要在封闭的场所加油。

2. 启动机器之前应注意的事项

机器只能由经过培训的有操作资格证的人员启动和驾驶。启动前操作设定和启动前操作说明如图 2-34、图 2-35 所示。

 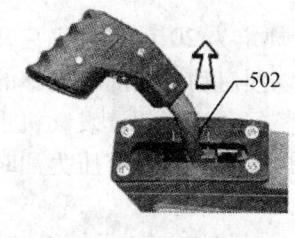 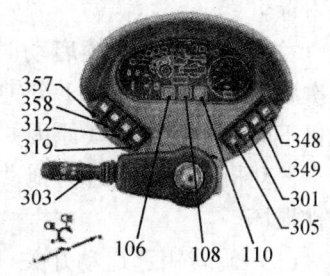

启动前的机器操作设定：启动柴油发动机前，控制系统必须被设在基本位置上。
312—振动控制开关，置于"关闭"；348—行走模式选择开关，"正常状态"；
349—发动机控制开关，"自动"状态；501—行走操作手柄，置于"中间"；
502—零位锁，"使用中"状态；503—多功能操作手柄，"应用"状态；紧急停车按钮置于"顶部"

图2-34　启动前操作设定

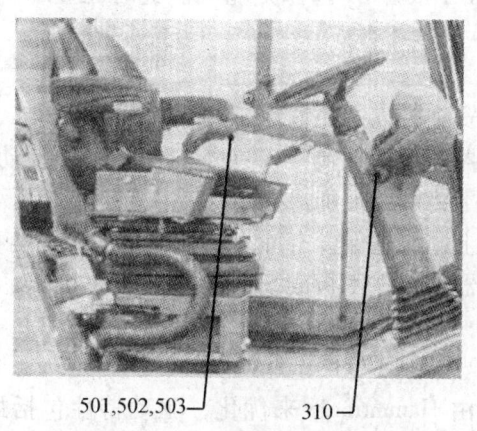

图2-35　启动前操作说明
310—钥匙启动开关；501—行走操作手柄；502—零位锁/驻车制动器；
503—多功能操作手柄

在开始工作之前，必须熟悉周围环境和场所，包括工作和交通区域内的障碍物、工作场地的承载负重能力和在公共交通方面必要的安全防护措施。操作前必须熟悉设备的性能和控制方式，否则可能导致事故的发生。

注意：确保在机器的下面和后面没有任何人；不能允许任何人在机器的危险区域内停留；对反光镜进行必要的调整以确保足够的视野；保持控制和安全信号清晰；不清楚或丢失的各种标识必须立刻修复；维修工作后，特别是进行了有关拆除驾驶室或驾驶坐椅等工作后，应认真检查这些曾经拆除的装置是否被牢固地固定在机架上；检查所有用过的工具是否从机器上拿走，所有安全设备是否被重新安装到位。

只能在驾驶员位置上启动柴油发动机，不能用短接启动机上的电路的方法来启动发动机。

3. 启动发动机

在启动机器之前必须确保内燃机和燃油加热系统是在充足通风的地方使用，否则可能会中毒。

发动机的允许连续启动时间规定为20秒，否则启动电机的线圈将因过热而被烧毁。每次启动之间间隔最少1分钟，以便启动器线圈有足够的时间冷却。如果2次启动后发动机仍不能启动，就应找原因并调整好。注意阅读发动机手册。

发动机不能采用外力拖动来启动。因为没有压力油时刹车会抱死，这可能会导致传动部件损坏。

（1）旋转钥匙启动开关（310），位置0→1，电气系统得电。

钥匙启动开关由"0"转至位置"1"时，功能控制分两步开启，此时指示灯亮，时间约2秒钟。然后以下指示灯必须亮：充电指示灯（201）亮，发动机油压报警灯（202）亮，驻车制动器工作灯（204）亮。

（2）旋转钥匙启动开关，位置1→3，启动发动机。

钥匙启动开关由"1"转至位置"3"时，启动发动机，当发动机正常运转时，充电指示灯（201）和发动机油压报警灯（202）熄灭。此时在显示器上显示发动机实际转速。

4. 开始驾驶前的注意事项

注意：驾驶员应使用安全带以避免危险。

液压油的黏度影响机器的加速及制动。在低温环境下，发动机启动后要等待几分钟。应在中等负载及速度条件下将液压油加热至20℃（43 ℉）。

如果机器已被冻在地上，应确保没有冻土块粘在钢轮上，否则会损坏刮板。因此，在可能结冰的地方，应将机器停留在木板或干沙子上。

5. 行走控制

行走的液压传动系统由Hammtronic来优化，驱动特性包括最终速度的设定、自动滑移控制、恒速功能、最大负荷控制、精确行走等。该系统保证最优化的行走控制。

（1）最终行走速度，按钮指示参见图2-33。发动机及最终速度选择开关（357）推向前，此时为满足特殊要求所需的最终行走速度，可以由行走模式选择开关（348）无级预设。其结果是通过行走操作手柄（501）可以得到一个可变的速度控制范围，即从2 km/h至最大速度，这样就保证在低速下得到一个精确的行走控制。在特定的压实要求中所需的精确的行走速度可以由最终速度的预设定来得到。当机器停止时，将行走模式选择开关（348）向前推增加最终行走速度，向后则减小最终行走速度。

当调节了最终行走速度后，这个速度将在速度显示器（108）上显示约3秒种，然后继续显示当前速度。

可以在压路机行驶时调节速度，当发动机关闭后所设定的速度值被储存，这样在下次开机后仍然可以使用上次储存的最终速度的设定值。出于安全的目的，发动机启动时的最终速度限制最大为6 km/h。

（2）自动滑移控制。Hammtronic系统连续监测钢轮和胶轮的行走。在容易引起打滑的土方工程施工中，可以通过改变各轮驱动液压马达的扭矩来实现补偿。当上坡或是下坡时，驱动力可自动转移到坡下的那个驱动轴。

（3）恒速功能。在恒速功能作用下，由行走操作手柄（501）所设定的速度在通常操作条件下保持恒定。系统探测和计算那些影响速度的因素（例如负荷的变化），并将结果用于调节速度。

（4）负荷限制。若由于负荷太大（如上坡等）导致发动机转速下降，且低于额定值时，启用自动负荷控制功能，此时行走速度将自动减慢以避免发动机超负荷运行。当负荷减轻时，行走速度自动恢复到以前的设定值。

（5）行走模式。行走模式由行走模式选择开关（348）来设定，可以选择正常或精确行走的模式。仅仅在机器停止并且行走操作手柄在中位时才可以改变行走模式的设定。如果在行走中改变了模式设定，那么机器将停止行走。要想重新行走必须将操作手柄放回中位重新设定行走速度。

行走模式有两种，即正常模式和精确行走模式。选择正常模式（开关向后），此时电子控制系统提供机器所有的功能（如振动等），以保证机器优化工作。选择精确行走模式（开关向前），此时开关按键灯亮，电子控制系统提供有一定特性的行走功能，以保证当机器处于某种特定操作（如装载或紧急撤离）时的最大安全性。

特性行走功能如下：

① 发动机转速被设定到最高转速的1/2并不可调节；

② 最大行走速度仅有正常时的1/3，这就提供了最精确的行走控制；

③ 行走模式选择开关（348）无效；

④ 行走速度严格跟随行走操作手柄的运动，剧烈的操作手柄运动将造成行走速度的剧烈变化；

⑤ 正常时的根据发动机转速来控制的恒速及负载控制功能均无效，不能开启振动功能；

⑥ 不能开启振动功能。

行走模式中应注意行走操作和带振动行走。

① 行走操作如图2-36所示。当零位锁/驻车制动器（502）释放时，刹车在开始行走时自动释放，驻车制动器工作灯（204）熄灭。将行走操作手柄向前或向后，机器开始行走。

注意：不要在行走中关闭钥匙启动开关（310）。

 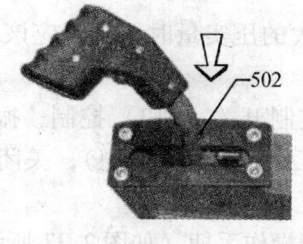 

图2-36 行走操作

机器带有自动停车功能。若在行驶中突然将行走操作手柄向与当前行走的相反方向调节，甚至超过了中位，此时机器将视为紧急情况而立即停车。同样在紧急情况下，可以按下紧急停车开关（302）使机器立即停止行走。

在带有驾驶室的机器里，当机械行走时，驾驶室的下车门必须关上，以防危险。行走操作过程中的注意事项如下：

  a. 一定要使用安全带，而且不允许搭乘其他人员；
  b. 从地面上抬高所配的附件；
  c. 开始行走前，检查附近是否有人在场；
  d. 在紧急情况或遇到危险时，可以用紧急停车按钮立即停车；
  e. 不能把紧急停车开关当作常规制动器使用；
  f. 驾驶速度必须适应周围环境；
  g. 机器在运行中发生转向或制动方面的故障时，应立即停机，故障修复后使用；
  h. 机械行走时，驾驶员不能离开座位，机器应远离建筑基坑及路基边缘，以免坠入或滑坡；
  i. 当通过地道、地坑、隧道、桥梁、架空电缆等时，确保一定的安全距离，禁止一切可能影响机器稳定性的操作；
  j. 当上坡或下坡或横穿斜坡时，应避免急转弯，以防止机械倾翻；
  k. 光滑的钢轮表面在湿地或不平的路面上行驶会减少侧向控制力，因此压路机不能在雪地或冰上行走。

  ② 带振动行走。为了安全起见，机器在"精确行走"模式时没有振动功能。当振动开启时，钢轮随振动器一起振动。这个振动效应增加了机器对路面材料的压实力。该振动可以有两个振幅的选择及相应于不同的振幅下的不同振动频率。

  振动系统由 Hammtronic 来控制，以得到稳定的振动频率。振动频率由微调开关（358）来设定。如果因外界原因引起发动机的转速变化将由控制系统计算并补偿，以得到稳定的振动频率。

  带振动行走过程中应注意以下事项。

  a. 在建筑物和桥梁附近不可开启振动，因为振动可能会对这些设施造成破坏。
  b. 在开启振动前，应确认地下没有管线如水、煤气、电缆及污水管等，这些设施也容易被振动破坏或引起爆炸。
  c. 钢轮的振动会减小钢轮对地面的附着性，因此处理较硬地面或通过坡道时，机械可能发生滑移甚至倾翻。
  d. 当在土方工程中需要较大的压实量时，机器应该以较慢的速度和适当的频率通过压实材料。

  振动的开启和停止由振动控制开关（312）控制，振幅的大小由微调开关（358）设定：大振幅——向前（大振幅工作指示灯 222 亮）；关闭振动——中位；小振幅——向后（小振幅工作指示灯 221 亮）。

  振动开启后，可以由多功能操作手柄（如图 2-37 所示）上的按钮（503）来控制。

  发动机及最终速度选择开关（357）可以设定振动频率，并由微调开关（358）来无级调节振动频率。在大振幅时，频率调节范围为 20～30 Hz；在小振幅时为 25～40 Hz。向前按压微调开关（358），频率增加；向后按压微调开关（358），频率降低。

  振动频率调节完成后，额定频率在频率显示器（110）上显示约 3 秒钟，然后继续显示当前振动频率。允许在振动开启时调节振动频率。若由于发动机在手动操作条件下所设定的转速不足而导致不能达到所设定的振动频率，该显示器则闪烁。

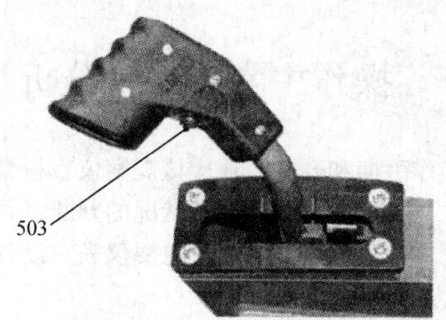

图 2-37　多功能操作手柄

振动操作的模式由振动模式选择开关（319）来控制，用以选择自动或手动控制振动的开启和关闭：

手动——开关向后，此时可以由多功能操作手柄上的按钮（503）来控制振动的开启和停止。

自动——开关向前，此时由机器的行走速度来控制振动的开启和停止。当机器行走速度超过允许的速度（即 10 km/h）时，自动关闭振动。即：制动（小于 1.5 km/h）——关闭；加速（大于 0.5 km/h）——开启；行走（大于 10 km/h）——关闭。

在自动模式时仍然可以由多功能操作手柄上的按钮（503）来控制振动。

6. 释放驻车制动器

机器所使用的碟形弹簧预压制动器可由手动泵来释放，以满足在发动机或液压系统损坏时拖拽的要求。驻车制动器结构如图 2-38 所示，释放驻车制动器操作如下。

(1) 将锁紧螺母 B 松开。
(2) 完全拧紧螺栓 C。
(3) 按压手压泵的杠杆 D 即可释放制动器（大约按 30 下）。

恢复驻车制动器的操作如下。

(1) 将螺栓 C 放松 2 圈。
(2) 拧紧锁紧螺母 B。

注意：不要将螺丝松太多，否则液压油会泄漏出来，空气也会侵入系统。

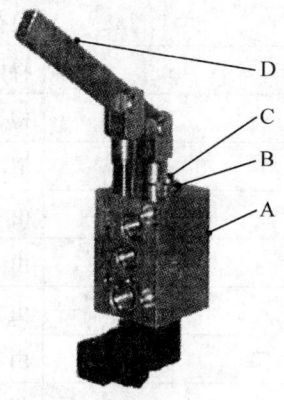

图 2-38　驻车制动器

A—手油泵；B—锁紧螺母；C—螺栓；D—杠杆

第六节　操作中常见故障分析与排除

压路机操作不仅仅是操作手柄和开关，还应该观察仪表板各个仪表的显示值。因为仪表读数不仅仅是数字显示，更重要的是进行设备状况的判断，并对设备进行正常的维护和保养，以延长设备的使用寿命。下面将介绍几种主要仪表对设备状况的判断及操作中常见故障的分析与排除。

一、主要仪表的作用

小时计用以记录压路机累计工作时间，为压路机进行各种保养提供依据；充电报警指示灯显示蓄电池的电能状况；水温表和温度报警指示灯显示冷却水的工作温度及冷却系统可能存在的故障；刹车报警指示灯显示压路机的刹车是否工作正常；机油压力表和机油报警指示灯显示发动机机油压力及润滑系统工作是否正常；高低频振动指示灯显示压路机振动是否正常。

二、根据仪表显示判断压路机工作状况

（1）根据小时计对压路机进行周期性保养。
（2）根据充电报警指示灯判断是否需要对蓄电池进行充电。
（3）根据水温判断冷却系统是否存在故障并对故障进行排除。
（4）根据机油压力判断发动机润滑系统是否工作正常并对故障进行检查和排除。

三、操作时的常见故障分析与排除

操作时的常见故障分析与排除参见表 2-2。

表 2-2　操作时的常见故障分析与排除

问　题		原　因	措　施
发动机不启动	启动机不转动	保险丝故障	检查控制台保险丝并进行更换
		紧急制动开关没有复位	检查紧急制动开关并调到需要位置
		操作手柄不在中位	将操作手柄置于中位
		蓄电池电量不足	检查蓄电池，如需要则充电
		蓄电池电缆松动或脱开	清洁并紧固接线端子
		启动器内置保险丝熔断	由专业人员排除
		启动器继电器故障	由专业人员排除
		点火启动开关故障	由专业人员排除
		启动器电磁阀或启动器故障	由专业人员排除
		选择开关位置不正确	将选择开关打到 1100 转/分钟

续表

问题		原因	措施
发动机不启动	启动机转动	燃油箱无油	加油
		燃油泵电磁阀故障	由专业人员检查或更换
		接线故障	由专业人员检查或更换
发动机启动难，工作状况差		蓄电池电量不足	检查，如需要充电
		蓄电池电缆松动或腐蚀，导致启动器转速过慢	清洁并紧固接线端子，涂无酸润滑脂
		环境温度低，使用的油料黏度太高	使用与环境温度相应的油料
		燃油管堵塞	更换燃油滤清器，检查漏油或松动
		气门间隙不正确	由专业人员检查或调整
		燃油喷射器故障	由专业人员检查或更换
		涡轮增压器故障	由专业人员检查或更换
		空气滤清器堵塞	由专业人员检查或更换
发动机产生过多烟雾		发动机机油油位过高	放掉部分机油至合适的油位
		空气滤清器堵塞	清洗或更换
		气门间隙不正确导致压缩比过低	由专业人员检查或调整
发动机温度过高		冷却系统灰尘过多	清洗散热片
		发动机皮带断裂	由专业人员检查或更换
		喷油嘴故障	由专业人员检查或更换
		燃油泵喷油正时不正确	由专业人员检查或调整
		冷却气流堵塞	清除堵塞
发动机油压低		油位低（油位表显示油位低）润滑系统漏油	加油到适当刻度位置
			关闭发动机，检查并紧固
电压表显示低压或负压		交流发电机转速慢	检察张紧皮带张紧度，需要则更换
		交流发电机或整流器故障，导致不充电	由专业人员检查或更换
喇叭不响		保险丝故障	由专业人员检查或更换
倒车报警器不响		接线/部件故障	由专业人员检查或更换
振动控制装置不工作		接线/部件故障	由专业人员检查或更换
燃油电磁阀不通电		接线/部件故障	由专业人员检查或更换
警告指示灯不工作		接线/部件故障	由专业人员检查或更换

续表

问 题	原 因	措 施
制动指示灯不工作	保险丝故障	检查并更换
仪表不工作	接线/部件故障	由专业人员检查或更换
工作灯不工作	保险丝故障	检查并更换
信号灯不工作	检查灯泡 接线/部件故障	需要则更换 由专业人员检查或更换

第三章 典型压路机的结构与原理

知识要点

(1) 理解 YL25C 轮胎压路机传动系统、转向系统、电气系统、制动系统的组成及原理。

(2) 掌握轮胎压路机的充气方法以及轮胎压力与密实度的关系。

(3) 理解 YZ18C 单钢轮振动压路机传动系统、振动轮、转向系统、电气系统、制动系统的组成、原理及特点。

(4) 理解 YZC12 双钢轮振动压路机传动系统、振动轮、转向系统、电气系统、制动系统的组成、原理及特点,理解蟹行的原理及特点。

(5) 掌握其他振动压路机振幅的调整方法。

(6) 理解常见压路机制动系统的组成及特点。

技能要点

(1) 能够分析 YL25C 轮胎压路机传动系统、转向系统、电气系统、制动系统原理,能够说出转向系统的特点。

(2) 能够给轮胎压路机充气,能够根据压实度选择轮胎气压。

(3) 能够分析 YZ18C 单钢轮振动压路机传动系统、转向系统、电气系统、制动系统的原理及特点,能够描述振动轮的结构。

(4) 能够分析 YZC12 双钢轮振动压路机传动系统、转向系统、电气系统、制动系统的原理及特点,能够描述振动轮的结构,能够说出蟹行的作用、结构组成,能够分析蟹行的原理。

(5) 能够说出其他振动压路机振幅的调整方法。

(6) 能够分析给定的压路机的液压制动系统原理。

压路机种类较多,本章主要以联合办学企业之一——三一重工股份有限公司生产的压路机为主进行介绍,其主要产品有 YL25C 轮胎压路机、YZ18C 单钢轮振动压路机和 YZC12 双钢轮振动压路机。现在大多数压路机采用全液压驱动,由发动机直接驱动液压泵——液压马达——(减速装置)——执行元件,其结构简单,传动平稳,操作省力,工作可靠,因此本书只详细地介绍全液压驱动压路机的结构与原理。

第一节 YL25C 轮胎压路机的结构与原理

一、轮胎压路机的工作装置

轮胎压路机的压实装置兼行驶装置是成排的特制的充气轮胎,因此,它对充气轮胎的结构和性能提出了特殊要求。

1. 轮胎压路机专用充气轮胎的特点

（1）轮胎强度高。轮胎压路机对铺层压应力的大小及保持最大有效值的时间长短与轮胎的负荷、结构、材料、充气压力、工作速度有关。因此，轮胎压路机专用光面轮胎采用特制的合成橡胶制成，内含钢丝层，具有高强度（每个轮胎的负荷可达 100 kN 以上）、耐磨损、耐切割、耐腐蚀、耐高温等综合性能。

（2）采用特制宽基轮胎。在轮胎压路机上，一般采用的轮胎都是特制的宽基无花纹（有的采用细花纹）光面轮胎，具有独特的外形和性能（如图 3-1 所示）。普通轮胎的高宽之比为 1.0～0.95，而宽基轮胎的高宽之比为 0.65 左右，因此宽基轮胎的踏面宽度是普通轮胎 1.5 倍左右。

普通轮胎踏面与铺层的接触面呈椭圆形，接触面中心是高压力区，越靠近踏面边缘，压实力越低；轮胎压路机专用宽基轮胎与铺层的接触呈矩形，在整个轮胎踏面的宽度范围内，都处于高压力区，其压力分布均匀，从而保证了对沥青面层的压实不会出现裂纹等缺陷；此外，平的踏面使充气轮胎对地面的压实力垂直向下，物料颗粒很少向侧向移动，增加了压实深度，提高了压实质量。

图 3-1　三一 YL25C 轮胎压路机前轮总成

2. 轮胎压路机常用的轮胎规格

目前，轮胎压路机多用 11.00-20-16PR 或 12.00-20-16PR 规格的轮胎，表示断面宽度为 11 in（279.4 mm）或 12 in（304.8 mm），轮辋名义直径为 20 in（508 mm），16PR 表示层级。

轮胎压路机可以通过改变轮胎的负荷（改变整机的重量）和调节轮胎的充气压力两种方法来改变轮胎对铺层的压应力，从而提高其压实质量。当轮胎充气压力为定值时，可以提高整机重量，轮胎的负荷越大，其压实力影响的范围就越大，并且向深层扩展，压实深度就越深。目前，国内轮胎压路机轮胎的充气压力范围为 0.2～0.8 MPa，正常情况取 $P = 0.35$ MPa。

3. 轮胎压路机前、后轮胎的分布

轮胎在轴上的布置可以分为轮胎交错布置、行列布置和复合布置，如图 3-2 所示。在现代轮胎压路机中，应用最广泛的是轮胎交错布置方案：前、后轮分别并列成一排，前、后轮轮迹相互叉开，由后轮碾压前轮漏压的部分。由于轮胎采用宽基轮胎，因此前、后轮胎面宽度的重叠度较大，使得压实更加均匀。

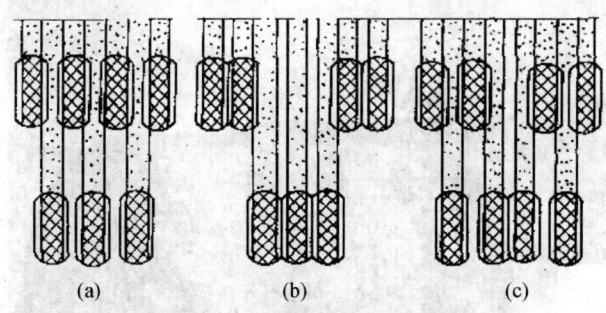

图 3-2 轮胎压路机轮胎布置图
(a) 交错布置；(b) 行列布置；(c) 复合布置

目前，国内外中、重型轮胎压路机前、后轮胎数目以及前、后轮重叠量等参数参见表 3-1。三一重工生产的 YL25C 轮胎压路机前、后轮胎数目采用 5+4，布置形式采用交错布置，轮胎重叠量达到 68 mm，压实重合度高，接合质量好，可以得到较好的压实平整度。

表 3-1 国内外较大吨位同类轮胎压路机技术参数

技术参数	型 号				
	BOMAG BW24R	DYNAPAC CP271	徐工 XP261	三一 YL25C	一拖洛建 YL25
最小工作质量/kg	13 500	12 400	14 500	14 000	16 000
最大工作质量/kg	24 000	27 000	26 000	25 000	25 000
爬坡能力/%	35	35	20	25	20
压实宽度/mm	1 986	2 350	2 750	2 300	2 790
前后轮重叠量/mm	50	42	50	68	50
轮胎数量（前+后）	4+4	5+4	5+6	5+4	5+6
行驶速度/(km/h)	0～5.0 0～11.0 0～20.0	0～23 0～20	0～8.0	0～8.0 0～18	0～6.0 0～23
传动形式	液力	全液压	液力	全液压	全液压

4. 轮胎压路机前、后轮总成组装

（1）前轮总成组装及转向。

轮胎压路机一般采用前轮转向，后轮驱动，前轮总成如图 3-3 所示。轮胎压路机转向系统部分由前轮总成（5 个可跟转的轮胎）、摆架、回转支承和转向油缸等组成，由回转支承与车架相连，通过固定在车架上的单个转向油缸转向，转向角度为 ±30°。左、右两侧每对轮胎均可以绕其前轮摆动销摆动，同时摆架可以绕摆架摆动销摆动，轮胎可随路面的不平左右摆动距离为±45 mm，因此轮胎可随铺层的高低不平随时进行调节，即使在不平的铺筑层上也能保证机架的水平和负荷均匀，可以有效地避免对铺层压实的过压及虚压现象。

图3-3　YL25C轮胎压路机前轮总成图

（2）后轮总成。

后轮采用无桥双轮辐静液压驱动（如图3-4所示）。后轮总成中有4个光面轮胎，且等距布置，分为两组，左右两个各为一组，每组采用液压驱动，行走马达5驱动减速机7，减速机直接驱动轮辋组件2。每组轮胎相对后轮架3为简支式布置，每组的两个轮胎轮辋做成了一个整体，轮辋组件伸出两个辐板，一块辐板与减速机相连，另一块辐板通过轴承座9、轴承、半轴8等与后轮架相连。两个后轮架分别用螺栓组与箱体式车架4相连。采用这种结构使得减速机的受力状况比较好，压路机的自重能够比较均匀地通过简支结构传递到轮胎上。

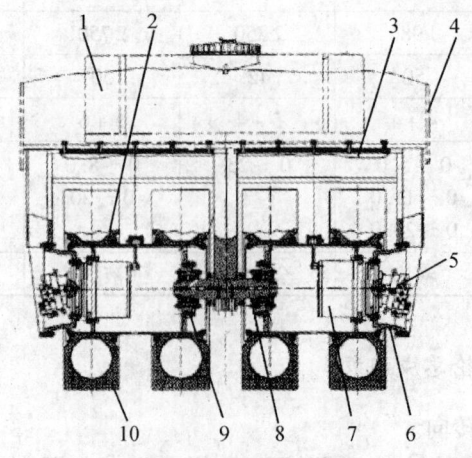

图3-4　后轮总成图

1—洒水系统水箱；2—轮辋组件；3—后轮架；4—车架；5—行走马达；6—连接盘；
7—减速机；8—半轴；9—轴承座；10—充气轮胎

当压路机工作一段时间后，应调换各充气轮胎的安装位置，使轮胎磨损趋于均匀，保证压实质量，延长轮胎使用寿命。采用以上后轮总成结构，更换后轮充气轮胎时步骤如下。

① 从车架 4 上拆除水箱 1。

② 拆下后轮架的连接螺栓，将后轮架连同整个后轮总成全部从车架上拆卸下来。

③ 将减速机 7 内的机油放出，拆下行走马达 5、连接盘 6 和半轴 8 等，最后拆换充气轮胎。YL25C 轮胎压路机后轮总成如图 3-5 所示。

图 3-5　YL25C 轮胎压路机后轮总成

5. 轮胎压路机轮胎集中充气系统

轮胎压路机可以通过调节轮胎充气压力的方法来改变轮胎对铺层的压应力（即轮胎接地比压），从而提高其压实质量。

（1）轮胎压路机集中充气系统的作用。

轮胎压路机采用人工或自动集中充气系统，前后所有轮胎的气路相互连通，以确保气压一致，从而保证轮胎接地比压一致，并且可以根据路面的变化进行人工或自动调节。

YL25C 轮胎压路机采用人工集中充气系统，调节压力方便快捷，在驾驶室内设有控制阀，气压表装在仪表板上，驾驶员可根据铺层状况以及施工要求随时改变前、后轮的充气压力，轮胎充气压力可以在 200～800 kPa 之间调节，使得轮胎接地比压可在 200～500 kPa 范围内调整，从而适应不同铺层压实的工艺需要。

（2）YL25C 轮胎压路机集中充气系统组成和特点。

YL25C 轮胎压路机集中充气系统由气泵、气泵控制阀、安全阀、卸荷阀、水分分离器、过滤器、储气罐、手动阀、开关阀、压力表、胶管、旋转接头等组成。在驾驶室内设有手动控制阀、气压表，驾驶员可根据铺层状况以及施工要求随时改变前、后轮的充气压力，使压路机处于最佳工作状态，获得高效率和高质量的压实效果。在设备转场或长期停放时可将每个轮胎气路上的开关阀单独锁死,确保轮胎气压在较长时间不泄漏。

YL25C 轮胎压路机集中充气系统安装示意图如图 3-6 所示。

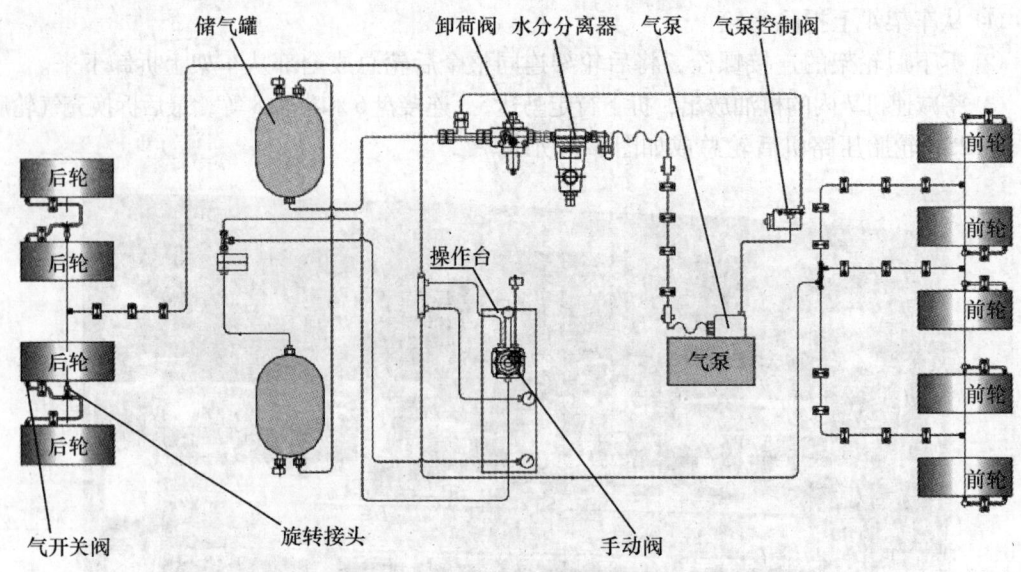

图 3-6　集中充气系统安装示意图

① 气泵。气泵安装在柴油机上。气泵能够提供的最大气压达 800 kPa,当压力达到要求时,气泵控制阀打开,气压推开气泵内控制阀,气泵空转,停止向系统供气。

② 旋转接头。每组轮胎设有密封性好的旋转接头,接头与车轮轴相连,将系统内气压输送到各个轮胎中,使前、后轮胎气路相互连通,气压一致。旋转接头在车轮上的安装位置如图 3-7 所示。

③ 水分分离器(如图 3-8 所示)。水分分离器的作用是分离送气系统内的水分,确保系统元器件可靠使用。

图 3-7　前轮旋转接头安装位置

④ 卸荷阀（如图3-8所示）。卸荷阀的主要作用是在系统出现异常升压时及时释放系统压力，确保系统安全，同时还可去除系统内气体中的杂质。

⑤ 气泵控制阀。该阀主要作用是在系统达到设定工作压力时，打开气泵控制管路，气压推开气泵内控制阀，使气泵空转，停止向系统供气。

⑥ 储气罐（如图3-8所示）。储气罐有两个，置于车架尾部，其主要作用是蓄能和缓冲系统压力波动，稳定系统压力，同时还可使高温气体降温、除水。

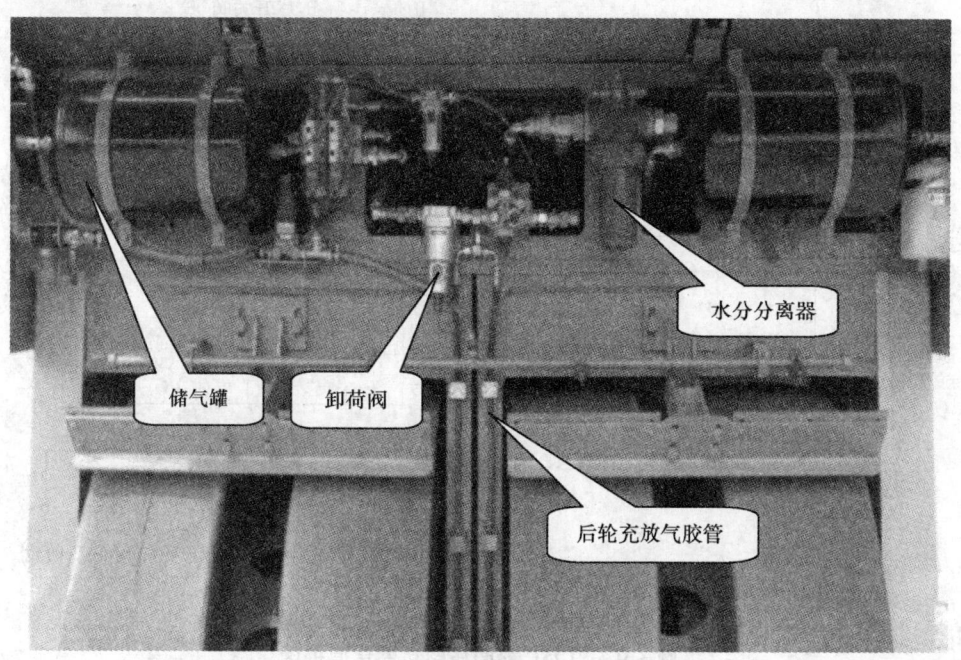

图3-8　YL25C轮胎压路机集中充气系统主要元件（车架后部）

⑦ 手动阀。手动阀装在驾驶室内，驾驶员可以操作手柄对前、后充气轮胎进行充、放气的控制。

⑧ 开关阀。每组轮胎充放气管路上均有一个手动开关阀控制其开闭。在设备转场或长期停放时可将开关阀锁死，确保轮胎气压在较长时间内不泄漏。

⑨ 气压表。系统装有两个气压表，布置在驾驶室内操纵面板上。一个可以实时监测储气罐内气体压力，另一个实时监测轮胎的充气压力。

集中充气系统的气动回路主要元器件置于车架尾部，后覆盖件可利用气弹簧助力开启。当后覆盖件开启后，主要元器件均可看到，便于维修。

(3) YL25C轮胎压路机集中充气系统原理。

YL25C轮胎压路机集中充气系统原理如图3-9所示。集中充气系统由气泵、安全阀、气水分离过滤器、压力控制阀、手动控制阀、压力表、胶管、旋转接头等组成，气泵的气压调节为720 kPa，压力达到要求时，气压推开其内离合器，气泵空转。压力表安装在面板上，可随时直观地调节充气气压的大小。前、后轮胎的气路相互连通，气压一致，并且可根据路面的变化进行自适应调整，气泵输出的高压气体经水分分离器除去大部分水分，进入卸荷阀调压和过滤杂质。再依次进入两个储气罐，如果进入储气罐气体压力高于气泵控制阀设定压力，就打开气泵控制管路，气压推开气泵内控制阀，使气泵空转，停止向系统供气。储气罐储存高压气体，起到蓄能和缓和系统压力波动、稳定系统压力的作用，同时还可以降低气体温度和水分。此外，储气罐上还装有安全阀，防止气压过高。通过手动阀，旋转接头和手动开关阀向每一组轮胎供气；通过操纵手动阀手柄，可以给轮胎充气或者放气，系统充气压力和储气罐压力可以通过仪表盘上的气压表实时监测。

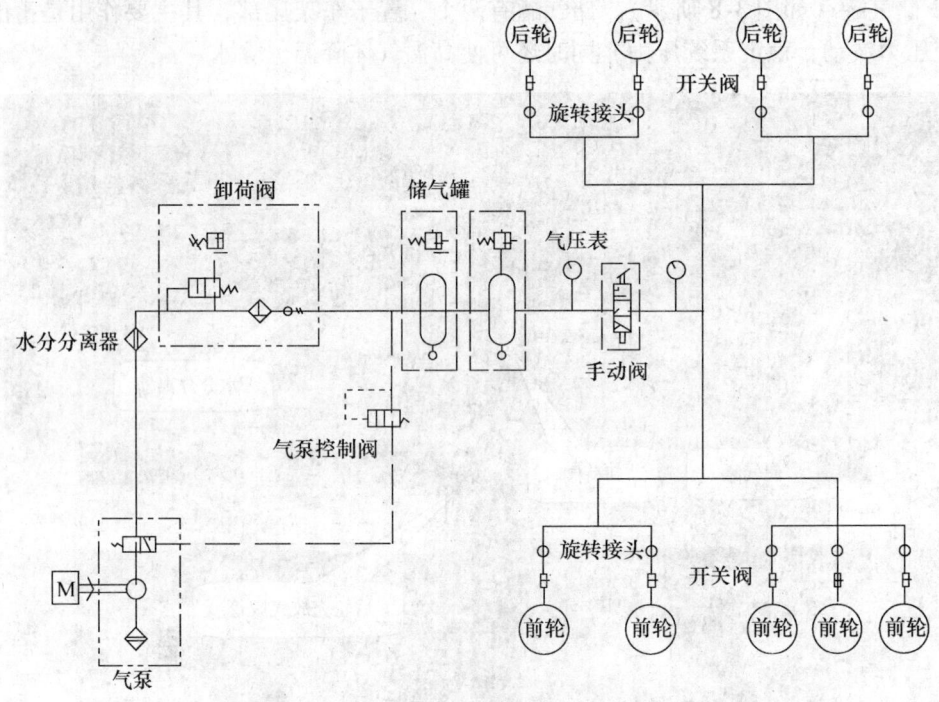

图3-9　YL25C轮胎压路机充气原理图

首先将手动阀处于放气位置，当气压≤0.3 MPa时，再将手动阀处于充气位置，如果气压表显示0.8 MPa而不再上升，这时卸荷阀也处于不卸荷（不放气）状态，即卸荷阀的卸荷压力高于显示压力，表明此时卸荷阀的开启压力为0.8 MPa。如果将卸荷阀的开启压力调节到0.7～0.72 MPa，则应将调压阀上的T形盖打开，用起子试着将螺杆向上旋，然后再放气一再充气，当气压表显示0.7～0.72 MPa，说明调压阀的开启压力调节到了0.7～0.72 MPa，即达到了调整要求。

二、轮胎压路机的传动系统

YL25C型轮胎压路机采用后轮驱动，前轮转向，传动系统采用闭式回路、全液压驱动，转向系统采用单油缸全液压转向。YL25C轮胎压路机液压系统传动路线示意图如图3-10所示。

YL25C型压路机液压行走系统主要由斜盘式轴向柱塞泵与两个斜轴式轴向柱塞行走马达9组成并联的闭式回路，系统工作压力为39.5 MPa。行走驱动泵由柴油机驱动，它将发动机的动力转换为液动力输出，驱动后轮液压马达，达到驱动压路机的目的。转向齿轮泵串联在行走驱动泵上，压力油经优先阀、转向器供给单个转向油缸实现左右转向。如图3-11所示为YL25C轮胎压路机行走液压系统原理图。

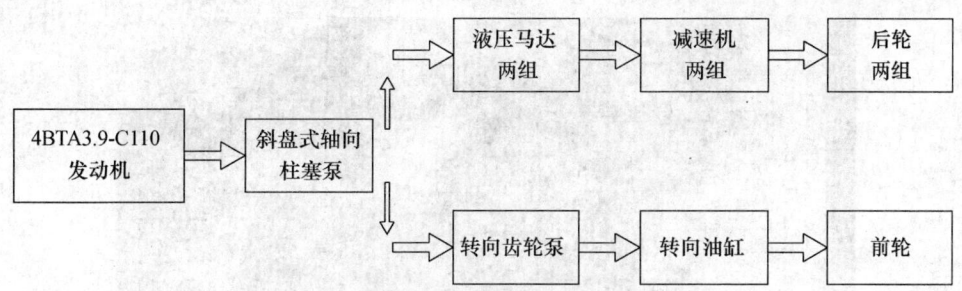

图 3-10 YL25C 轮胎压路机液压系统传动路线

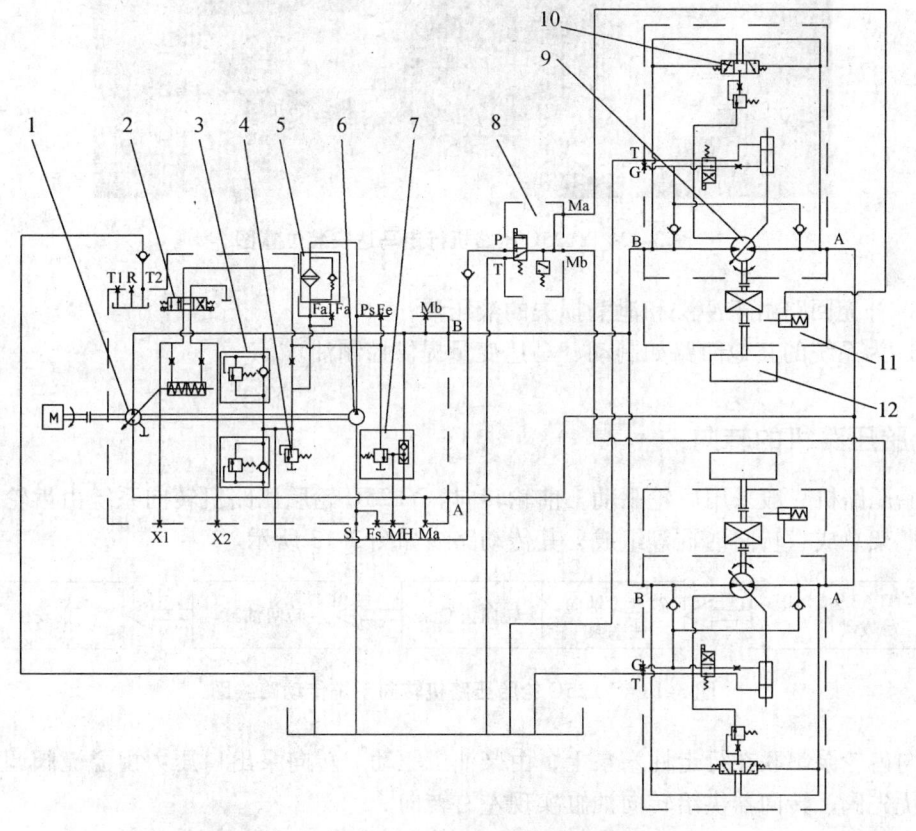

图 3-11 YL25C 轮胎压路机行走液压系统原理图
1—行走驱动泵；2—电比例伺服阀；3—多功能阀；4—补油溢流阀；5—过滤器；6—补油泵；
7—压力切断阀；8—控制阀；9—行走马达；10—冲洗阀；11—减速机；12—后轮组

行走驱动泵、转向泵连成一体，由发动机曲轴输出端通过弹性联轴器直接驱动。后轮驱动装置中有 4 个光面轮胎，分为两组，左右两个各为一组，采用行走马达 9 驱动减速机 11，减速机直接驱动后轮组 12。行走驱动泵、行走马达以及减速机均为德国力士乐原装进口。行走马达安装位置如图 3-12 所示。

为保证闭式回路的正常工作，系统还集成了多功能阀（高压溢流阀、单向补油阀）、压力切断阀、补油溢流阀和冲洗阀，以上所述阀的功能与 YZ18 型振动压路机行走液压系统类似，此处不再重复。

在闭式回路中，补油泵 6 起着非常重要的作用：

(1) 为主泵的变量机构提供控制油；

图 3-12　YL25C 压路机行走马达安装位置图

(2) 补充回路由于冲洗和泄漏损失的液压油；

(3) 为系统的其他回路如制动、马达变量提供控制油。

三、轮胎压路机的转向

轮胎压路机一般采用后轮驱动，前轮转向。YL25C 轮胎压路机转向系统由齿轮泵、前轮、摇摆架总成、转向油缸等组成，其传动路线如图 3-13 所示。

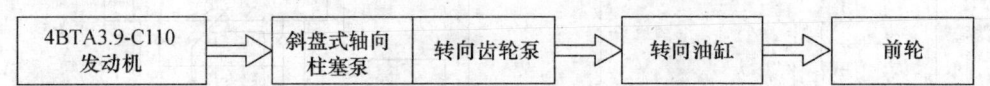

图 3-13　YL25C 轮胎压路机转向系统传动路线图

转向齿轮泵串联在行走柱塞泵上，由柴油机驱动。转向泵出口压力由溢流阀调定，压力油经优先阀、转向器供给转向油缸实现左右转向。

轮胎压路机进行压实作业时，每个轮胎的气压不会完全一致，压路机为了适应凸凹不平的道路，提高压实质量，因此采用了浮动结构，也就是所谓的悬挂装置。悬挂装置有两种，一种是机械摇摆式，一种是液压浮动式。

1. 机械摇摆式前轮悬挂装置

YL25C 前轮悬挂装置采用机械摇摆式铰接结构，结构如图 3-14 所示。

前轮总成由 5 个可跟转的前轮胎 7、摆架 1 和转向油缸 2 组成，由回转支承与车架相连，通过固定在车架上的单个转向油缸转向，转向角度为 ±30°。左、右两侧每对轮胎均可以绕其前轮摆动销 6 摆动，同时摆架可以绕其摆动销 5 摆动（摆动销 5 安装如图 3-15 所示），这样轮胎可随路面的不平左右摆动，距离为 ±45 mm，因此轮胎可随铺层的高低不平随时进行调节，即使在不平的铺筑层上也能保证机架的水平和负荷均匀，从而有效地避免对铺层压实的过压及虚压现象。摇摆式前轮铰接三点支承结构简图以及在不同工作状态如图 3-16 所示。

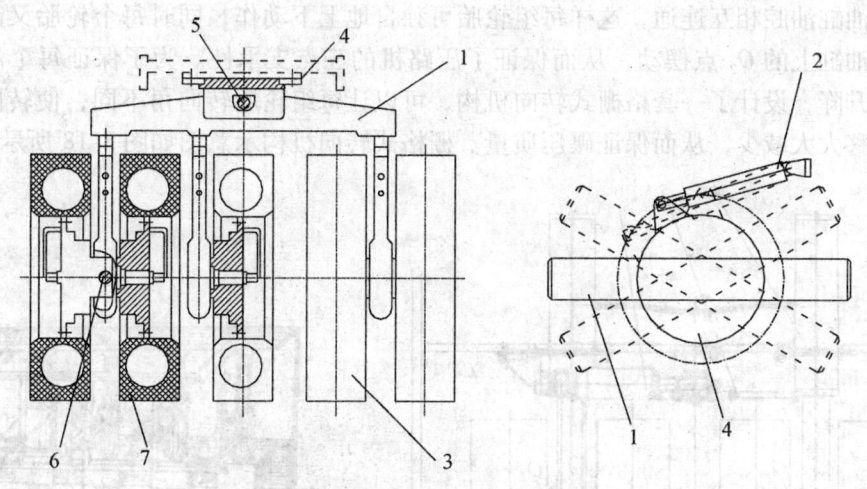

图 3-14 YL25C 前轮总成图

1—前轮摆架；2—转向油缸；3—轮胎；4—回转支承；5—摆架摆动销；6—前轮摆动销；7—前轮胎

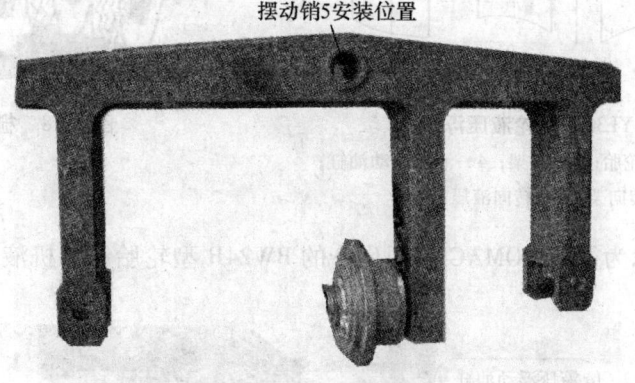

图 3-15 摆动销安装位置示意图

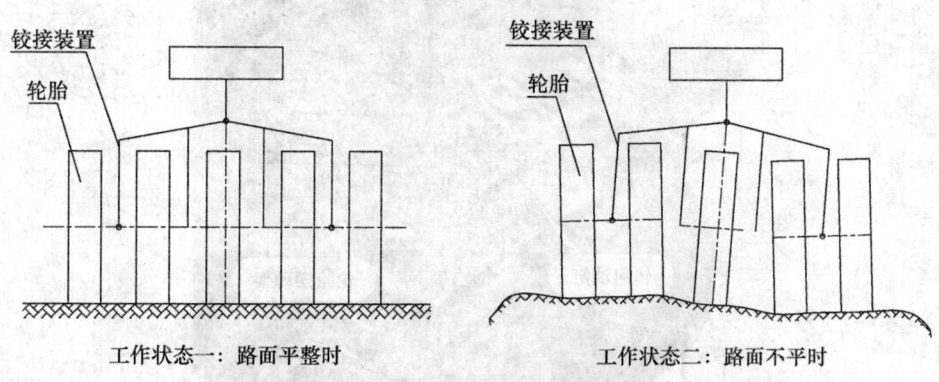

图 3-16 机械摇摆式前轮铰接及工作状态

2. 液压浮动式前轮悬挂装置

三一重工生产的 YL30A 型轮胎压路机以及德国 BOMAG 公司生产的 BW24R 型轮胎压路机等机型的前轮悬挂装置均采用了液压浮动式轮胎悬挂装置。如图 3-17 所示为 YL30A 前轮液压浮动结构示意图。其中每两个轮胎为一组，由一个液压浮动油缸 4 支承，液压浮动油缸油腔相互连通，这样每组轮胎可独自地上下动作，同时每个轮胎又能各自绕液压浮动油缸上的 O_2 点摆动，从而保证了压路机的三点支承性。为了保证每个液压缸能独立自由升降，设计了一套栅格式转向机构，可以让每组轮胎转向角不同，使转向时轮胎的侧向滑移大大减少，从而保证碾压质量。栅格式转向机构示意图如图 3-18 所示。

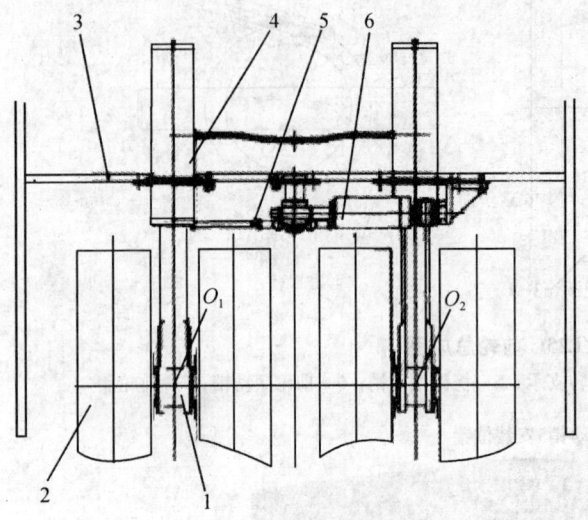

图 3-17 YL30A 前轮液压浮动
1—轮胎摆动架；2—轮胎；3—车架；4—液压浮动油缸；
5—栅格转向架；6—转向液压缸

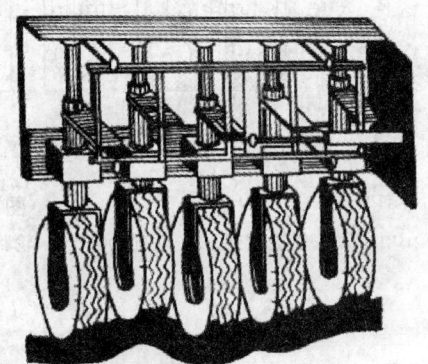

图 3-18 栅格式转向机构

如图 3-19 所示为德国 BOMAG 公司生产的 BW24R 型轮胎压路机液压浮动式轮胎悬挂装置结构图。

图 3-19 BOMAG BW24R 型压路机浮动轮胎悬挂装置

3. YL25C 压路机转向系统原理

如图 3-20 所示为 YL25C 压路机转向液压系统原理图。YL25C 压路机转向液压系统转向齿轮泵串联在行走柱塞泵上，由柴油机驱动。转向泵出口压力由溢流阀调定，压力油经优先阀、转向器供给固定在车架上的单个转向油缸实现左右转向。

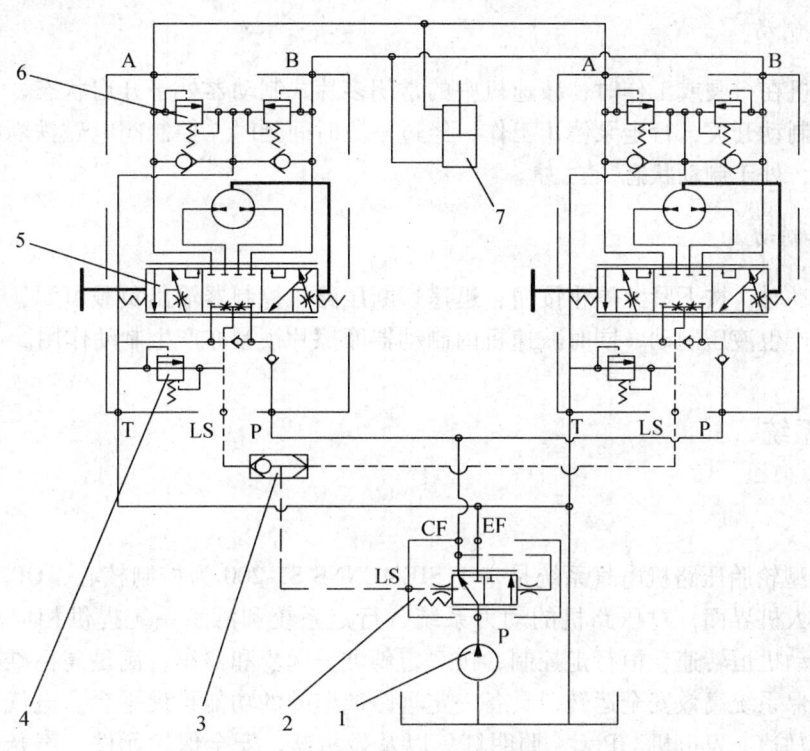

图 3-20 YL25C 压路机转向液压系统图

1—齿轮泵；2—优先阀；3—梭阀；4—过载溢流阀；5—转向器主体；6—双向缓冲溢流阀；7—转向油缸

YL25C 型轮胎压路机的转向液压系统是由转向齿轮泵、全液压转向器、转向油缸、梭阀、优先阀等组成的开式回路，系统最大工作压力为 14 MPa。YL25C 型轮胎压路机采用双操作系统，因此在该机型转向回路中有两套相同的转向回路并联。转向系统中两个转向器均为闭心无反馈式，闭心（即停止转向时）齿轮泵输出的液压油不能直接流回油箱，此时优先阀 2 处于右位，齿轮泵泄荷；当转向时，优先阀 LS 口的压力油推动优先阀阀芯，齿轮泵输出的液压油经优先阀至全液压转向器，通过转向器内计量马达的计量和分配进入转向油缸 7，并推动前轮摆架回转，实现转向。

YL25C 轮胎压路机液压系统与 YZ18C 型振动压路机液压系统类似，其运用维护以及异常现象分析与故障诊断请参考本章振动压路机部分相关内容。

四、制动系统

为了确保轮胎压路机的工作和行驶安全，YL25C 型压路机制动系统采用行驶制动、停车制动和紧急制动三级制动方式。

1. 行驶制动

行驶制动采用液压制动。液压制动由控制面板上的行驶手柄来实现，手柄推至中位，行走驱动泵的斜盘倾角为零，泵的排量降至零，压路机停止前进，实施行驶制动。

2. 停车制动

当压路机在行驶或工作时，减速机中的常闭多片式制动器处于开启状态，不起制动作用。按下手制动开关，行走泵停止工作，经过一段时间延时，控制阀电磁铁断电，制动器摩擦片锁紧，处于制动状态。

3. 紧急制动

紧急制动时，按下紧急停止按钮，迅速切断压路机控制器输出负载电源，行走泵斜盘立即回零位产生液压制动，同时减速机内制动器摩擦片锁紧亦产生制动作用。

五、电气系统

1. 概述

YL25C型轮胎压路机电气系统是基于SIEMENNS S7-200为控制核心，OP73显示器及报警灯作为人机界面，对压路机的动力系统、行走系统和洒水系统提供相应的控制和保护。实现发动机恒转速、恒行走控制，按一定斜坡值起步和停车，满足高标准路面施工工艺要求，确保系统高效安全运转，具备一定远距离监控的功能扩展平台。电气系统包括蓄电池、启动马达、发电机、PLC、照明灯具以及显示器、安全保护元件、声光报警装置和一个具有自动、手动控制、流量比例可调的洒水装置等。此外，在驾驶室前后均装有空调。系统电压为24 V，负极搭铁，线路采用单线制。启动马达、发电机、直线步进电机及PLC、显示器、照明灯具、各类型传感器和其他电器元件均采用国际知名品牌，整个电气系统的配置达到了国际先进水平，各个元件的匹配都通过精确的计算和耐久实验，系统的可靠性高，寿命长，工作效率高。

2. 驾驶室电气系统

驾驶室电气系统（如图3-21所示）是为提高行车安全性和驾驶员舒适度而设置的辅助电器装置，主要包括前工作灯H1/H2、后工作灯H3/H4、前转向灯H6/H7/H8、后转向灯H9/H10/H11、喇叭B2、刹车灯H12/H13、前窗雨刮器M3及洗涤器M6、后窗雨刮器M7、室内灯H5、前照灯H14/H15与收放机SL及空调A7等。

前、后工作灯分别由仪表板上的翘板开关S1、S2控制，作为照明；转向灯由旋钮开关S21控制，作为转向警示；制动灯、喇叭分别由开关S1-1、S16（S15）控制；室内灯可作为驾驶室内夜间照明。

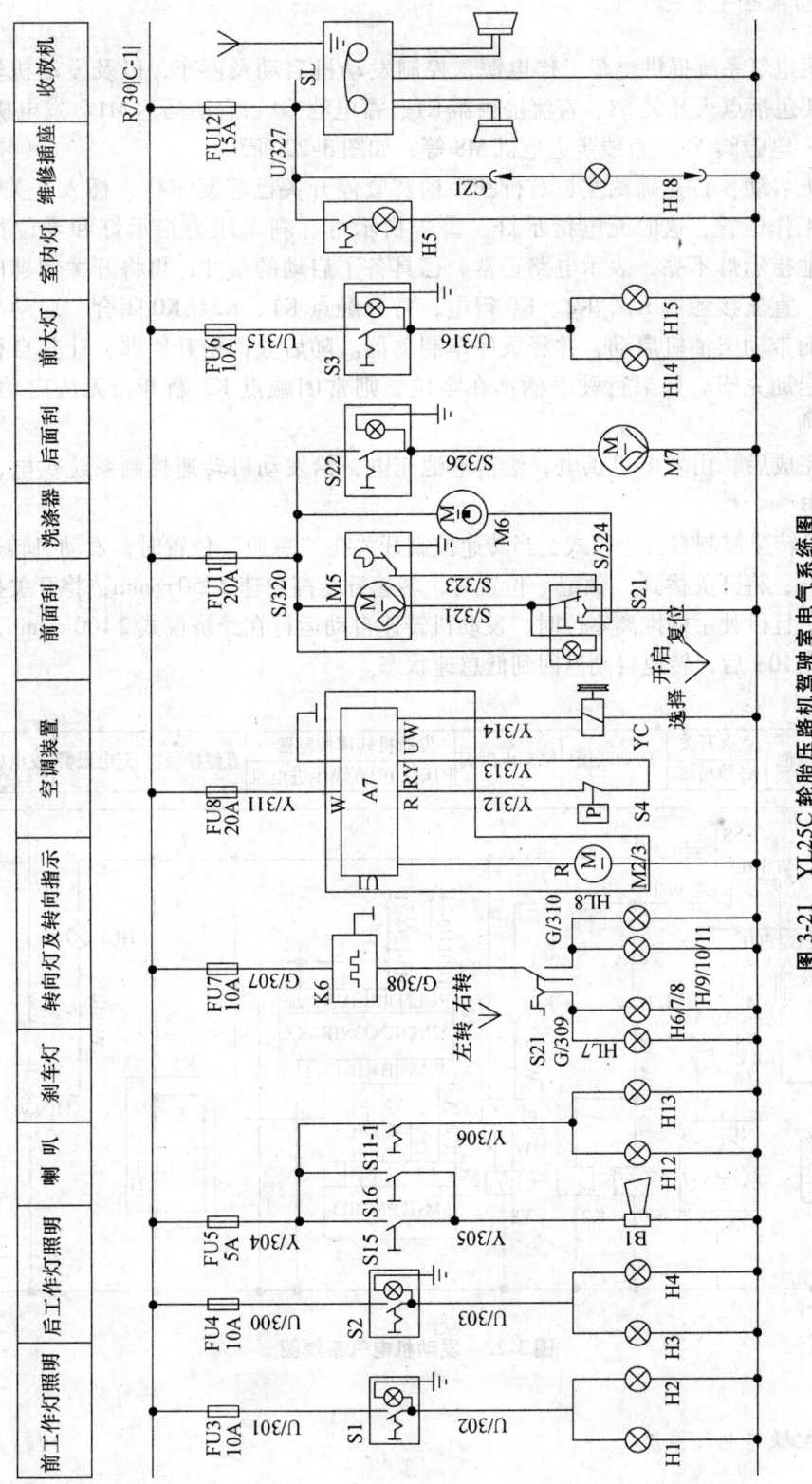

图 3-21 YL25C 轮胎压路机驾驶室电气系统图

3. 发动机电气系统

发动机电气系统提供整车工作电源，控制发动机启动及停车，以及发动机转速的升降。其主要包括点火开关 S8、直流接触器 K1、蓄电池 G1、启动马达 M1、发电机 G2、断油（停车）电磁阀 Y8、直线步进电机 M8 等，如图 3-22 所示。

发动机启动：首先确认左、右行驶手柄及紧停开关已经复零位，插入开关钥匙 S8，向右转至工作位置，这时充电指示灯、警告指示灯、刹车压力指示灯和零位指示灯都亮，而其他指示灯不亮，表示电路正常，已具备了启动的条件；再将开关钥匙向右转至启动位置，直流接触器 K1、K2、K0 得电，常开触点 K1、K2、K0 闭合，启动马达通电转动，从而带动柴油机启动，并释放停车制动器。随后立即松开钥匙，让其自行回至工作位置，启动完毕。如果行驶手柄不在零位，则常闭触点 K3 断开，无法启动柴油机，即启动连锁。

启动完成后，由发电机供电，给蓄电池充电，给发动机转速控制系统供电，给停车制动器供电。

发动机转速控制有三个模式：当转速控制开关在"怠速"位置时，发动机转速为低怠速 950 r/min；将开关拨到"额定"位置时，转速升至高怠速 2 350 r/min；将开关拨到"自动"位置，且行驶手柄推离零位时，发动机转速自动运行在经济模式 2 100 r/min，在行驶手柄回零位 10 s 后，转速自动返回到低怠速状态。

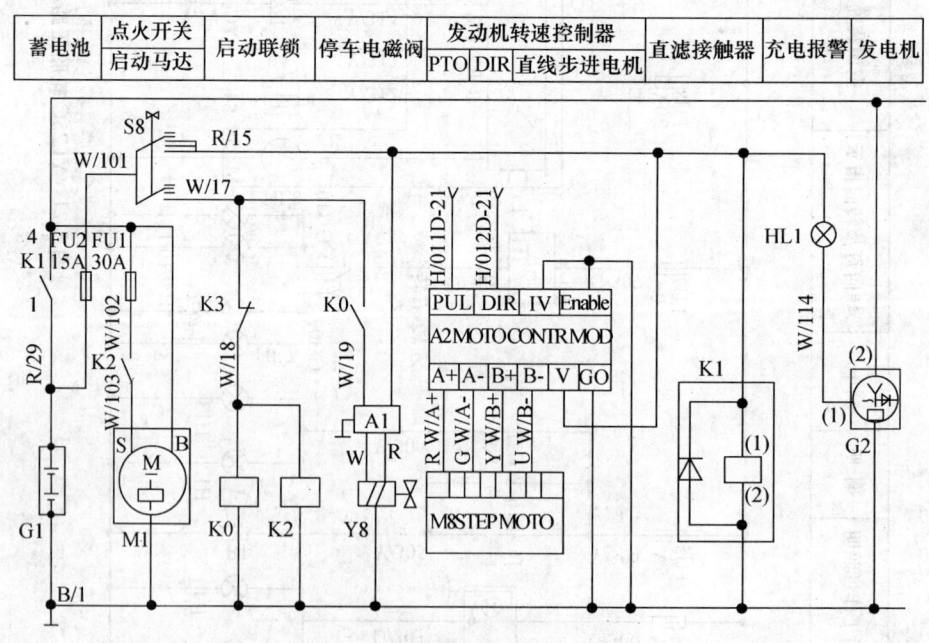

图 3-22 发动机电气系统图

4. 监控操作电气系统

监控操作电气系统实时显示发动机转速、累计工作时间、冷却液温度、行驶速度及燃油液位等参数值，并对行驶手柄零位、补油压力、机油压力、冷却液温度、空滤压力、洒水水箱液位等状态提供指示或报警，提供实现各种动作或命令的人机接口。此系统主要包括 OP73 文本显示器、零位指示灯 HL2、充电故障指示灯 HL1、综合报警指示灯 HL3、刹车压力报警指示灯 HL4 及左右电控行驶手柄、不同主令开关等。

OP73 显示器可以实时显示发动机转速、累计工作时间、冷却液温度、燃油液位及行驶速度等参数值，进行时钟设置及显示，行驶速度闭环、开关选择，洒水控制的连续与间歇切换选择，以及提供空滤堵塞、机油压力低、冷却液温度高、水箱缺水及刹车压力低等位图报警显示。充电故障指示灯 HL1 作充电故障报警，兼给发电机提供初始励磁电流。在出现空滤堵塞、机油压力低、冷却液温度过高、水箱缺水报警时，综合报警指示灯 HL3 则以 1 Hz 频率闪烁，而在系统刹车压力低报警时，则 HL4 亮。

文本显示器（如图 3-23 所示）的操作方法如下。

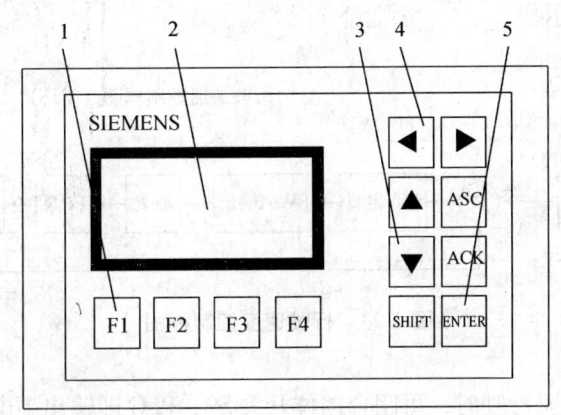

图 3-23　文本显示器
1—功能键；2—液晶显示屏；3—上下翻页；4—左右选择键；5—确认回车键

将钥匙开关扭到"1"位，接通主机电源，此时文本显示器背景灯亮，并进行系统初始化，表示已启动，约 5 s 后可以看到闪烁的开机画面"三一重工..改变品质"，再过 5 s 后，进入语言选择画面。"F1 中文 CN"及"F3 英文 EN"，按对应的功能键确认，如果忽略，则自动跳过，默认前次操作。然后进入系统主画面：F1——操作说明，F2——实时参数，F3——功能设置。

在发动机启动 3 s 后，文本显示器将自动由主画面切换到"实时参数"画面，进入监视状态，即实时显示工作小时计、行走速度、发动机转速，燃油液位、冷却液温度等参数，按向上箭头返回，向下箭头进入报警画面查询。

当出现报警信息，如空滤堵塞、冷却液温度过高、机油压力过低以及洒水水箱缺水等，则文本显示器将立即由当前画面切换到"报警指示"画面，相关报警图形以及仪表板的报警指示灯闪烁。

可以在主画面状态下按一下"ENTER"按钮，进入时钟编辑，按左右箭头键，选定需要编辑的时钟，按上下箭头键进行编辑，编辑完成后，同时按"ENTER"及"F4"键进行确认（时钟旁的字母"T"会变成"S"），使更改有效。

5. 行走电气系统

行走电气系统控制压路机行走调速、马达挡位、制动,并通过速度传感器将检测的速度信号输送给控制器,主要包括换挡阀 Y3/Y4,制动释放阀 Y1,电控行驶泵流量控制阀 Y5a/Y5b 共 5 个电磁阀,压力继电器 S8 及霍尔型转速传感器 SR5 等。

当发动机启动且转速高于 1 000 r/min 时,将行驶手柄推离零位,并将行驶手柄中的电位器所输入的信号作为系统的给定值输入 PLC,手柄偏离零位的角度越大,则给定值就越大;由行走马达上的测速传感器所输入的信号作为系统的反馈值送入 PLC,两个信号一同送入 PID 调节器,经过计算限幅后输出一个 PWM 调节值,经过放大后驱动行走泵比例电磁阀,通过液压系统和相应的液压行走马达拖动压路机跟随速度设定值以恒定的速度行驶,调速范围为 0～120 m/min,行驶手柄的操作方向则直接控制车辆行驶方向,行驶速度控制框如图 3-24 所示。

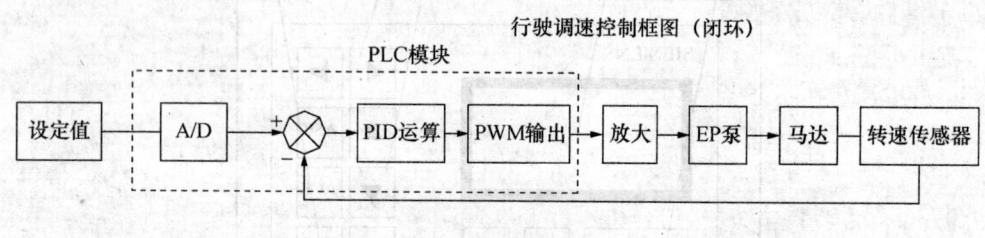

图 3-24　行驶速度控制框图

在机器转场需要快速行驶时,可闭合挡位开关 S9,PLC 即输出高电平,经继电器后驱动电磁阀 Y3/Y4,使左、右行走马达排量减小,转速增加,行驶速度可达 0～270 m/min。

如果速度传感器损坏或其他线路故障导致 PLC 无法检测到速度信号,则行走速度将会失控,在紧急情况下,应通过显示器功能设置菜单将速度控制由"闭环"改为"开环",此时车辆行驶平稳性稍差,且起步时发动机易掉速,待故障排除后应马上重设为"闭环"。

为方便驾驶员左右两边操作,YL25C 轮胎压路机设计有双行驶手柄,可以操作任意一个手柄进行调速控制。当然,为了操作安全,当一个手柄处于工作位置(非零位)时,另外一个手柄操作无效。

(1) 行驶制动:将行驶手柄从行驶位推至零位,由 PLC 控制行驶泵流量按一定斜坡降至零,即实施制动过程(静压制动),10 s 后自动抱闸,以免停留在坡道上出现滑坡。

(2) 停车制动:按下手动制动开关 S11 后,行驶泵停止工作,经过一定延时,电磁阀 Y1 断电,减速机抱闸,即实施可靠制动,减少冲击。

(3) 紧急制动:在机器出现意外情况时,可按下红色紧停开关 S5/S6,迅速切断 PLC 输出负载电源,并紧急抱闸,避免人身伤亡或机器损坏的故障。

6. 洒水电气系统

洒水电气系统可控制压路机自动或手动洒水,手动比例调节洒水流量,检测水箱是否缺水等，主要包括直流调压器 A3、停水电磁阀 Y2、水泵 M4、液位开关 S7 及为 PLC 提供经滤波稳压的直流电源（如图 3-25 所示）。将洒水控制开关 S13 拨到"手动"，直流调压器 A3 得电工作，输出 PWM 电流信号驱动水泵 M4；将开关 S13 拨到"自动"，在行驶操作手柄推离零位后，PLC 输出低电平，继电器 K4 复位，直流调压器 A3 得电工作即自动喷水；行驶操作手柄回零位，则 K4 得电、A3 断电，洒水停止；调节电位器 RP1 旋钮，即可无级调节洒水流量，以满足不同施工工艺要求。特殊要求下，还可以通过显示器中功能设置菜单选择"间歇洒水"，水泵即进入间歇工作模式，这样不但充分保证喷水的雾化效果，而且大大降低了耗水量。

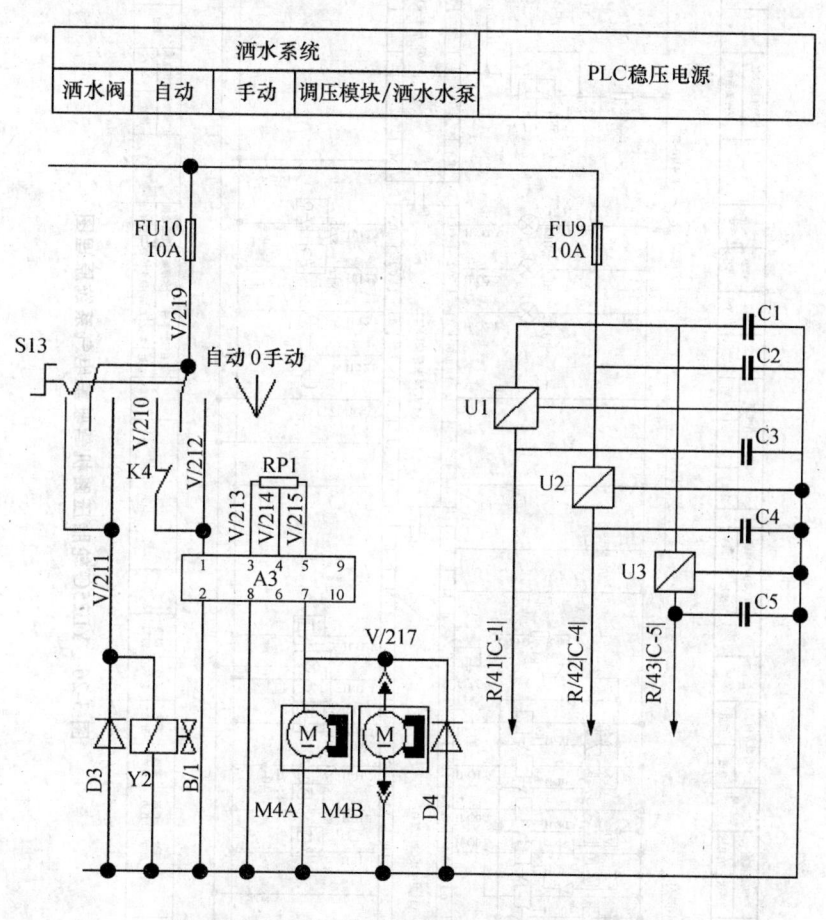

图 3-25　YL25C 轮胎压路机洒水控制电气系统

7. 电气控制技术分析

YL25C 型轮胎压路机电气系统组成如图 3-26 所示，其主要特点是基于 SIEMENNS S7-200 为核心，OP73 文本显示器及报警灯作为人机界面，操作简单，自动化程度高，即通过行驶手柄可以同时控制发动机油门、行走及洒水。电气控制技术分析参见表 3-2。

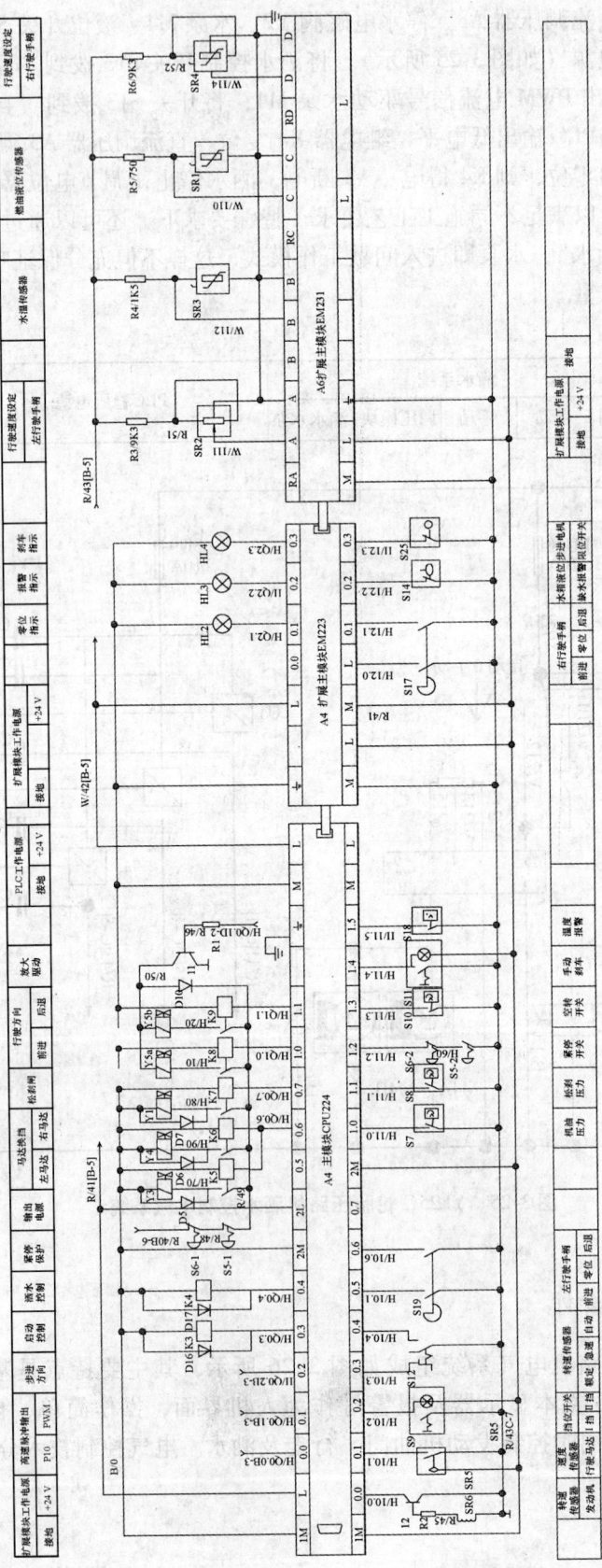

图 3-26 YL25C 轮胎压路机驾驶室电气系统原理图

表 3-2　电气控制技术分析

项目	详细内容	备注
动力系统	（1）进口原装启动马达、发电机 （2）电控通油断油，电控发动机转速，恒转速控制 （3）中位启动联锁、启动延时保护 （4）发动机机油压力、冷却水温度检测及报警 （5）进口免维护蓄电池，寿命长，电力充沛	高效安全；降低劳动强度，节能
操作系统	（1）文本显示器集成显示，采用西门子 OP73 显示器，有位图报警功能 （2）带机械锁防起机后重复启动的进口钥匙开关 （3）左右双操作装置，如行驶手柄、紧停及喇叭开关	操作界面友好，防护等级高，满足恶劣环境要求
行走系统	（1）设有工作制动、行车制动、紧急制动 3 种制动形式 （2）行驶手柄与洒水及发动机转速联动控制 （3）电比例 EP 行驶泵，恒速行走，开环、闭环可切换选择 （4）行驶马达两点开关量控制	高效安全，运行平稳舒适，满足高质量作业和高速转场要求
洒水系统	（1）压力喷水，流量无级可调 （2）手动、自动控制 （3）连续、间歇洒水两种模式 （4）前后水箱安装有液位开关，安装简单，性能可靠	多模式洒水控制方式，节水达 50%

六、轮胎压路机的刮泥装置

1. 结构与原理

刮泥装置用以保证各种压实（基础、路面）的质量和压路机底盘的清洁。轮胎压路机的刮泥装置有弹性（前轮，如图 3-27 所示）和刚性（后轮，如图 3-28 所示）两种形式。弹性结构主要由刮泥板、转臂、转臂连扳调整座、支承轴或长螺栓、轴座、吊耳、吊钩、左右弹簧等组成。支承轴或长螺栓通过轴座或支架与底盘大梁或方框连接。左右弹簧、转臂等零件装在支承轴或长螺栓上，刮泥板装在转臂上，通过转臂连接板调整，使其与碾压轮表面紧贴或保持一定的间隙。它主要用于静压的前后轮和轮胎压路机前轮的刮泥装置。

刚性刮泥装置主要由刮泥板、刮泥板支架、固定架等组成。刮泥板固定在刮泥板支架或方框上（如图 3-28 所示），它主要用于振动压路机和轮胎压路机后轮的刮泥工作。

图 3-27　前轮刮泥装置

刮泥装置需要根据工作情况进行调整,这是压路机使用过程中的正常操作工作。

图 3-28　后轮刮泥装置

2. 使用与调整

(1) 弹性刮泥装置的调整（如图 3-29 所示）：松开调整螺钉的锁紧螺母,拧动调整螺钉,顺时针转动时,刮泥板与碾压轮表面分离,此时用于行走或压实碎石路基等,以减少碾压轮表面摩擦阻力；逆时针旋转时,刮泥板与碾压轮表面贴近,此时用于压实路基、沥青混凝土面料和水泥混凝土面料。调整方法是：首先将刮泥板调到与碾压轮接触,然后将调整螺钉回调一圈,使刮泥板与碾压轮既能贴紧又不至于产生过大的摩擦阻力,局部间隙可小于 1.5 mm,然后将锁紧螺母拧紧。

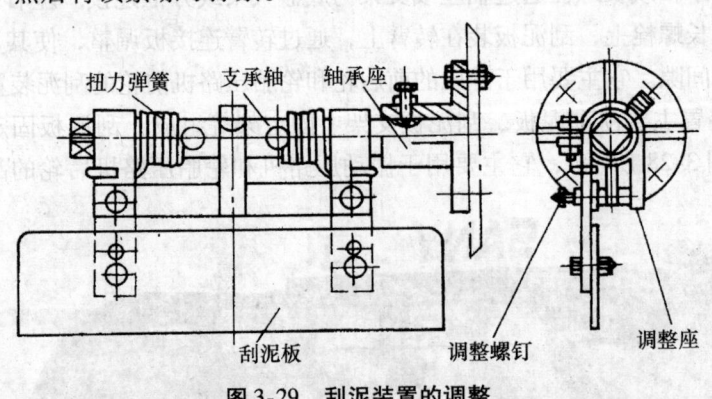

图 3-29　刮泥装置的调整

(2) 刚性刮泥装置的调整（如图 3-30 所示）：振动式压路机在振动或行走时刮泥板与碾压轮表面保持 10 mm 左右间隙。静压时可松开固定架螺栓,调整刮泥板使间隙适当减小（该间隙不得用于振动操作,以免加大刮泥板与碾压轮内部零件的损伤）。轮胎压路机刮泥板只需要调整刮泥板固定螺栓,使刮泥板与碾压轮表面贴合后,紧固螺栓。不工作时,应将刮泥板与碾压轮表面离开。

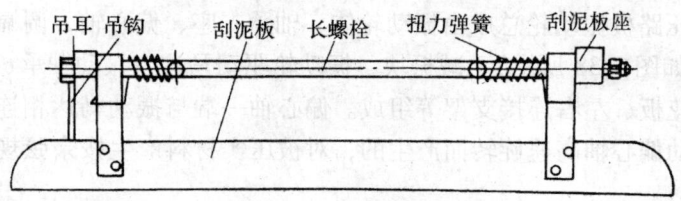

图 3-30　刚性刮泥装置

第二节　YZ18C 压路机典型部件的结构与原理

一、工作装置结构与原理

YZ18C 振动压路机（如图 3-31 所示）采用全液压驱动，前轮为碾压轮兼行走，后轮为行走驱动轮胎。碾压轮的结构如图 3-32 所示。

图 3-31　YZ18C 压路机总体结构

发动机驱动三联泵（如图 3-33 所示），其中行走泵驱动后桥行走马达以及碾压轮驱动马达，使机械行走；振动泵驱动振动马达，振动轴的偏心质量在马达的高速驱动下产生离心力，从而使振动轮振动，转向泵为转向系统供油和主泵提供变量油等。行走轮胎驱动桥如图 3-34 所示，振动轴结构形式如图 3-35 所示，液压元件组装图如图 3-36 所示。

图 3-32　YZ18C 压路机碾压轮结构

图 3-33　YZC12 压路机三联泵（行走、振动、转向等）

YZ18C振动压路机振动轮总成由振动轮体、轴承支座、偏心轴、调幅装置（结构如图3-37所示，原理如图3-38所示）、减振块、振动轮驱动马达、振动轴承、振动马达、十字轴、轴承座、梅花板、左右连接支架等组成。偏心轴一端与振动马达相连，机械的振动是通过振动马达带动偏心轴高速旋转而产生的，对被压实材料产生按余弦规律交变的激振力（如图3-39所示）。

图 3-34 行走轮胎驱动桥

图 3-35 振动轴结构形式

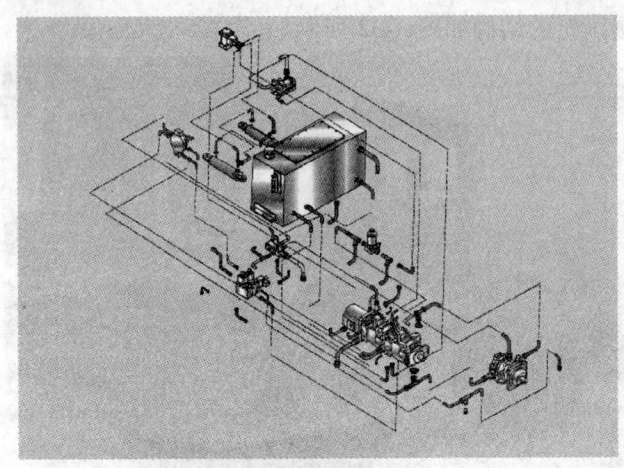

图 3-36 液压元件组装图

调幅装置外壳　　固定偏心块　　活动偏心块　　调幅装置

图 3-37 调幅装置组成

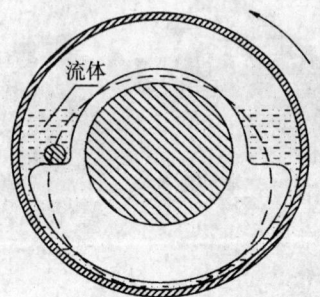

图 3-38 调幅装置原理图

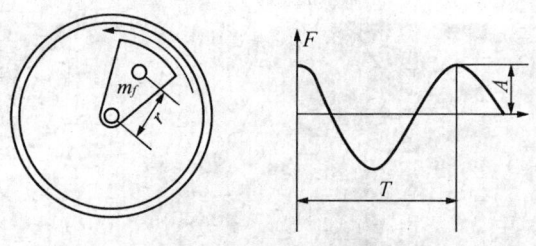

图 3-39　激振力变化规律图

YZ18C 型压路机的调幅装置封闭腔内有硅油、活动偏心块、固定偏心块、挡销。固定偏心块的偏心质量与偏心轴的偏心质量重合。当液压马达驱动振动轴逆时针方向转动时，偏心块、偏心振动轴的偏心质量和硅油叠加在同一方向，此时偏心质量最大，偏心矩最大，产生的激振力最大；当液压马达驱动振动轴顺时针方向转动时，偏心块的偏心质量与偏心振动轴的偏心质量和硅油布置在振动轴的相反方向，此时偏心质量最小，偏心矩最小，产生的激振力最小。硅油可流动且密度大，可随振动马达旋转方向的变化而改变硅油和活动偏心块在调幅装置内的相对位置，从而达到调整振动轴的偏心质量和偏心矩的目的。硅油价格低廉，黏度大，具有良好的阻尼吸振作用，能够衰减因偏心块旋转方向改变而引起的惯性冲击和振动，从而减轻了冲击载荷。另外，硅油的用量加减很方便，可以更好地优化振幅的大小。

振动轴承是振动轮上最关键的部件。因为振动轴承要承受振动轴振动时产生的较大的不定向激振力的作用，发热量大，易烧坏。为了延长轴承的使用寿命，在轴承的匹配和设计上，三一重工进行精心设计和选择。轴承采用瑞典 SKF（或 FAG）轴承，轴承的装配使用专门的夹具，轴承的冷却采用获得专利的袋鼠式油道强制润滑机构（如图 3-40 所示），并在轴承外加装散热器（如图 3-41 所示），保证轴承得到充分的润滑和冷却，从而延长轴承的使用寿命。

图 3-40　振动轴承及导热油孔

图3-41 轴承散热器的安装

二、传动系统

YZ18C压路机采用全液压驱动,即行走、振动和转向均采用液压驱动。

1. 行驶系统

行驶液压系统采用斜盘式轴向柱塞泵加两个斜轴式柱塞马达并联组成的闭式回路,为了保证闭式回路的正常工作,系统还集成了多功能阀(高压溢流阀、单向补油阀)、压力切断阀、补油溢流阀和冲洗阀。

(1)多功能阀:包括高压溢流阀和单向补油阀。高压溢流阀的功能是当系统油路压力高于该溢流阀的设定压力时溢流,以保护系统中的元件。高压溢流阀的设定压力为40 MPa。单向补油阀的功能是向系统低压侧补油,以弥补因冲洗阀的冲洗放出的液压油和系统泄漏损失的液压油,避免泵吸空,产生负压。

(2)压力切断阀:当高压溢流阀即将动作时,压力切断阀将使改变排量的伺服油缸朝向减小排量方向移动,避免高压溢流阀长时间溢流而导致油温升高。压力切断阀的设定压力为38 MPa。

(3)补油溢流阀:维持系统的补油压力,补油溢流阀的设定压力为2.4 MPa。

(4)冲洗阀:将主油路低压侧的部分液压油流入油箱,进行冷却和过滤,然后由单向补油阀补回油路,和单向补油阀一起维持主油路液压油的交换。压路机工作时,通过改变驱动泵手动伺服手柄的角度来控制泵斜盘的摆角,改变泵的输出流量的方向,以改变压路机的行驶速度和方向;变量柱塞马达通过外加的控制阀来控制斜轴摆角,使马达在最小排量和最大排量之间切换,使压路机具有两挡无级可调的行驶速度以适应行驶、压实等不同工作状况的要求。

2. 制动系统

为了确保 YZ18C 压路机的工作和行车安全，设有工作、行驶、停车和紧急 4 种制动方式。

（1）工作制动。工作制动是压实过程中，在压路机进行前进、倒退转换时停车使用的，要求制动过程平稳，以避免对地面产生破坏。操作过程是将手动换向阀 S5 置中位，使泵的斜盘倾角为零，压路机在惯性力和摩擦阻力作用下缓慢停下，此时安装在前驱动减速器和后桥上液动控制的常闭多片式制动器处于常开状态，不起制动作用。

（2）行驶制动。行驶制动采用液压制动，由控制行驶操作手柄来实现。行驶操作手柄由工作位置回到中位时，行驶泵给行驶马达的流量逐渐减少至零，行驶马达停止工作，压路机停止行驶。

行驶制动的减速度由操作手柄回中位的时间来控制，制动平稳，对路面冲击小，常在压路机作业换向时使用。

（3）停车制动。行星减速器中有常闭湿式停车制动器，压路机工作时通过松刹系统的液压油来释放，行驶手柄由工作装置回中位并稍稍延时，或直接操纵停车按钮后，松刹系统卸荷，前、后减速机内的盘式制动器制动，确保了压路机可靠制动，提高了压路机的安全性能。

（4）紧急制动。任何情况按下紧急制动按钮后，行驶油泵的斜盘立即回零位，即产生液压制动，同时松刹系统卸荷，前、后减速机制动。

3. 振动液压系统

YZ18C 压路机的振动液压系统是由斜盘式轴向柱塞泵和斜盘式轴向柱塞马达串联组成的闭式回路，系统中集成的功能阀块及其功能和液压驱动系统类似，在此不再重复叙述。

系统工作时通过操纵振动泵的伺服电磁阀，可以使振动泵的斜盘具有两种不同的摆角，从而使振动泵输出不同方向和流量的液压油，使振动马达产生不同的旋向和转速，带动振动轮实现两种不同频率、振幅的振动，调节振动泵伺服油缸上的排量限制螺钉可调节泵的输出流量，从而调节振动轮的振动频率。

4. 转向系统

YZ18C 压路机的液压转向系统是一种液压开式回路，由转向齿轮泵、全液压转向器、转向油缸等组成，系统最大工作压力为 16 MPa。

转向系统工作时，齿轮泵输出的液压油经优先阀至全液压转向器，通过转向器的计量和分配进入转向油缸推动铰接架实现转向。不转向时，转向器 LS 口的压力油推动优先阀的阀芯，系统进入蟹行预备状态，如蟹行阀不动作，液压油将经过 H 形中位机能的电磁换向阀直接进入液压油箱，实现系统卸荷。

三、转向系统结构与原理

1. 转向机构

压路机的转向方式有整体机架偏转转向和铰接转向两种。YZ18C 型压路机为铰接式转向，如图 3-42（a）所示，铰接转向机构的前、后两部分通过竖向的铰接销连接，而前、后轮与车架是固定连接，通过前、后车架折腰实现转向，前、后车架摆角为±15°。为了实现这种偏转动作保持前、后碾压轮的相对摇摆，在两个车架之间加设了一个连接架，如图3-42（b）所示，连接架上通过纵向铰销与前车架相连，通过竖向销与后车架相连，转向油缸一端铰接在连接架上，一端铰接在后车架上，当转向油缸反向动作时，前后车架发生相对偏转，实现转向。

图3-42 YZ18C压路机转向装置

2. 液压转向系统的组成

YZ18C压路机采用全液压转向系统（如图3-43所示），轻便、灵活、转向力矩大。该系统主要由转向油缸、双向缓冲溢流阀、单向阀、液压转向器主体、过载溢流阀、齿轮泵和压力油管等组成。液压转向系统安装在后车架上，通过转向油缸的伸缩控制整车的转向。液压系统原理图如图3-44所示。

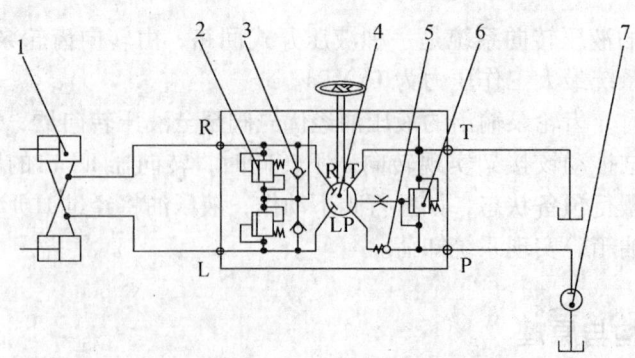

图3-43 YZ18C转向液压系统原理图
1—转向油缸；2—双向缓冲溢流阀；3—单向阀；4—转向器主体；5—止回单向阀；
6—过载溢流阀；7—齿轮泵

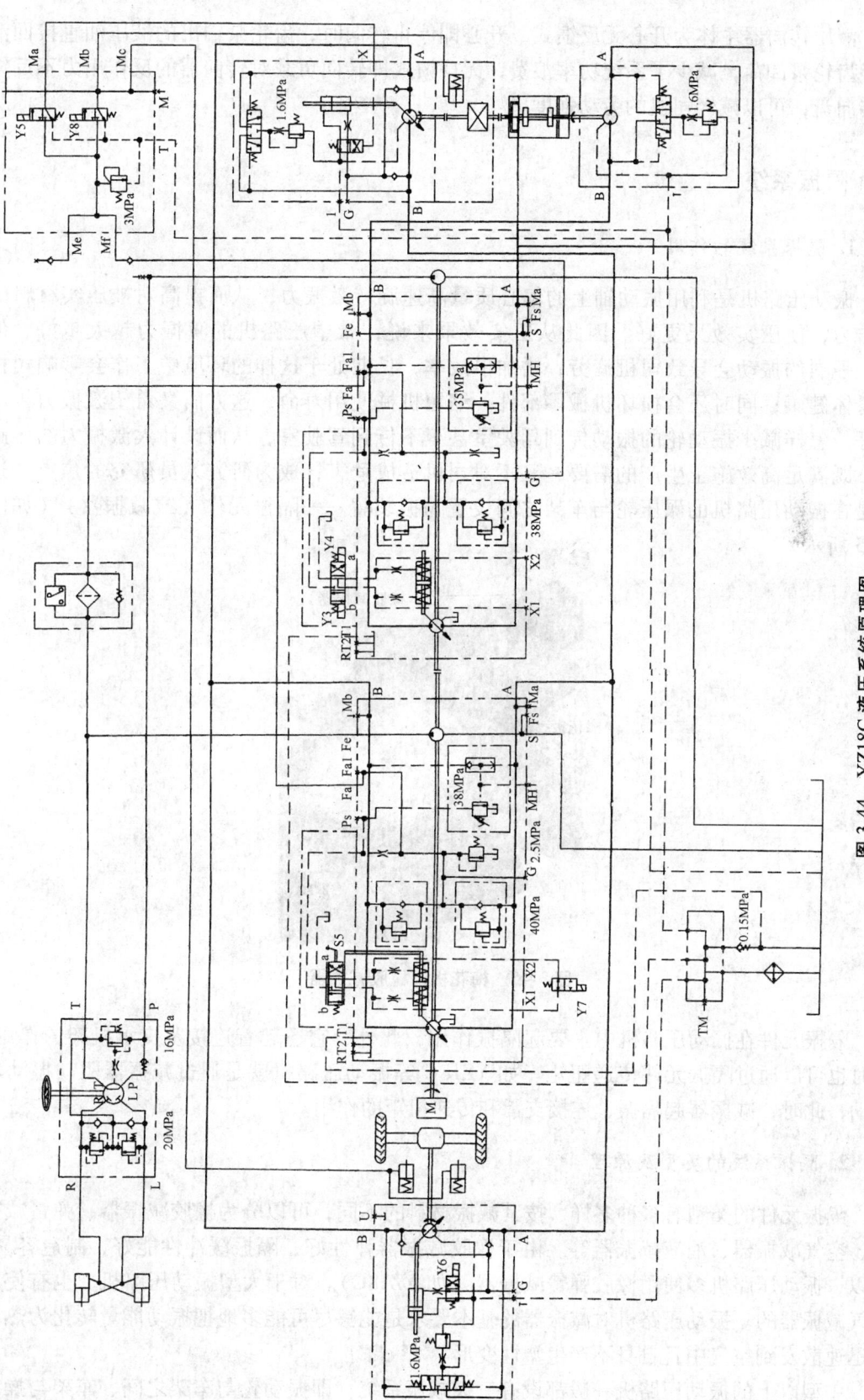

图 3-44 YZ18C 液压系统原理图

液压转向器主体为开心无反馈式，开心即停止转向时，齿轮泵输出的液压油直接回油箱，齿轮泵卸荷，减少了系统功率浪费，无反馈式即转向负载对转向器的反作用力不反馈至转向盘，可以减轻司机的劳动强度。

四、隔振系统

1. 隔振系统的作用

振动压路机是利用振动轴上的偏心质量高速旋转激振力，从而提高对被压实材料的冲击力，使压实效果更好。因此从压实效果来说，希望压路机的激振力越大越好，但是，强烈的振动会导致司机疲劳，增加事故率，长期处于这样的环境中工作会影响司机的身体健康；同时还会损坏机械零部件，缩短机械使用寿命，这方面又希望激振力越小越好。怎样减少振动轮的振动传到驾驶室甚至不传到驾驶室，从而设计大激振力的压路机，既满足高效施工生产的需要，又不对司机造成危害，成为研究人员研究的焦点。这就是在振动压路机的碾压轮与车架之间设置隔振装置——隔振元件（或减振器）（如图3-45所示）。

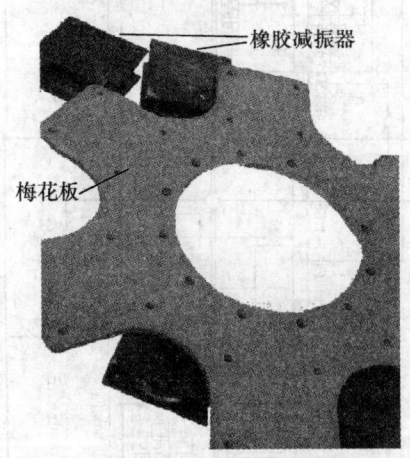

图3-45　梅花板及橡胶减振器

隔振元件在振动压路机中主要起隔振作用，此外，它还起着连接及支承机架的作用，有时也可以通过隔振元件传递扭矩。如YZ18C等振动压路机就是通过减振器驱动振动轮滚动，此时，减振器起隔振、连接支承和传递扭矩的作用。

2. 隔振系统的类型及原理

隔振元件的类型有多种多样，按其减振材料的不同，可以分为橡胶减振器、弹簧减振器、空气减振器、油液减振器等。由于橡胶减振器弹性好、隔振缓冲性能好、制造容易，所以，振动压路机多使用橡胶弹簧减振器（如YZ18C）。对于大型振动压路机，也有使用空气减振器的。振动压路机对减振器的基本要求是能够尽可能多地把振动能量转化为热能而迅速散发到空气中且自身不产生塑性变形。

中型以上的振动压路机一般都设有三级减振系统，即振动轮与车架之间、车架与操纵台之间及座椅本身的减振,但最为重要的还是振动轮与车架之间的减振装置,此处的减振器能衰减振动能量的98%左右。当振动压路机的振动频率很低或振动能量很小时,为简化结构,也有设置两级减振。

减振系统的减振系数是经减振系统衰减(或隔除)掉的能量与振动总能量之比值,它是评价振动压路机的振动效果和减震系统隔振能力的主要指标。

实验研究证明:影响振动压路机减振效果的主要因素是激振器的刚度、振动频率及机架的质量,即振动系统的固有频率为 $\omega^2 = \dfrac{K_1}{m_1}$、$\lambda = \dfrac{\omega}{\omega_n}$,则减振系统的振动传递系数为:

$$\eta_A = \left| \dfrac{1}{1-(\omega/\omega_n)^2} \right| = \left| \dfrac{1}{1-\lambda^2} \right| \tag{3-1}$$

减振系统的减振系数为:

$$\tau = 1 - \eta_A = 1 - \left| \dfrac{1}{1-\lambda^2} \right| \tag{3-2}$$

从式(3-1)中可见,当频率比 $\lambda = \dfrac{\omega}{\omega_n}$ 增大时,振动传递系数 η_A 随之减小,则上车的振幅也减小。要降低振动传递系数 η_A 的唯一途径就是降低振动系统的固有频率 ω_n 的大小。因为固有频率 ω_n 与振动系统的质量 m_1 及弹簧刚度 K_1 有关,即

$$\omega_n = \sqrt{K_1/m_1}$$

所以增大压路机的上车质量或降低振动系统的总刚度,都可以达到降低振动系统的传递系数 η_A 的目的。

3. 隔振系统的安装

YZ18C 振动压路机隔振元件安装方式有两种,即碾压轮左端和右端安装方式不一样。左端(如图3-46所示):在振动轴驱动端,橡胶减振器不是直接安装在碾压轮端部,而是安装在减振器座板和车架连接支架板2之间,减振器座板与行走支承轴承内圈相连,所以减振器座板不会随着碾压轮转动而转动;支架板2与车架相连,振动能量被减振器吸收,不会传给支架板2,这里橡胶减振器起隔振和连接的作用。右端(如图3-47所示):在碾压轮驱动端,橡胶减振器直接安装在碾压轮端部,行走马达经减速机减速后与梅花板相连,梅花板在碾压轮端部一定直径的圆周上通过橡胶减振器相连,在这里橡胶减振器起隔振、连接和传递扭矩的作用。

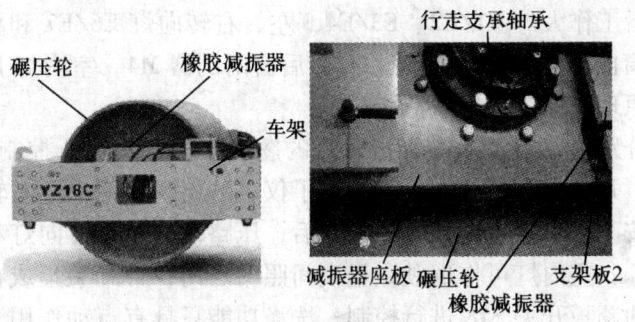

图 3-46 橡胶减振器的安装

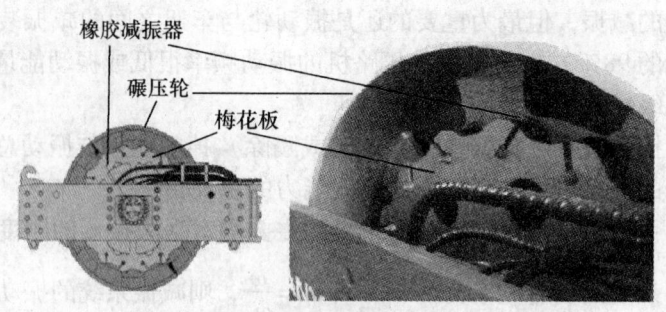

图 3-47　梅花板端橡胶减振器的安装

五、电气系统

电气系统是 YZ18C 压路机的一个重要组成部分。它主要以仪表和相关提示指示灯作为人机交换界面，各操作开关基本集成在仪表板上，具有操作简单、集成度高等特点；在保证压路机的作业速度、压实质量监控报警等方面都起着至关重要的作用。

电气系统主要包括蓄电池、启动马达、带内置硅整流及稳压装置的三相交流发电机、收音机、照明灯以及电气仪表、安全保护元件、声光报警装置等。此外，在驾驶室前后窗均装有雨刮器，并配置有冷暖空调。

电气系统电压为 24 V，线路采用负极搭铁的单线制形式。选用两只串联的上海德尔福（DELPHI）公司免维护型蓄电池与带内置硅整流电压调节装置的交流发电机并联向系统供电，启动时由蓄电池向启动马达供电，启动发动机；发动机工作后由发电机供电，同时向蓄电池进行充电，以维持蓄电池电量稳定和系统电压稳定；在蓄电池输出端装设电源总开关 S1 切断总电路。

启动马达型号、规格：随 Deutz 配套提供，规格为 4.8 kW/24 V。

发电机型号、规格：随 Deutz 配套提供，规格为 55 A/28 V。

整个电气系统由驾驶室电气系统、发电机电气系统、监控操作电气系统、行走控制系统、振动控制系统组成。

1. 驾驶室电气系统

驾驶室电气系统是为提供行车安全和提高驾驶室舒适度而设置的辅助电气装置。其主要元器件包括前、后工作大灯 E1/E2，E3/E4，左、右转向灯 E6/E7 和相关的指示灯 H9/H10，喇叭 B2，前窗雨刮器 M3 及洗涤器 M2，后窗雨刮器 M4，室内灯 E5 与收放机 P6 及空调，等等，电气原理图如图 3-48 所示。

前、后工作灯分别由仪表板上的带指示灯的翘板开关 S11/S12 控制，提供夜间照明，在操作前灯开关 S11 开启前灯时，也同时打开了仪表的夜视照明；左右转向灯则由翘板开关 S17 进行控制，按下驻车报警翘板开关 S16 后，压路机的左右转向灯和仪表面板上的转向指示灯将同时闪烁；室内灯可作驾驶室里夜间照明之用，且开关集成在灯具上；喇叭由设置在仪表面板上的翘板开关 S18 进行控制；洗涤功能只具有点动作用，松开开关后洗涤器自动停止工作；而后窗雨刮器 M4 由另一个翘板开关 S19 控制，不具备自动复位功能。

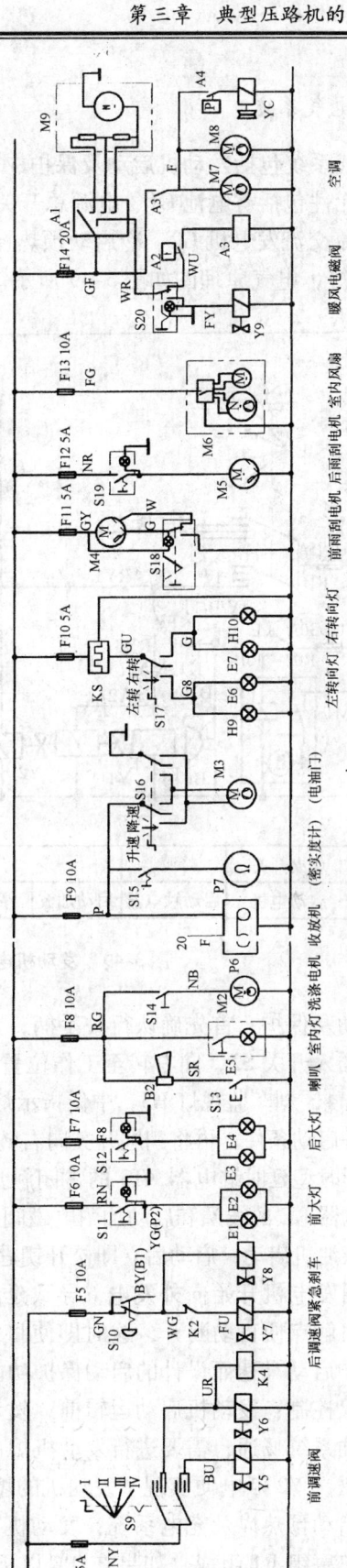

图 3-48 YZ18C 振动压路机电气原理图

2. 发动机电气系统

发动机电气系统包括发动机启动及保护、发动机熄火控制、发动机冷启动预热及充电系统等。主要元件包括蓄电池 G1、电源总开关 S1、启动马达 M1、整体式（内装电子电压调节器）硅整流交流发电机 G2、冷启动预热控制装置 P0、点火开关 S2、启动加浓及熄火电磁铁 Y1/Y2 等，电气原理图如图 3-49 所示。

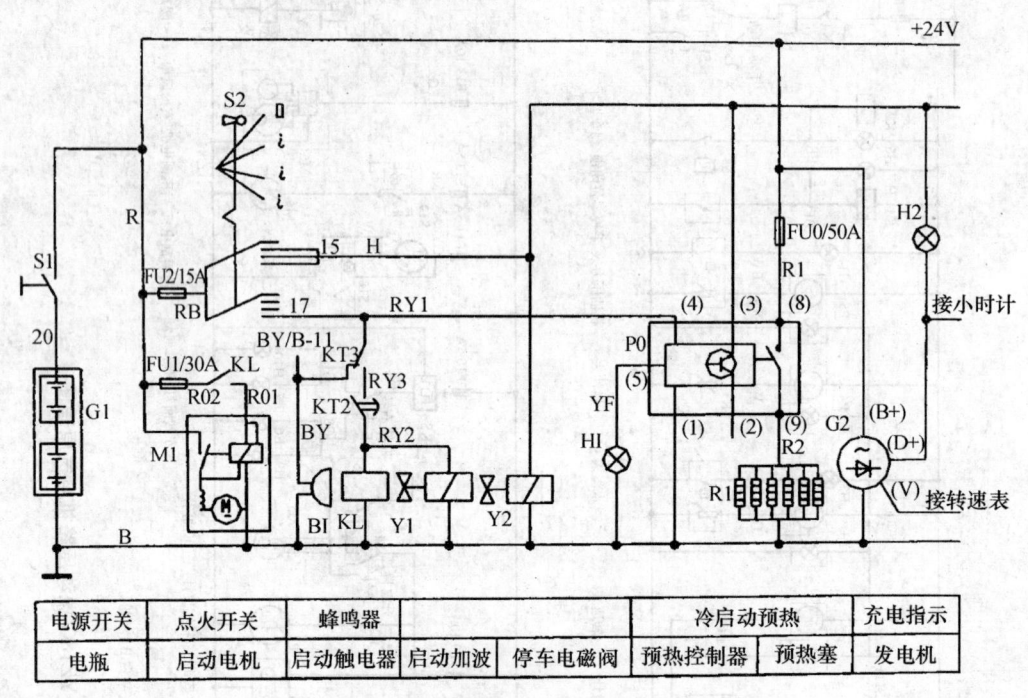

图 3-49 发动机电气系统原理图

发动机启动及保护：首先确认行驶手柄，紧停开关 S10 及振动控制开关 S16 处在初始位置，将钥匙插入开关 S2，向右转至工作位置，正常情况下这时充电指示灯 H2，机油压力报警指示灯 H4，刹车监视灯 H5，中位指示灯 H6 都亮，而其他指示灯不亮，则表示设备状况正常，具备启动条件；再将钥匙开关向右转至启动位置，此时电流通过钥匙开关 S2，中位闭锁的通电延时型延时继电器 KT3 的常闭触点以及断电延时型继电器 KT2 的断电延时触点，使启动继电器 KL 的线圈和启动加浓电磁阀 Y1 同时得电动作，然后启动继电器 KL 的常开触点闭合使柴油机启动；启动后立即松开钥匙，让其自行回到工作位置，即启动完毕。启动发动机后，因发电机开始向外发电，导致延时继电器 KT2 线圈失电，在延时 4～5 s 后 KT2 的断电延时触点便自动断开，这时即使将钥匙开关转至启动位置也无法启动发动机，这就是为了保护启动马达而设计的启动保护功能，以防止因误操作而导致启动马达损坏。

发动机熄火控制：发动机启动运转前，发动机内部的熄火电磁铁 Y2 必须通电，以保持发动机的供油系统畅通，需要进行发动机熄火停车时，将启动钥匙开关旋至"0"挡位置，使熄火电磁铁 Y2 断电便实现了发动机的熄火。

发动机冷启动预热以及充电系统：发动机冷启动预热装置主要由预热控制器 P0 和发动机内部的电热塞组 R1 组成，如果在 0℃ 以下的低温环境下启动发动机，系统接通电源后，面板上的预热指示灯会点亮，提示发动机预热装置正在通电使发动机预热，这时最好不要启动发动机，待预热指示灯熄灭即预热完成后再启动发动机。发动机启动后，发电机便通过 B_+ 端子开始向外输送 28 V 的电源电压，除供给所有用电设备的电源外，同时向蓄电池进行浮式充电，以补充蓄电池电量的不足。如果发电机不发电，设置在面板上的充电报警指示灯 H2 便会点亮以提示需对发动机进行检修。在发动机启动前，系统由蓄电池提供 24 V 的电源，启动发动机后，系统便由发电机提供 28 V 的电源。

启动发动机时的注意事项如下。

(1) 启动发动机时，行走控制手柄和振动控制开关必须在零位。

(2) 再次启动发动机之前必须先将钥匙转到"断开"位置后再进行操作。

(3) 每次启动的持续时间不得超过 10 s，启动间隔时间不得少于 5 min。如果连续 3 次不能启动，应停止启动，找出原因并排除故障。

3. 监控操作电气系统

监控操作电气系统（操纵面板元器件布置图如图 3-50 所示）实时显示发动机转速、发动机累计工作时间、发动机冷却液温度、发动机机油压力及燃油液位等参数，对刹车监视压力、机油压力、空滤压力、液压油滤清压力、充电系统故障等状态提供灯光指示的报警显示，同时对发动机预热工作状态、行走泵工作零位、高低频振动状态、压路机驻车或行走转向等状态提供灯光显示的提示。如遇到紧急情况按下紧停开关后，压路机的所有工作装置便会全部停止工作（发动机不熄火），同时驾驶室内的蜂鸣器会不停地发出声响。如结束紧急状态，需要在确认各工作控制开关回中位后，再手动将紧停开关复位即可。

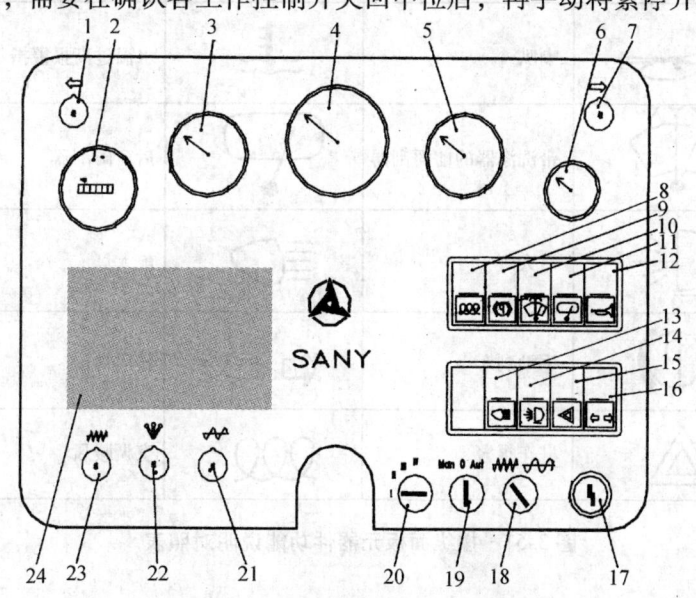

图 3-50 控制面板元器件布置图

1—左转向指示灯；2—小时计；3—水温表；4—发动机转速表；5—机油压力表；6—燃油表；7—右转向指示灯；8—空调暖风开关；9—手刹开关；10—前窗雨刮器开关；11—后窗雨刮器开关；12—喇叭开关；13—前大灯开关；14—后大灯开关；15—驻车报警开关；16—转向灯开关；17—点火开关；18—高低频振动转换开关；19—手/自动振动选择开关；20—速度档位选择开关；21—低频振动指示灯；22—中位指示灯；23—高频振动指示灯；24—液晶显示屏

单钢轮压路机所使用的发动机转速表、水温表、机油压力表、燃油表均为 VDO 品牌的传统电热式指针显示型仪表。发动机转速表的转速信号由发电机上的 W 端子提供，水温表及机油压力表的信号分别由装在发机上的水温传感器和机油压力传感器提供；燃油表的油位信息则由安装在燃油箱内浮子式燃油传感器提供，燃油液面改变时，浮在液面上的浮子随之改变高度，导致其传感器的电阻值产生改变，使油位信息随之调整；发动机的小时计是专门的计时仪表，其电源直接接在发电机的 D_+ 端子上，发电机启动后，小时计得电便开始计时，发动机熄火便停止计时。

注意事项：仪表板上的元器件均为精密仪表、元件，禁止硬物敲打或撞击，保证表面清洁。注意保持各传感器电线接头处的清洁与干燥，同时注意检查各接点是否紧固，以确保仪表指示正确、稳定。如图 3-51 所示为操纵面板元器件功能说明表。

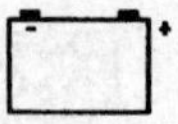 🔋	充电故障指示	 🛢	机油压力边低报警指示
	预热指示		空滤报警指示
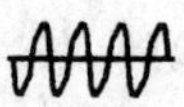	高频振动指示		行驶中位指示
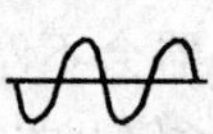	低频振动指示		刹车压力指示
	喇叭	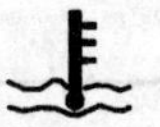	水温过高报警指示
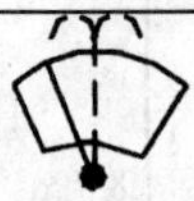	带洗涤器的前面刮器		后窗雨刮器
	后大灯		前大灯
	手动刹车	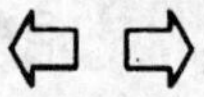	转向灯
	驻车报警		空调暖风

图 3-51 操纵面板元器件功能说明对照表

4. 行走控制系统

行走控制系统包括压路机的行走调速和制动系统两部分。YZ18C 压路机的行走调速系统通过一个四挡的调速开关组合控制前调速阀和后调速阀的通、断电实现压路机的四挡速度。调速开关 S9 处于 Ⅰ 挡时，前、后调速阀均不得电；调速开关 S9 处于 Ⅱ 挡时，前调速阀得电，后调速阀不得电；调速开关 S9 处于 Ⅲ 挡时，前调速阀不得电，后调速阀得电；调速开关 S9 处于Ⅳ挡时，前、后调速阀均不得电。当压路机处于第Ⅲ挡或第四Ⅳ挡时，对振动系统实行了连锁控制，此时无法实施振动。YZ26E 压路机的行走调速系统不同于 YZ18C 的行走调速系统，它是通过一个两挡调速开关控制前、后调速阀的通、断电实现该压路机的两挡速度的，即当调速开关 S9 处于Ⅰ挡时，前、后调速阀均不得电；调速开关 S9 处于Ⅱ挡时，前、后调速阀均得电；而无论在哪个挡位，压路机均可实施振动控制。

YZ18C 压路机的制动控制系统与 YZ26E 压路机同，主要元件都是由制动电磁阀和紧停电磁阀组成。在启动发动机前，制动压力开关处于常闭位置（如图 3-52 所示状态），这时制动监视指示灯 H5 点亮，表示机器处于制动状态。启动发动机后，首先紧停电磁阀 Y8 通电，液压系统压力随之增加，制动压力开关 S4 转换为常开状态，使继电器 K2 失电，其常闭触点复位，制动电磁阀 Y7 通电，这时系统完全打开，解除了原来的制动状态，一旦操作行驶手柄，机器即可前进或后退。另外在制动系统中还设置了手动制动开关 S14，按下该开关后，系统就处于制动状态。具体的电气控制原理如图 3-52 所示。

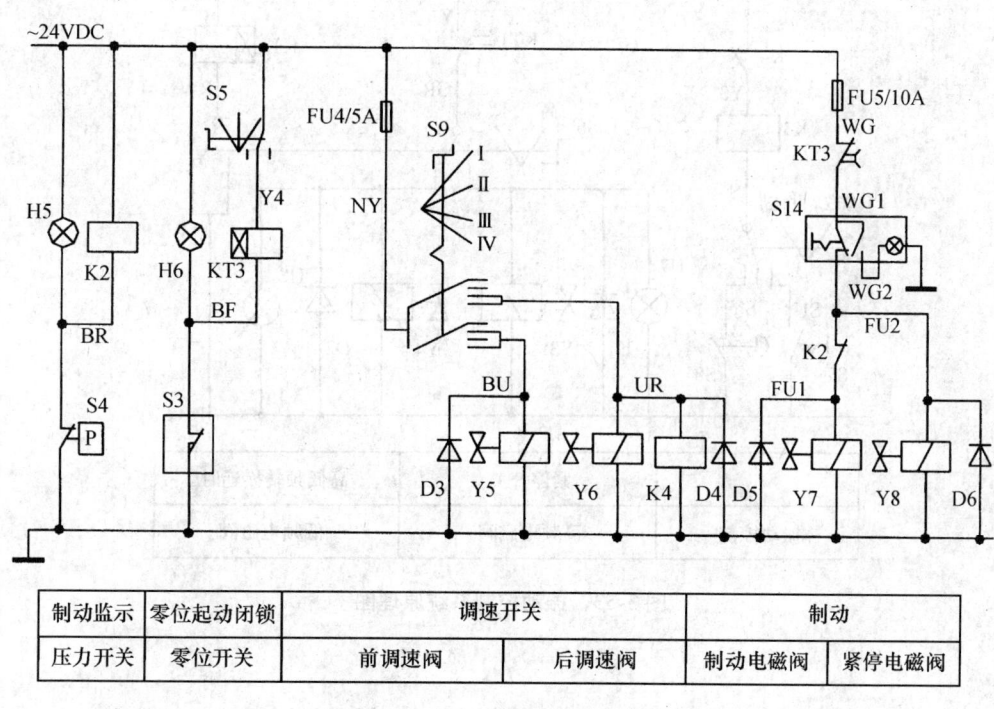

制动监示	零位起动闭锁	调速开关		制动	
压力开关	零位开关	前调速阀	后调速阀	制动电磁阀	紧停电磁阀

图 3-52　行走控制系统原理图

5. 振动控制系统

振动控制系统包含自动或手动起振、停振，高、低振动频率切换等功能，主要包括自动控制振动部分和手动控制振动部分，主要执行元件是振动频率控制开关电磁阀 Y3/Y4。

将振动控制选择开关 S5 拨到"手动"，按下位于行驶手柄上的按钮开关 S7，此时若频率选择开关 S6 处于高频振动位置，则高频振动电磁阀 Y4 得电，机器以较高频率振动，反之开关 S6 处于低频振动位置，则以较低频率振动，再按下开关 S7，机器停振；将开关 S16 拨到"自动"位置，当压路机行走速度高于 1 km/h 时，因行驶手柄下的凸轮压合限位开关 S8 使继电器 K3 得电动作，机器便能自动振动，当速度低于 1 km/h 时，机器停止振动，若需要机器提前停振时，也可以将振动控制开关 S5 拨到"0"位，进行强制停振。高低频振动转换由两挡旋钮开关 S6 进行操作。在进行切换时考虑到液压系统的惯性，设置了一时间继电器 KT1 进行延时转换控制，延时时间大约为 10 s。相关的电气原理如图 3-53 所示。

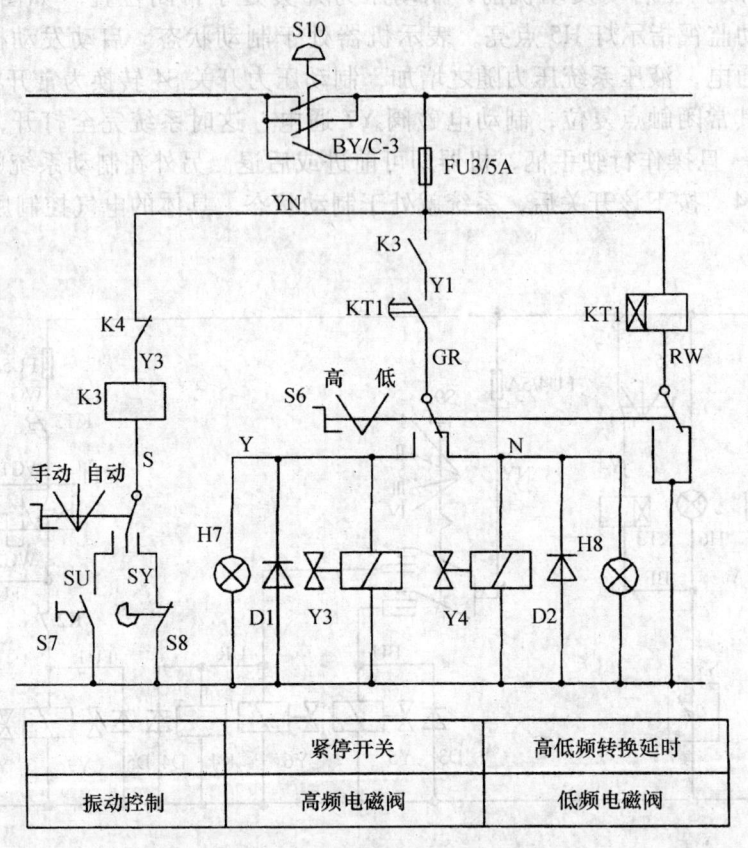

图 3-53　振动控制系统原理图

第三节　YZC12 压路机典型部件的结构与原理

一、整机特点

YZC12 压路机的发动机、液压系统、驱动桥、振动轴承等关键件为国际知名品牌产品，从而为机械的技术性能和可靠性提供了充分保证。

1. 动力系统

动力系统采用道依茨 BF4 M1013（DEUTZ）或康明斯 4BTA3.9-C173（COMMINNS）

柴油机，两者均为涡轮增压、水冷型柴油机，高效安全，能满足低温启动等恶劣环境的要求，具有很高的可靠性和燃油经济性。

2. 振动系统

采用高精度的、强制润滑的振动轴承，可有效提高振动轴承的寿命和可靠性，振动系统采用双频双幅振动功能，能有效压实不同厚度铺料层，压实性能优异。

3. 液压系统

行驶、振动和转向三大系统均为液压传动，且3个系统的液压泵连成一体，由发动机曲轴输出端通过弹性联轴器直接驱动各泵，然后由相应的控制元件控制各系统的马达或油缸，操纵灵敏，控制简单，传动平稳。

4. 行驶系统

具有4档行走速度，4种牵引模式能保证压路机在各种工况下以最佳速度进行压实并能以较快的速度行驶。

5. 制动系统

行车制动、停车制动和紧急制动，三级制动系统采用机电液一体化控制，确保安全可靠。

6. 润滑系统

获得国家专利的振动轴承鼠袋式润滑冷却结构，延长了轴承的使用寿命。

7. 操作舒适性

驾驶室左、右双开门结构；四级减振机构有效地降低了振动轮、路面崎岖、起步停车等原因引起的振动；配置了冷暖空调；驾驶室宽敞明亮、视野好、乘坐舒适；且具有隔音、防水、防尘功能，更符合人机工程设计理念。

8. 维修保养方便性

全部维修点都触手可及，玻璃钢覆盖件开启方便迅速。免维护的中心铰接装置，转向油缸的关节轴承采用免维护性轴承。

二、工作装置结构与原理

YZC12Ⅱ型振动压路机的双碾压轮兼行走装置如图3-54所示。碾压轮由钢轮加振动轴组装而成（如图3-55所示），钢轮形状同YZ18C，大小不同；振动轴与YZ18C压路机不同，它是在均匀质量的轴上加装的调幅装置（同YZ18C）。

图3-54 YZC12压路机总体结构

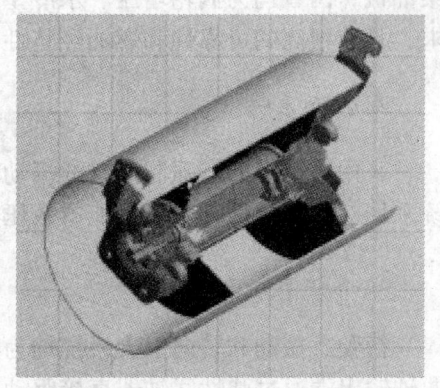
图3-55 YZC12压路机振动轮结构

1. 振动轴及调幅装置

YZC12Ⅱ压路机的振动轴不同于YZ18C压路机，它为均匀质量的轴，调幅装置（同YZ18C，不再介绍）安装在两端轴颈上（如图3-56所示）。

YZC12Ⅱ型压路机的调幅装置封闭腔内有硅油（详细结构见YZ18C压路机调幅装置结构），活动偏心块套在带空心轴的偏心块上，再将空心轴焊接在偏心轮上，偏心轮内有挡销。当液压马达驱动振动轴逆时针转动时，固定偏心块、活动偏心块和硅油叠加在同一方向，如图3-57（a）所示，此时偏心质量最大，偏心矩最大，产生的激振力最大；当液压马达驱动振动轴顺时针转动时，固定偏心块与活动偏心块、硅油叠加在相反方向，如图3-57（b）所示，此时偏心质量最小，偏心矩最小，产生的激振力最小，从而实现压路机双振幅的调整。硅油可流动且密度大，可随振动马达旋转方向的变化而改变硅油和活动偏心块在调幅装置内的相对位置，从而达到调整振动轴的偏心质量和偏心矩的目的。硅油价格低廉，黏度大，具有良好的阻尼吸振作用，能够衰减因偏心块旋转方向改变而引起的惯性冲击和振动，从而减轻了机件的冲击载荷。另外，硅油的用量加减很方便，可以更好地优化振幅的大小。

  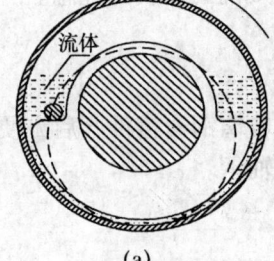 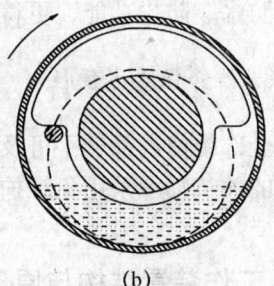

图3-56 振动轴及总成　　　　图3-57 调幅装置原理图

2. 振动轴承

振动轴承（如图3-58所示）是振动轮上最关键的部件。为了延长轴承的使用寿命，在轴承的匹配和设计上，三一重工进行精心设计和选择。轴承采用瑞典SKF（或FAG）轴承,轴承的装配使用专门的夹具,轴承的冷却使用获得专利的袋鼠式油道强制润滑机构,保证轴承得到充分的润滑和冷却(外装散热器,如图3-59所示),从而延长轴承的使用寿命。

图 3-58 振动轴承结构示意图

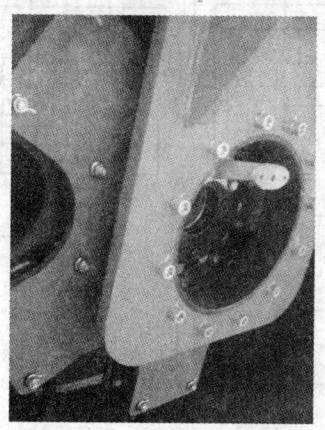

图 3-59 振动轴承散热器安装

三、传动系统

YZC12Ⅱ型压路机采用全液压传动(如图3-60所示),其行驶系统与制动系统与YZ18C振动压路机相同,此处不再赘述。

1. 振动液压系统

YZC12Ⅱ压路机的振动液压系统由斜盘式轴向柱塞泵和斜盘式轴向柱塞马达串联组成的闭式回路,系统中集成的功能阀块及其功能与YZ18C振动液压系统类似。

系统工作时通过操纵振动泵的电磁阀,可以改变振动泵的斜盘倾角大小和方向,从而改变振动泵输出的液压油的排量大小和输出油的方向,使振动马达产生不同的转速和转向,带动振动轮实现两种不同频率、振幅的振动,调节振动泵伺服油缸上的排量限制螺钉可调节泵的最大输出排量,从而调节振动轮的最大振动频率。

为适应路面压实的需要,前、后钢轮通过振动阀的控制,可实现前轮振动、后轮振动和前后轮一起振动3种工作模式;振动阀主要由阀体、插装式电磁换向阀、冲洗阀和单向补油溢流阀组成,其中插装式电磁换向阀控制主油路的通断,实现前后轮单独振动,冲洗阀将主油路中低压侧的部分液压油引回油箱,和单向补油阀一起维持振动系统主油路液压油的交换,单向补油溢流阀防止振动马达过载和避免系统出现负压。

如图3-60所示为YZC12压路机液压系统原理图。

2. 转向系统

YZC12Ⅱ压路机的液压转向系统是一种液压开式回路,由转向齿轮泵、全液压转向器、转向油缸、蟹行油缸、优先阀等组成,系统最大工作压力为14 MPa。

转向系统工作时,齿轮泵输出的液压油经优先阀至全液压转向器,通过转向器的计量和分配进入转向油缸推动铰接架实现转向。不转向时,转向器LS口的压力油推动优先阀的阀芯,系统进入蟹行预备状态,如蟹行阀不动作,液压油将经过H形中位机能的电磁换向阀直接回油箱,实现系统卸荷;如蟹行阀得电动作,液压油将推动蟹行油缸实现蟹行。

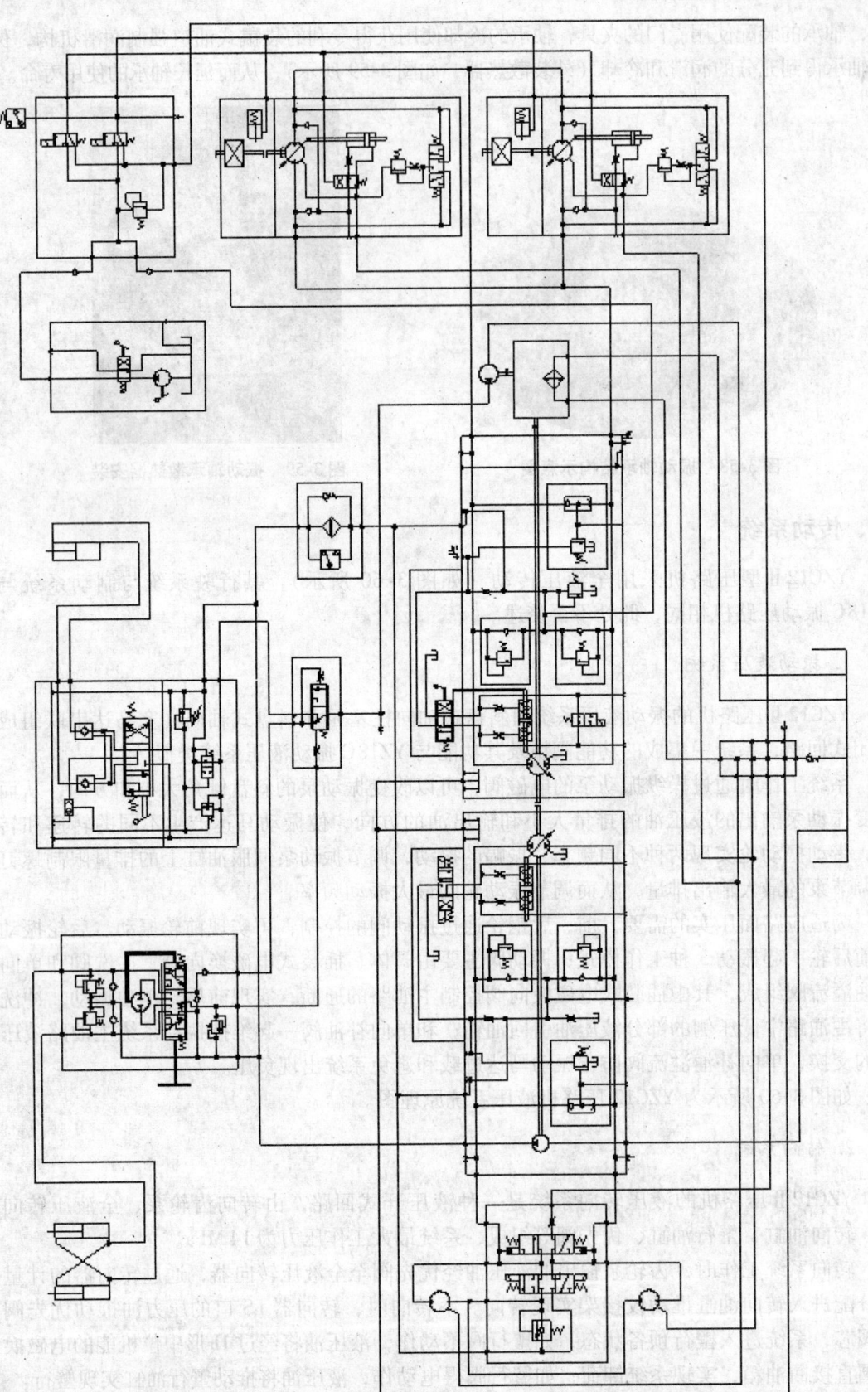

图 3-60 YZC12 振动压路机液压系统原理图

四、转向系统结构与原理

1. YZC12Ⅱ压路机转向机构组成

压路机大多采用全液压随动转向，轻便、灵活、转向力矩大。YZC12Ⅱ型压路机转向系统由定量泵、全液压转向器、两个转向油缸、蟹行侧移油缸、转向优先阀、压力油管等组成。液压转向系统安装在后车架上，通过中心铰接转向机构实现转向（如图3-61所示）。中心铰接转向机构由两根沿车纵向布置的转向油缸分别与前、后车架铰接而成（如图3-62所示）；蟹行机构由与前、后车架铰接的连接轴和蟹行油缸等组成（如图3-63所示）。

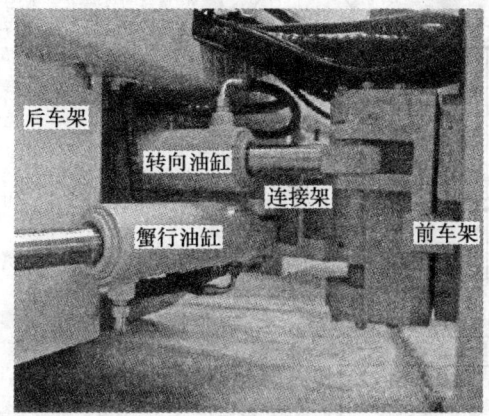

图 3-61 转向蟹行系统实物图　　　　　　图 3-62 中心铰接架

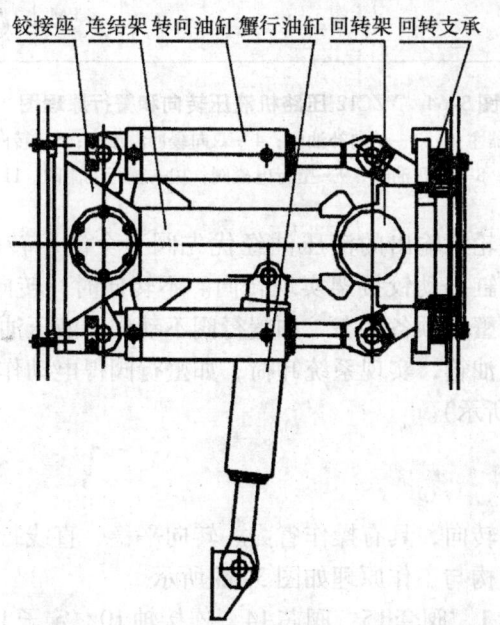

图 3-63 中心铰接与蟹行油缸安装示意图

液压转向系统安装在后车架上，通过中心铰接转向机构实现转向。中心铰接转向机构由两根沿车纵向布置的转向油缸分别与前、后车架铰接而成（中心铰接架俯视图见图3-62

所示）；蟹行机构由中心铰接转向机构和蟹行油缸（如图 3-63 所示）组成。当两个转向油缸向不同方向伸缩时，液压系统中的优先阀使蟹行油缸处于自锁状态，前车架与中心铰接形成刚性连接，后车架与中心铰接架绕后轴转动，实现前、后车架夹角变化，从而实现转向。

2. 转向液压系统原理图

YZC12Ⅱ型压路机的液压转向系统是一种液压开式回路，由转向齿轮泵、全液压转向器、转向油缸、蟹行油缸、蟹行电磁阀（蟹行控制阀）、优先阀等组成，如图 3-64 所示。系统最大工作压力为 14 MPa。

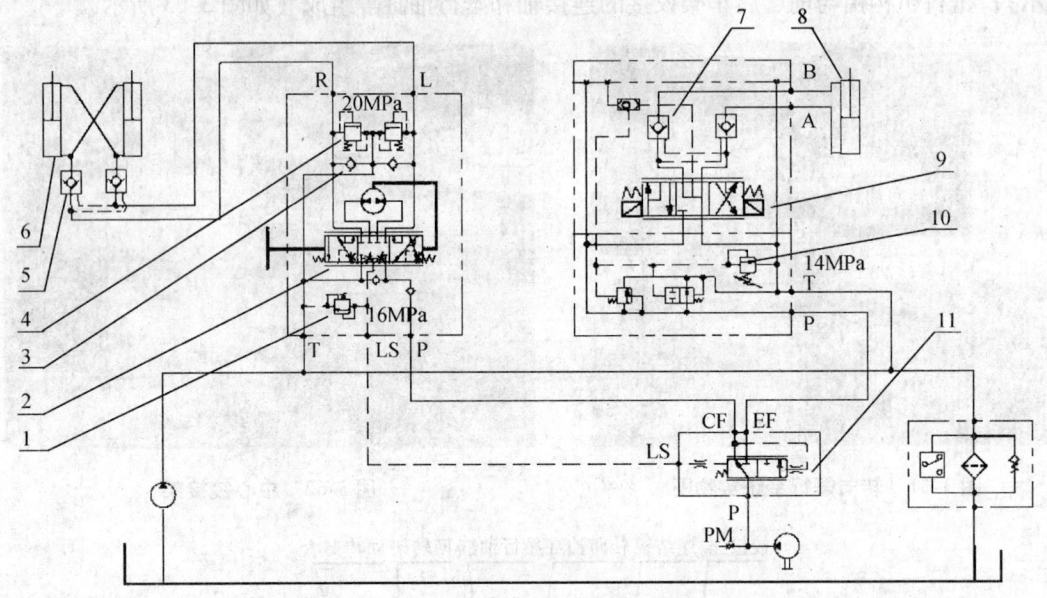

图 3-64 YZC12 压路机液压转向和蟹行原理图
1—过载溢流阀；2—转向器主体；3—单向补油阀；4—双向缓冲溢流阀；5—转向液压锁；6—转向油缸；
7—蟹行液压锁；8—蟹行油缸；9—蟹行电磁阀；10—蟹行溢流阀；11—蟹行优先阀

转向系统工作时，齿轮泵输出的液压油经优先阀至全液压转向器，通过转向器的计量、分配，再进入转向油缸推动铰接架实现转向。不转向时，转向器 LS 口的压力油推动优先阀的阀芯，系统进入蟹行预备状态，如蟹行阀不动作，液压油将经过 H 形中位机能的电磁换向阀直接进入液压油箱，实现系统卸荷；如蟹行阀得电动作，液压油将推动蟹行油缸实现蟹行（如图 3-65 所示）。

3. 全液压转向器

全液压转向器为随动转向，具有操作省力、转向平稳、直线行驶性能好、安全可靠等优点。全液压转向器的结构与工作原理如图 3-66 所示。

全液压转向器由阀体 1、阀套 15、阀芯 14、连接轴 10、定子 17 和转子 12 等主要零件组成。

压路机直线行驶时，转向器阀套 15 与阀芯 14 对正，由弹簧片 4 定位，转向阀处于"中立"位置。转向油泵输出的油液从进油口 A 流入，经阀套和阀芯直接流回油箱。

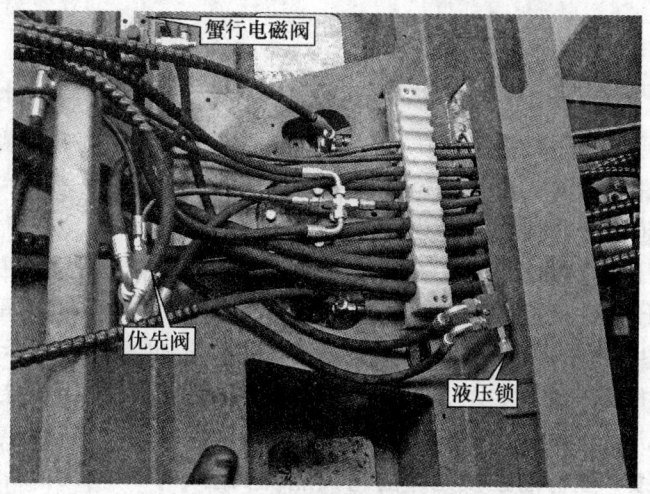

图 3-65 优先阀、液压锁的安装

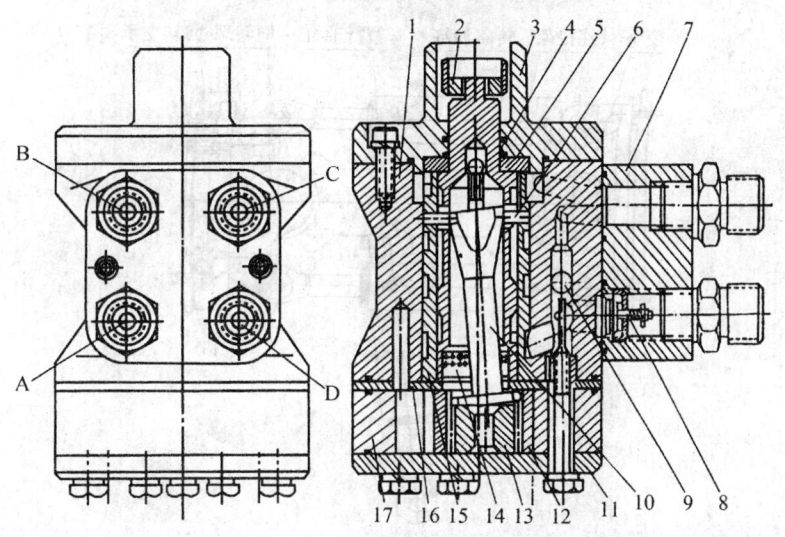

图 3-66 全液压转向器结构图①

1—阀体；2—连接块；3—阀盖；4—弹簧片；5—止推轴承；6—拨销；7—溢流阀；8—进油单向阀；9—止回球阀；10—连接轴；11—端盖；12—转子；13—限位柱；14—阀芯；15—阀套；16—隔盘；17—定子

压路机转向时，将转向盘转动一定角度，阀芯克服弹簧片的弹力与阀套错位，压力油从阀体进油口 A 进入阀套，一方面经油孔和油道流入计量马达，同时从出油口 D 或 C 进入转向油缸一腔，反向推动转向油缸活塞另一腔的油回油箱，使前后机架相对偏转，实现压路机转向。进入计量马达的油推动计量马达转动，马达的转子通过连接轴 10 和拨销 6 带动阀套 15 跟踪阀芯 14 重新对正恢复定位，实现随动机械反馈，并由弹簧片定位。此时，转向阀回到"中立"位置，前后机架不再偏转，若要继续转向，则需继续转动转向盘。当发动机熄火时，或液压泵故障时，转动转向盘，阀芯克服弹簧片的弹力与阀套错位，继续转动转向盘，阀芯带动拨销 6 经连接轴 10 带动计量马达转动，此时计量马达变成了手动泵从油缸一腔吸油送入另一腔，实现转向，确保压路机的安全行驶。但是这时是

---

① 现代压实机械 [M]，周尊秋，北京：人民交通出版社，2003 年。

人力转向，转动转向盘要比全液压转向费力得多。

4. 蟹行机构

蟹行即前、后碾压轮平行错开碾压。随着城市经济的发展，城市道路的质量要求也越来越高，在城市道路碾压时，由于道路中部的隔离栏杆的影响，许多压路机都难接近路沿进行碾压，此外在道路有障碍物（如已铺设好的较高的路面、护坡、安全防护桩等）时，压路机接近其边沿压实（贴边压实）显得尤为重要。蟹行机构就是为了提高振动压路机在压实作业时的贴边压实性能而设置的，蟹行转向对沥青路面的压实非常重要。

（1）三一重工生产的YZC12Ⅱ型压路机的蟹行机构（如图3-67所示）。当蟹行油缸工作时，转向系统中的液压锁（如图3-65所示）将蟹行油缸锁死，中心铰接架成为一个平行四边形机构，前、后车架只能左右侧向平移，从而实现蟹行。当转向系统工作时，蟹行液压系统中的液压锁将蟹行油缸锁死，前轮只能绕如图3-67所示的回转架转动。增加了蟹行机构后，压路机的贴边压实性能得到了改善（如图3-68所示）。

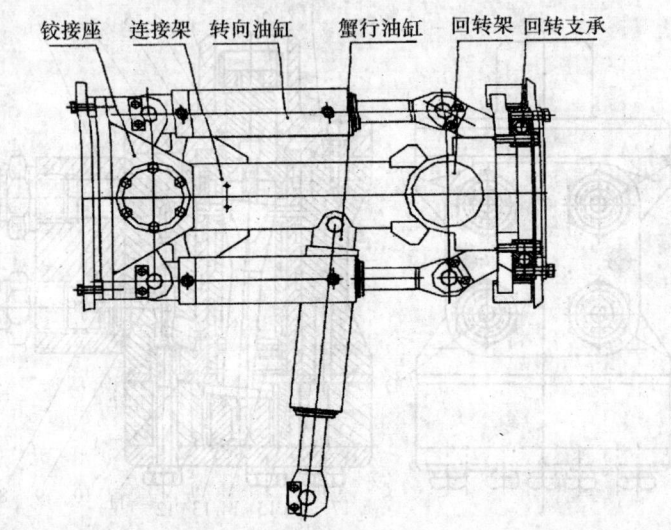

图3-67 中心铰接架结构图

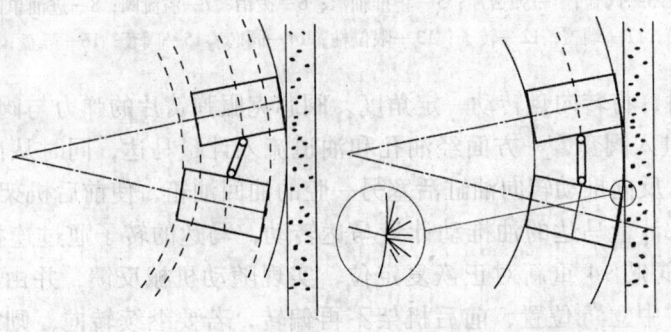

图3-68 贴边压实效果图

对于不同的建筑或障碍物，其与路基的高度差不一样，对压路机贴边压实的障碍高度不一样。为了提高压路机的贴边压实高度，三一重工生产的YZC12Ⅱ型压路机采用独特的叉脚设计，将整个叉脚下部全部隐藏在振动轮轮腔内（如图3-69所示），使贴边压实的高度大大提高（如图3-70所示）。

图3-69 叉脚设计

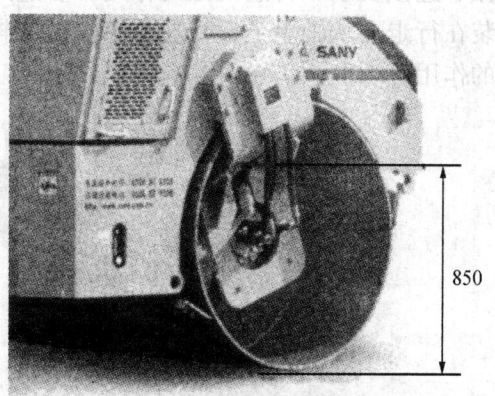

图3-70 YZC12Ⅱ压路机贴边压实高度

（2）闭环蟹行系统。为了提高施工效率，减轻司机疲劳强度，当压路机由蟹行转为直线行驶时，为确保两碾压轮能及时回正，采用闭环蟹行系统。将传感器安装在后车架上（如图3-71所示），在传感器正下方的连接架上开一宽度等于传感器检测头直径的孔（如图3-72所示）。当压路机直线行驶时，传感器检测头正对中心铰接机构连接架的槽；当压路机前后碾压轮中心线偏离（蟹行）时，传感器检测头将会探测到连接架的金属板，传感器立即发出信号给蟹行油缸的电磁换向阀，然后调整蟹行油缸伸出或收回，直到传感器测头与孔对正，说明此时前、后碾压轮的中心在一条直线上，压路机才能直线行驶。这种由电磁换向阀控制蟹行油缸回正，再由传感器检测实际回正情况，然后将信号反馈到电磁阀，再对蟹行油缸进行调整，形成一个闭环，所以称为闭环蟹行系统。

图3-71 传感器安装

图3-72 传感器检测孔位置

五、隔振系统

YZC12Ⅱ型压路机的隔振系统与YZ18C压路机类似，也有两种安装方式（如图

3-73 所示)。左边的橡胶减振器直接安装在碾压轮端部,然后与三角板相连,减振器起隔振、连接支承和传递扭矩的作用;右边的橡胶减振器安装在两层梅花板之间,梅花板安装在行走支承轴承上,梅花板不随碾压轮一起转动,此时橡胶减振器起隔振和连接支承的作用。

图 3-73　YZC12Ⅱ压路机减振器安装

六、电气系统

1. 概述

YZC12Ⅱ型压路机电气系统原理图如图 3-74 所示。电气系统是基于 SIEMENNS S7-200 为控制核心,OP73 文本显示器及报警灯作为人机界面,对压路机的动力系统、行走系统、振动系统和洒水系统提供相应的控制及保护,实现发动机恒转速、多模式振动控制、智能洒水控制和三级制动停车自动控制,满足高标准路面施工工艺要求,确保系统高效安全运转、具备一定远程监控功能的扩展平台。

电气系统包括蓄电池、启动马达、发电机、PLC、照明灯具以及电气仪表、显示器、安全保护元件、声光报警装置、自动(手动)控制、频率两挡选择的振动装置和一个自动(手动)控制、流量比例可调的洒水装置等。此外在驾驶室前、后均装有雨刷,室内装有空调、系统电压 24 V,线路采用负极搭铁的单线制形式。启动马达、发电机、直线步进电机及 PLC、显示器和仪表、照明灯具、各类型传感器和其他电器元件均采用国际知名品牌公司产品,整个电气系统的配置达到了国际先进水平,各个元件的匹配都通过精确的计算和耐久实验,系统的可靠性高,寿命长,使工作效率大大提高。

2. 驾驶室电气系统

为了确保行车安全、提高驾驶室舒适度而设置的辅助电器装置、元器件主要有前工作大灯 H1/H2、后工作大灯 H3/H4、前左右转向灯 H6/H7、后左右转向灯 H8/H9、喇叭 B2、前窗雨刷器 M5 及洗涤器 M7、后窗雨刷器 M6、室内灯 H5 与收放机 SL 及空调 A6 等,电气原理图如图 3-75 所示。

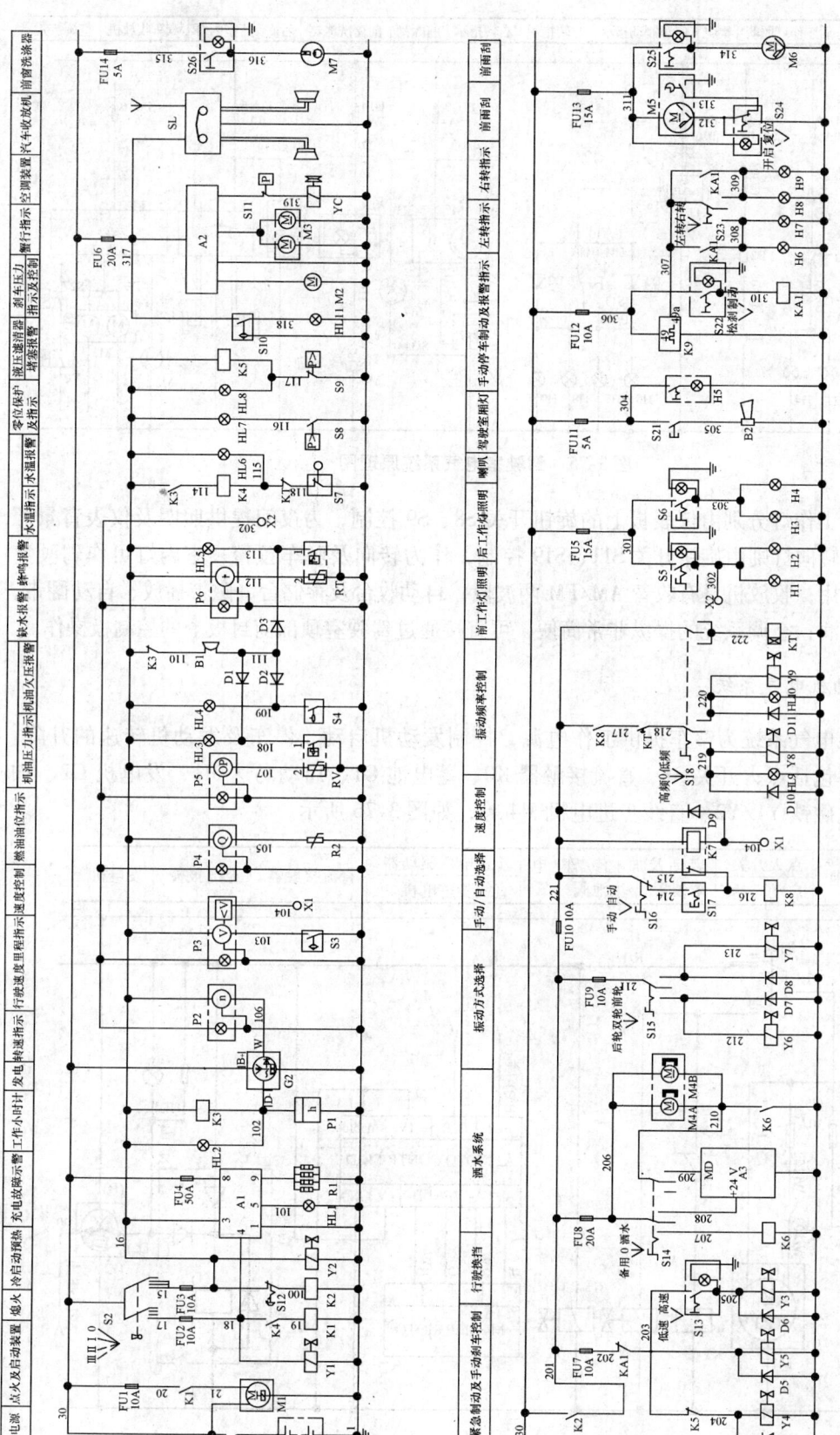

图 3-74 YZC12 双钢轮振动压路机电气系统原理图

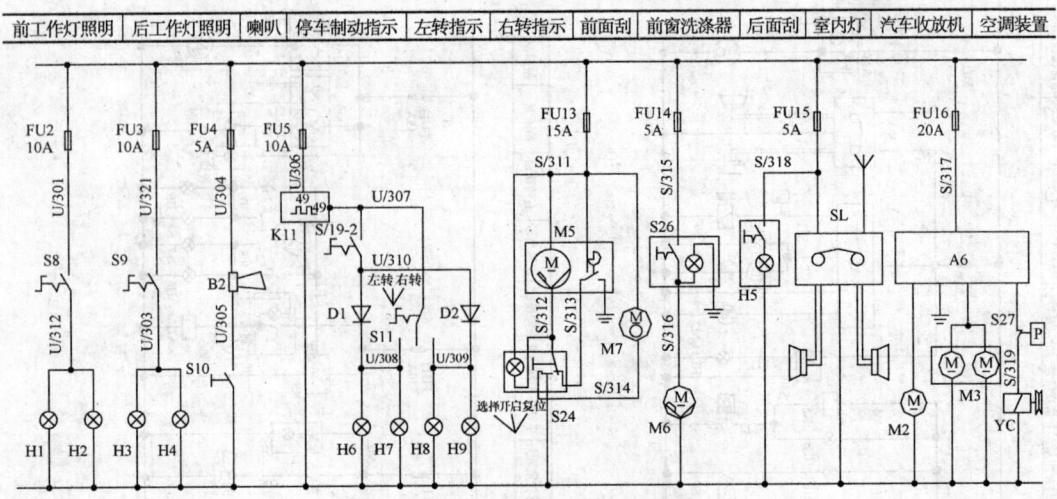

图 3-75 驾驶室电气系统原理图

前、后工作灯分别由仪表板上的旋钮开关 S8、S9 控制,为夜间提供照明及仪表背景照明;前、后转向灯则由旋钮开关 S11、S19 控制,作为转向及驻车预警;室内灯可作驾驶室夜间照明之用;收放机具有收音 AM/FM 两波段、自动收台及存储台、磁带播放、自动翻带,声音清晰圆润;空调系统的操纵非常简便,可直接通过驾驶室顶部前封板上的控制板操作。

3. 发动机电气系统

发动机电气系统为整车提供工作电源,控制发动机启动、停车及发动机转速的升降。该系统主要包括点火开关 S1、直流接触器 K0、蓄电池 G1、启动马达 M1、发电机 G2、加浓及断油电磁铁 Y1/Y2、直线步进电机 M4 等,如图 3-76 所示。

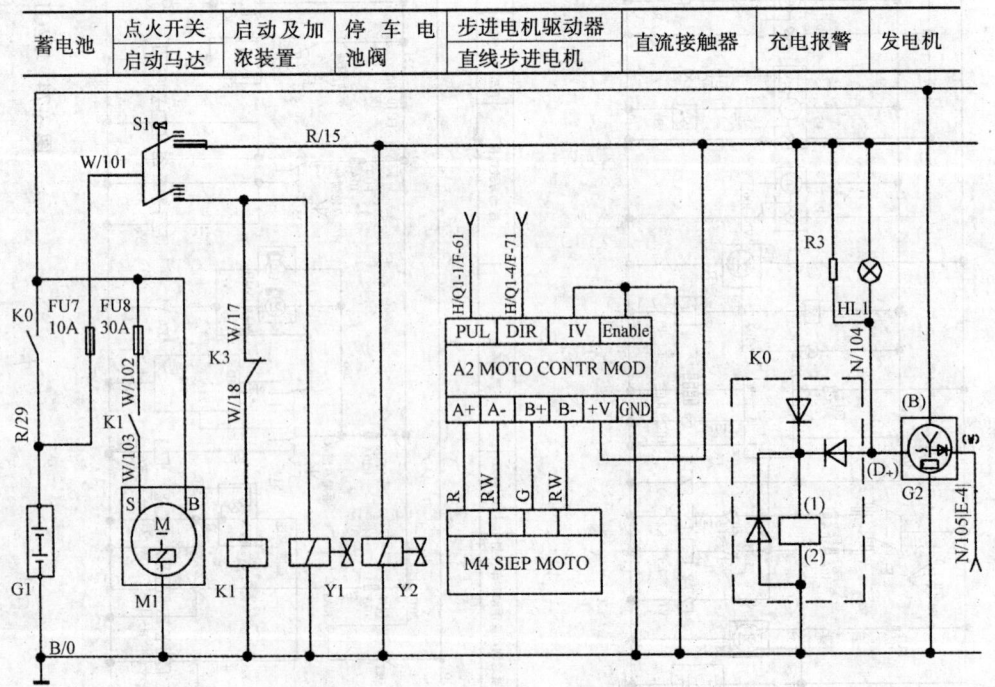

图 3-76 发动机电气系统原理图

发动机启动时，首先确认行驶手柄、紧停开关 S12 及振动控制开关 S16 已经复零位，插入开关钥匙 S1，向右转至工作位置，这时充电指示灯、警告指示灯和零位指示灯亮，而其他指示灯不亮，表示电路正常，已具备了启动条件，再将开关钥匙向右转至启动位置，使发动机点火启动，随后立即松开钥匙，让其自行回至工作位置，启动完毕。

发动机转速控制在默认的情况下为"手动"调节，此时通过仪表板上的油门开关 S2 控制，开关拨向左，转速降低；拨向右，转速升高，调节范围为 750～2 450 r/min；当通过显示器在功能设置菜单中将转速控制设置为"自动"，则发动机处于恒转速控制中，并根据机器所处的不同状况自动调整到相应的转速，偏差为 ±25 r/min。如不在开启振动行驶工作时，转速自动调整到 2 100 r/min；在转场行驶过程中，转速自动调整到 2 200 r/min；在振动开启行驶工作过程中，转速自动调整到 2 300 r/min，在行驶手柄回零位 10 s 后，转速自动返回低怠速 850 r/min。

4. 监控操作电气系统

监控操作电气系统实时显示发动机转速、发动机累计工作时间、发动机冷却液温度、发动机机油压力及燃油液位等参数，并对行驶手柄零位、补油压力、机油压力、冷却液温度、空滤压力、洒水水箱液位等状态提供指示或报警，提供实现各种动作或命令的人机接口。主要包括有 OP73 文本显示器、水温表 P6、燃油表 P4 及零位指示灯 HL2、充电故障指示灯 HL1、蟹行指示灯 HL3、综合报警指示灯 HL4 及行驶手柄、各种指令开关等。

OP73 显示器（如图 3-77 所示）可以实时显示发动机转速、累计工作时间及行驶速度等参数值，时钟设置及显示，转速控制手动、自动切换选择，洒水控制连续、间歇切换选择，提供空滤堵塞、机油压力低、水箱缺水及刹车压力低等位图报警显示。水温表 P6 监控发动机冷却液温度，显示范围为 0～120℃。燃油表 P4 显示燃油箱液位，显示范围为 0～1/L。充电故障指示灯 HL1 作充电故障报警，并给发电机提供初始励磁电流指示。蟹行指示灯 HL3 指示钢轮是否处于蟹行位置。在出现空滤堵塞、机油压力低、水箱缺水报警时，综合报警指示灯 HL4 则以 1 Hz 频率闪烁，而在系统刹车压力低报警时，则 HL4 亮。

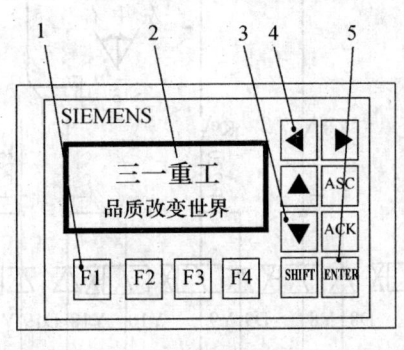

图 3-77 OP73 文本显示器

1—功能键；2—液晶显示屏；3—上下翻页；4—左右选择；5—确认回车键

文本显示器的操作方法如下。

将钥匙开关扭到"1"位，接通主机电源，此时文本显示器背景灯亮，并进行系统初始化，表示已启动，约 5 s 后可以看到闪现的开机画面"三一重工…品质改变世界"，再过 5 s 后，进入语言选择画面。"F1 中文 CN"及"F3 英文 EN"，按对应的功能键确认，如忽略，则自动跳过，默认前次操作。之后进入系统主画面：F1—操作说明，F2—实时参数，F3—功能设置。

在发动机启动3s后，文本显示器将自动由主画面切换到"实时参数"画面，进入监视状态，实时显示工作小时、行走速度、发动机转速、燃油液位、冷却液温度等参数，按向上箭头返回，向下箭头进入报警画面查询。

当出现报警信息，如空滤堵塞、冷却液温度过高、机油压力过低以及洒水水箱缺水等，则文本显示器将立即由当前画面切换到"报警指示"画面，相关报警图形以及仪表板的报警指示灯闪烁。

可以在主画面状态下按一下"ENT"，进入时钟编辑，按左右箭头键，选定需要编辑的时钟，按上下箭头键编辑，完成后。同时按"ENT"及"F4"键进行确认（时钟旁的字母"T"会变成"S"）更改有效。

5. 行走与制动控制系统

行走与制动控制系统控制压路机行走速度、马达斜盘倾角、制动器制动，并通过速度传感器将检测到的速度信号输送给控制器，控制前后钢轮行走速度；通过位置传感器将检测到的信号传到蟹行电磁阀，控制压路机左右蟹行。主要包括换挡阀Y3、制动阀Y4、制动释放阀Y5、蟹行阀Y10/Y11共5个电磁阀，压力继电器S21及霍尔型转速传感器SR5等（如图3-78所示）。

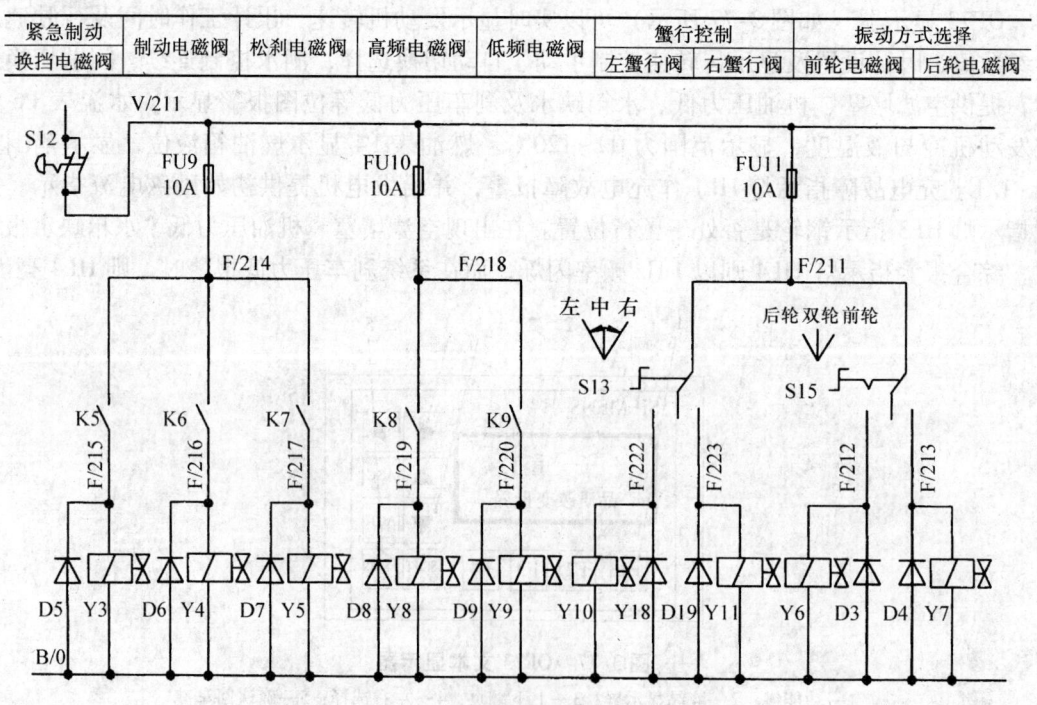

图3-78 行走、制动与振动电气控制系统图

当发动机启动且转速高于1 000 r/min时，将行驶手柄推离零位，行驶泵上的零位开关S4动作，将信号作为系统的给定值输入PLC，PLC即得到行走命令，输出高电平经继电器后驱动电磁阀Y4、Y5，压路机开始行走，速度为0～110 m/min；转场时，可闭合挡位开

关 S20，PLC 即输出高电平经继电器后驱动电磁阀 Y3，使行走马达排量减小，速度提高，行驶速度为 0～200 m/min。在某些工地需要施工蟹行时，用手轻轻向右或向左闭合钮子开关 S13 时，电磁阀 Y10 或 Y11 得电，机械便向右或向左蟹行。

(1) 行驶制动：见传动系统。

(2) 停车制动：当闭合开关 S19，制动阀 Y4 首先断电，经一定延迟后，制动释放阀 Y5 断电，制动器抱闸，压路机停止前进。

(3) 紧急制动：按下紧急制动停车开关 S12 时，所有电磁阀断电，则振动、洒水和行驶作业全部停止，并立即停车抱闸。

6. 振动控制系统

振动控制系统包含自动或手动起振、停振，高、低振动频率切换，前后钢轮振动控制等功能。主要控制振动泵流量切断电磁阀 Y8/Y9 及振动开关电磁阀 Y6/Y7，如图 3-78 所示。

将振动控制选择开关 S16 拨到"手动"，按下位于行驶手柄上的按钮开关 S17，OLC 便得到强制震动的命令，此时若频率选择开关 S18 处于初始位置，则高频振动电磁阀 Y8 得电，机器以较高频率振动；反之开关 S18 闭合时处于低频振动位置，则以较低频率振动；再按下开关 S17，机器停振。将开关 S16 拨到"自动"位置，当压路机行走速度高于 25 m/min 时，因行驶手柄下的凸轮压合限位开关使继电器得电动作，机器便能自动振动；当速度低于 25 m/min 时，机器停止振动，若需要机器提前停振时，也可以按下开关 S17，进行强制停振。特殊情况下，需要压路机单轮振动，可以将方式选择开关 S15 拨向左，此时后轮振动；将 S15 拨向右，前轮振动；置于中位则前后轮同时振动。

7. 洒水控制系统

洒水控制系统可控制压路机自动或手动洒水，手动比例调节洒水量，检测水箱是否缺水。主要包括直流调压器 A3、停水电磁阀 Y12、水泵 M8/M9 及液位开关 S7，如图 3-79 所示。

将洒水控制开关 S14 拨到"手动"，直流调压器 A3 得电工作，输出 PWM 电流信号驱动水泵 M8/M9；将开关 S14 拨到"自动"，在行驶操作手柄离开零位后，PLC 输出低电频，继电器 K4 复位，直流调压器 A3 得电工作即自动洒水；回零位时，K4 得电、A3 断电，停止洒水；调节电位器 RP1 旋钮，即可无级调节洒水量，以满足不同施工工艺要求。特殊要求下，还可以通过显示器中功能设置菜单选择"间歇洒水"，水泵即进入间歇工作模式，这样不但充分保证洒水的雾化效果，而且大大降低了耗水量，节水约 50%。

8. 配电控制柜的基本构造

配电控制柜是整个电气系统的控制中枢，通过接收操作系统，传感器发送来的信号，经一定处理（放大、滤波、整形）输入到 PLC 模块，经过相关运算后输出，并经继电器、放大器及驱动器驱动相应负载，实现某种需要的动作；提供 PLC 及传感器所需要的稳压电源以及短路保护；提供程序上传、下载的通讯接口，具备一定的远程监控、数据维护的能力。主要器件有 H435、闪光继电器、控制及电器、启动继电器、电器板总成、中央模块 CPU224、扩展模块 EM223 等，各元器件布局如图 3-80 所示。

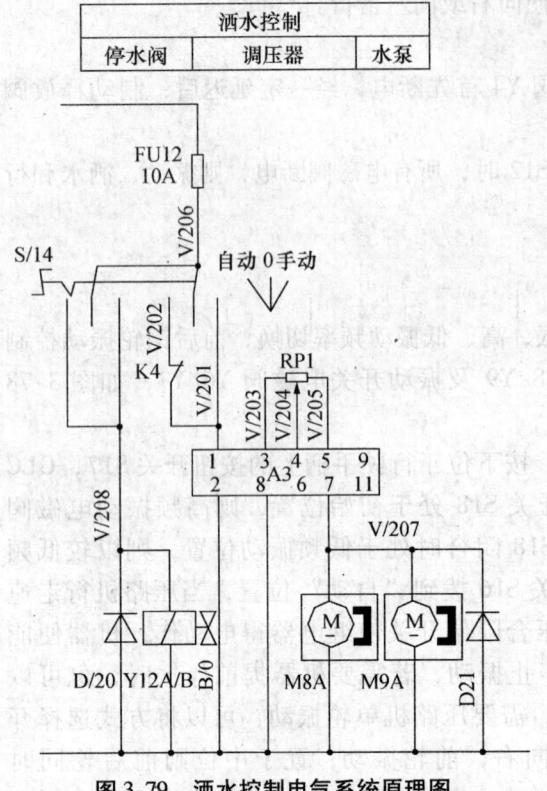

图 3-79　洒水控制电气系统原理图

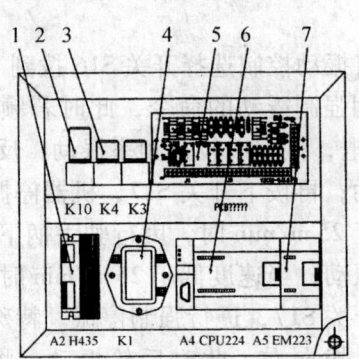

图 3-80　配电柜结构图

1—驱动器 H435；2—闪光继电器；3—控制继电器；
4—启动继电器；5—电路板总成；6—中央模块
CPU224；7—扩展模块 EM223

(1) 驱动器 H435：高性能步进电机驱动器，工作电压为 18～32 V，驱动电流最大为 3.5 A，响应频率为 200 Hz，工作温度为 0～50℃。

(2) 闪光继电器：工作电压为 16～30 V，负载能力为 110 W，工作温度为 -40～100℃。

(3) 控制继电器：工作电压为 16～30 V，负载能力为 30～20 A，工作温度为 -40～100℃。

(4) 启动继电器：工作电压为 12～32 V，负载能力为 90 A，工作温度为 -40～65℃。

(5) 电路板总成：三一自制件。

(6) 中央模块 CPU224：14 开关量输入，10 开关量输出（含两个 20 kHz 高速脉冲输出），工作电压为 20.4～28.8 V，负载能力为 750 mA，逻辑 1 信号 >15 V，工作温度为 0～50℃。

(7) 扩展模块 EM223：4 开关量输入，4 开关量输出，工作电压为 20.4～28.8 V，负载能力为 2.0 A，输入逻辑 1 信号 >15 V，工作温度为 0～50℃；其控制原理图如图 3-81 所示。

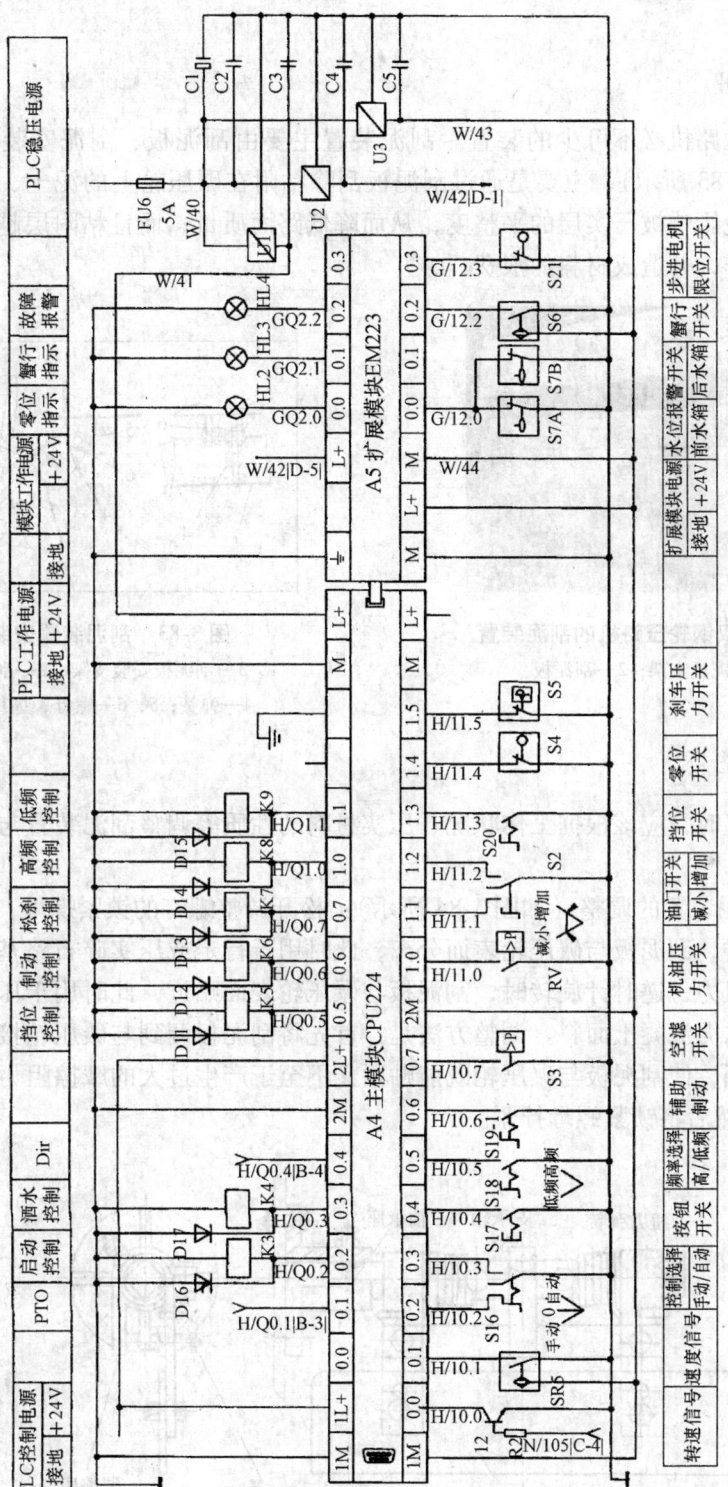

图 3-81 配电柜控制原理图

七、刮泥装置

1. 组成及作用

刮泥装置是压路机必不可少的装置。刮泥装置主要由刮泥板、刮泥安装支架等组成（如图3-82、图3-83所示），主要是通过刮泥板刮除粘附在碾压轮上的泥土、稳定土及沥青混合料等，以免影响被压实层的平整度，从而降低路面质量；而且粘附层越滚越大，影响压路机正常工作，并造成材料的浪费。

图3-82 双钢轮压路机的刮泥装置
1—刮泥板支架；2—刮泥板

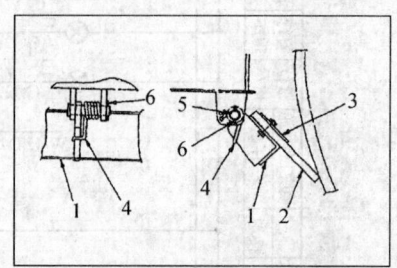

图3-83 刮泥装置安装
1，3—刮泥板安装支架；2—刮泥板；
4—弹簧；5，6—螺母、垫片等

2. 使用与调整

使用刮泥装置时，应该根据工作状况、压实材料的性质等调整刮泥装置与碾压轮之间的间隙。

（1）弹性刮泥装置的调整（如图3-84所示）：松开调整螺钉的锁紧螺母，拧动调整螺钉，顺时针转动时，刮泥板与碾压轮表面分离，此时用于行走或压实碎石路基等，以减少碾压轮表面摩擦阻力；逆时针旋转时，刮泥板与碾压轮表面贴近，此时用于压实路基、沥青混凝土面料和水泥混凝土面料。调整方法是：首先将刮泥板调到与碾压轮接触，然后将调整螺钉回调一圈，使刮泥板与碾压轮既能贴紧又不至于产生过大的摩擦阻力，局部间隙可小于1.5 mm，然后将锁紧螺母拧紧。

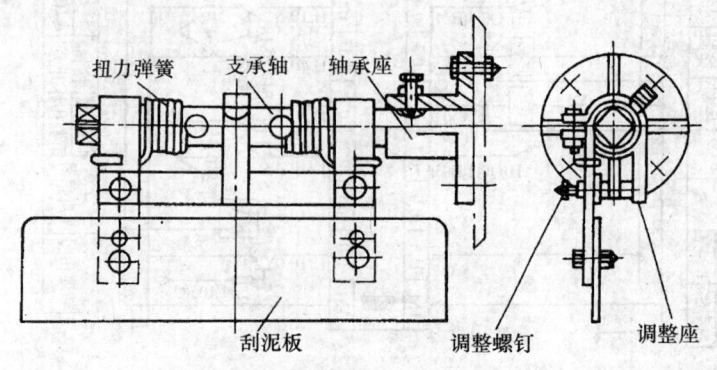

图3-84 刮泥板调整

（2）刚性刮泥装置的调整：振动式压路机在振动或行走时刮泥板与碾压轮表面保持 10 mm 左右间隙。静压时可松开固定架螺栓，调整刮泥板使间隙适当减小（该间隙不得用于振动操作，以免加大刮泥板与碾压轮内部零件的损伤）。轮胎压路机刮泥板只需要调整刮泥板固定螺栓，使刮泥板与碾压轮表面贴合后，紧固螺栓。不工作时，应将刮泥板与碾压轮表面离开。

第四节　振动压路机振幅的调整

振动压路机的振动频率和振幅是影响碾压层压实效果的主要因素之一，因此，现代振动压路机均采用了调频调幅机构，通过调整振动频率及振幅来满足不同的压实要求。一般厚铺层采用低频高振幅碾压，薄铺层或路面则采用高频低振幅碾压。振动压路机通常由液压马达驱动激振器，通过调整液压马达的转速来改变振动频率，而振动轮的振幅变化则需要设置专门的调幅机构来实现。

振动轮的振动是由偏心块高速旋转产生的离心力使碾压轮振动的，而且振动轮的名义振幅＝偏心力矩/振动轮重力。偏心力矩与偏心块质量和偏心矩是正比关系；振动轮重力与其质量有关，即与振动压路机的结构有关，而在碾压过程中，振动轮的结构是不可随意改变的。所以要改变振动轮的名义振幅，只有通过改变偏心块的质量或偏心力矩来实现。

一、YZ18C（YZC12）压路机的调幅机构

YZ18C（YZC12）压路机的调幅机构（参见图3-38）由活动偏心块、固定偏心块（偏心质量与偏心轴的偏心质量重合）、挡销、硅油和圆柱形密封腔组成。当液压马达驱动振动轴逆时针方向转动时，活动偏心块、偏心振动轴的偏心质量（YZC12为均匀的轴，下同）和硅油叠加在同一方向，此时偏心质量最大，偏心矩最大，产生的激振力最大；当液压马达驱动振动轴方向顺时针转动时，活动偏心块的偏心质量与偏心振动轴的偏心质量和硅油布置在振动轴的相反方向，此时偏心质量最小，偏心矩最小，产生的激振力最小。硅油可流动且密度大，可随振动马达旋转方向的变化而改变硅油和活动偏心块在调幅装置内的相对位置，从而达到调整振动轴的偏心质量和偏心矩的目的。

二、其他设备的调幅机构

1. 套轴调幅

这种调幅机构（如图3-85所示）由偏心质量均匀分布在全长上的外偏心轴6、偏心质量均匀分布在全长上的偏心轴7、幅板、花键及挡板等组成。外振动偏心轴6通过铜套5或轴承支撑在内振动偏心轴7上。外振动偏心轴6的两端通过振动轴轴承4安装在左、右幅板3和8上，其轴端内花键和内振动偏心轴7轴端外花键通过一个带有内花键的花键套11连接起来，振动马达通过花键套10驱动外振动偏心轴6、花键套11和内振动偏心轴7旋转，产生激振力。当需要调节工作振幅时，握住花键套11的手柄并向外拉出，压缩弹簧12，直至花键套11的外花键与外偏心轴6的内花键脱开（此时，花键套11的内花键始终与内振动偏心轴7的外花键啮合），旋转手柄，手柄带动内振动偏心轴相对于外振动偏

心轴转过一定角度，从而改变了内外偏心轴上偏心质量的相对位置，也就改变了振动轮的振幅。调整完毕，再推回花键套 11，恢复内外振动偏心轴与花键套 11 的啮合状态。调幅的档次取决于花键套 11 的外花键齿数，一般为齿数的一半。

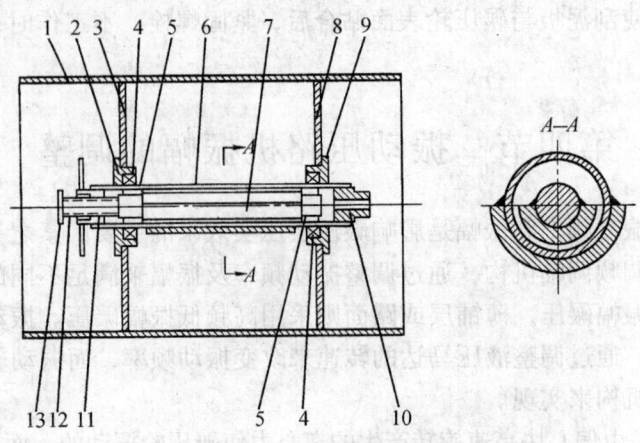

图 3-85 套轴调幅结构图

1—轮圈；2—左轴承座；3—左幅板；4—振动轴轴承；5—铜套；6—外振动轴；7—内振动轴；
8—右幅板；9—右轴承座；10—花键套；11—花键；12—弹簧；13—挡板

2. 正反转调幅机构

正反转调幅机构如图 3-86 所示。这是一种最简单且广泛应用的调幅方法，它通过改变液压马达的旋转方向，而改变振动轴的旋转方向，借助挡销的作用，使固定偏心块和活动偏心块相叠加或相抵消，以此改变振动轴的偏心矩，从而实现高振幅和低振幅，达到调节振幅的目的。

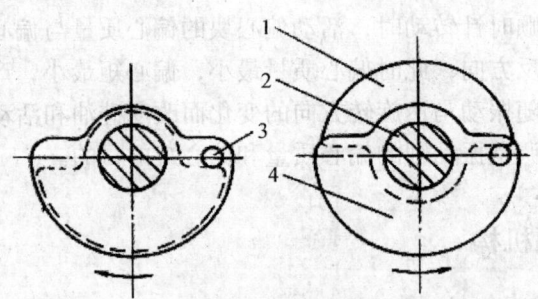

图 3-86 正反转调幅

1—活动偏心块；2—振动轴；3—挡销；4—固定偏心块

3. 质量调节式偏心块调幅机构

质量调节式偏心块振幅调节机构原理如图 3-87 所示。偏心块内有一封闭内腔，腔内装有易流动的重金属水银（Hg）。当偏心块顺时针转动时，由于惯性作用，水银滞留于 A 腔，此时偏心块的重心靠近圆心，偏心矩 r 减小。同时，由于两端质量的平衡，而偏心质量也随之变小，偏心块在运转中偏心力矩 M_L 变小，使振幅轮名义振幅变小。反之，当偏心块以逆时针方向旋转时，因惯性作用，水银滞留于 B 腔，偏心块的偏心质量增大，偏心矩 r_H 外移，偏心块在运转中偏心力矩 M_H 增大，使振动轮名义振幅增大。

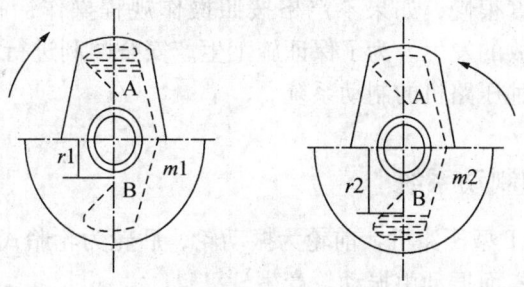

图 3-87　质量调节式调幅装置原理图

这种调幅机构的实际结构如图 3-88 所示。它是由振动轴、水银槽、偏心块等组成的。水银槽、偏心块与振动轴组装成一体，水银槽内装入定量的水银后封死。当振动轴正反两个方向旋转时，水银槽内的水银在离心力的作用下会集中在槽的两端，由于偏心块是固定的，这样就会产生不同的偏心质量和偏心力矩，从而达到调幅的目的。

上述结构从构造和原理上切实可行，但水银价格昂贵且泄漏后污染环境，危害人体健康，所以 BW217D 型振动压路机采用了硅油式调幅机构（如图 3-89 所示）。这种调幅机构由偏心壳体 4、偏心壳盖 2 内偏心块 7 和振动轴 6 等组成。偏心壳体与振动轴用平键 5 连接，偏心块总成通过振动轴和平键由马达 1 驱动。在偏心壳体与偏心壳盖的封闭空腔内，装有一定质量的硅油。硅油具有流动性好、密度大的特点，可随振动马达旋转方向的变化而改变硅油在偏心块内上下腔的位置，达到调节偏心质量和偏心矩的目的。

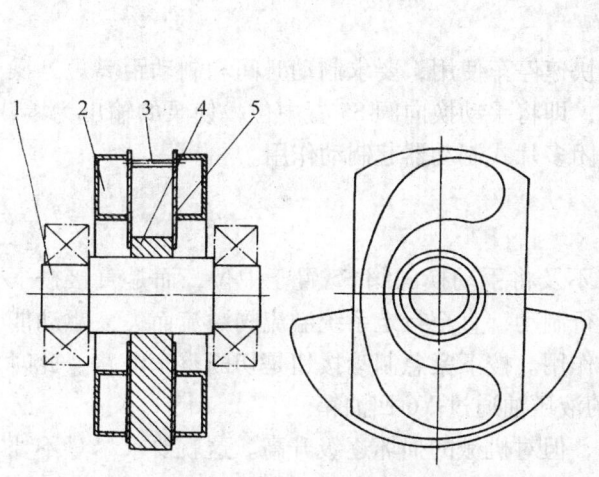

图 3-88　质量调节式调幅装置结构图
1—振动轴；2—水银槽；3—加强柱；4—偏心块；5—固定板

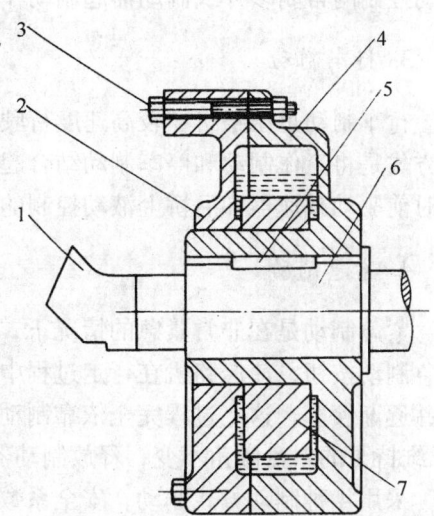

图 3-89　BW217D 压路机调幅装置结构图
1—振动油马达；2—偏心壳盖；3—连接螺栓；4—偏心壳体；5—平键；6—振动轴；7—内偏心块

第五节 压路机的制动

压路机虽然行驶速度很慢,如果不严格按照操作规程操作,制动系统设计不当或失[灵]也可能导致安全事故的发生。为了保证施工生产安全顺利进行,有的压路机采用多种[制]动方式。下面介绍几种压路机的制动系统。

一、YZ18C 压路机的制动系统

YZ18C 压路机为 R-T 型压路机,前轮为振动轮,后轮为轮胎式,其行走驱动由轮胎和[振]动轮两部分共同完成,而振动由振动轮产生。

YZ18C 压路机制动系统采用4种制动形式:工作制动、停车制动、行车制动和紧急制[动]。四者根据不同的情况分别采用,但其作用原理不外乎两种:静液制动和制动器制动。

1. 工作制动

工作制动是压实过程中,在压路机进行前进、倒退转换时停车使用的,要求制动过程[平]稳,以避免对地面产生破坏。操作过程是将手动换向阀 S5 置中位,使泵的斜盘倾角为[零],压路机在惯性力和摩擦阻力作用下缓慢停下,此时安装在前驱动减速器和后桥上液动[控]制的常闭多片式制动器处于常开状态,不起制动作用。

2. 停车制动

当压路机停在平路上或斜坡上时,为了保证压路机不因误操作或自重而自行滚动,导[致]安全事故的发生,必须对行走装置进行制动。操作方式是安装在前驱动减速器和后桥上[液]动控制的常闭多片式制动器起制动作用。

3. 行车制动

行车制动是压路机在较高速度行驶时快速停车使用,要求制动时间和制动距离短。操[作]方式是将工作制动和停车制动结合起来,即将手动换向阀 S5 置中位,使泵的输出为零,[同]时前驱动减速器和后桥上液动控制的常闭多片式制动器起制动作用。

4. 紧急制动

紧急制动是在非常紧急的情况下,来不及将手动换向阀 S5 置于中位,而是直接按下[紧]急制动按钮,使压路机在行走过程中强行制动,直至行走系统溢流阀溢流而失去驱动能[力]并逐渐停车,这一过程完全依靠制动器作用。按下紧急制动按钮是切断整车电路,此时[Y]7 维持泵的斜盘倾角不变,释放制动器的液压油通过 Y6 回油箱。

采用4种制动方式制动,安全系数高,但对机械的损坏逐级升高。这就要求尽量不要[使]用紧急制动,少使用行车制动。

二、BW217D/PD 压路机的制动系统

如图 3-90 所示为 BW217D/PD 振动压路机的液压系统原理图。该系统由行走系统、振

动系统、转向系统和制动系统组成。

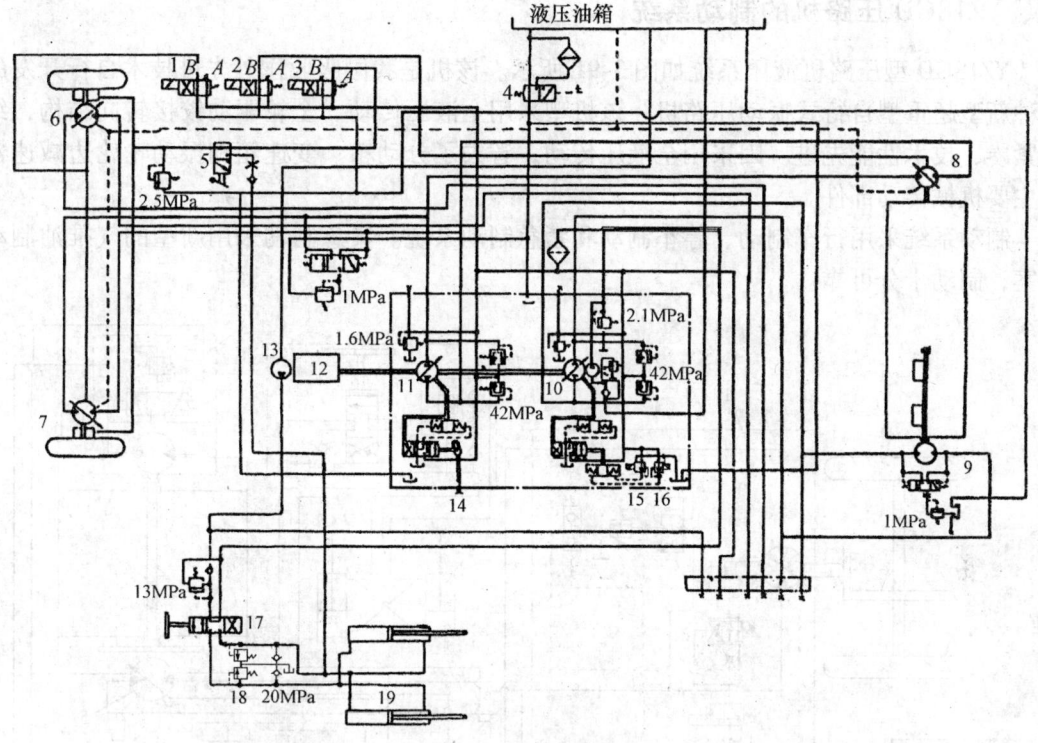

图 3-90　BW217D/PD 压路机液压系统原理图[①]

1，2—行走电磁阀；3—制动电磁阀；4—油温控制阀；5—锁定阀；6，7—左、右后轮行走马达；
8—振动轮行走马达；9—振动马达；10—振动泵；11—行走泵；12—发动机；13—转向泵；
14—行走操作手柄；15，16—可调式电磁先导减压阀；17—转向器；
18—缓冲补油阀；19—转向油缸

制动系统包括行车制动、停车制动和紧急制动。行车制动是将行驶手柄置于"空档"位置，使泵的排量为零，实现制动；停车制动为多片式液压制动，即关闭发动机之前，先将锁止阀 5 打到下位工作，再操作转向系统，使转向泵的液压油经锁止阀进入制动器，再将转阀回到中位，制动器内的液压油被锁止，从而实施停车制动；紧急制动是将锁止阀 5 在上位工作，电磁换向阀 3 断电，振动泵 10 内的定量辅助油泵和转向泵同时向制动器供油，实现快速制动。

实现紧急制动时，首先应将行车拉杆 14 置于"空挡"位置，使行走泵停止向液压系统供油，实现正常行走制动。同时应切断振动泵、可调式电磁先导减压阀的液控油路，中断振动泵向振动马达供油，使压路机处于非振动和空挡行驶工况。然后切断制动器电磁阀 3，辅助泵和转向泵同时向制动器提供压力油，制动液压系统进入制动工况，制动迅速可靠，可实现压路机紧急停车。

液压系统油温可通过温控阀 4 进行有效控制，油温过高时，油温控制阀将自动换向，系统回油经冷却器降温。

---

① 现代压实机械 [M]，周尊秋，北京：人民交通出版社，2003 年。

三、YZ18GD 压路机的制动系统

YZ18GD 型压路机液压系统如图 3-91 所示。该机是我国吸收国外先进技术自行开发的一种新型超重型自行式振动压路机。该机型采用全液压传动、全轮驱动铰接转向结构，结构紧凑，技术性能先进。因采用全液压传动，省去了分动箱、变速箱和振动轮轮边减速器等主要机械传动部件。

制动系统采用行车制动、停车制动和紧急制动系统。紧急制动采用新型的气推油制动方案，制动十分可靠。

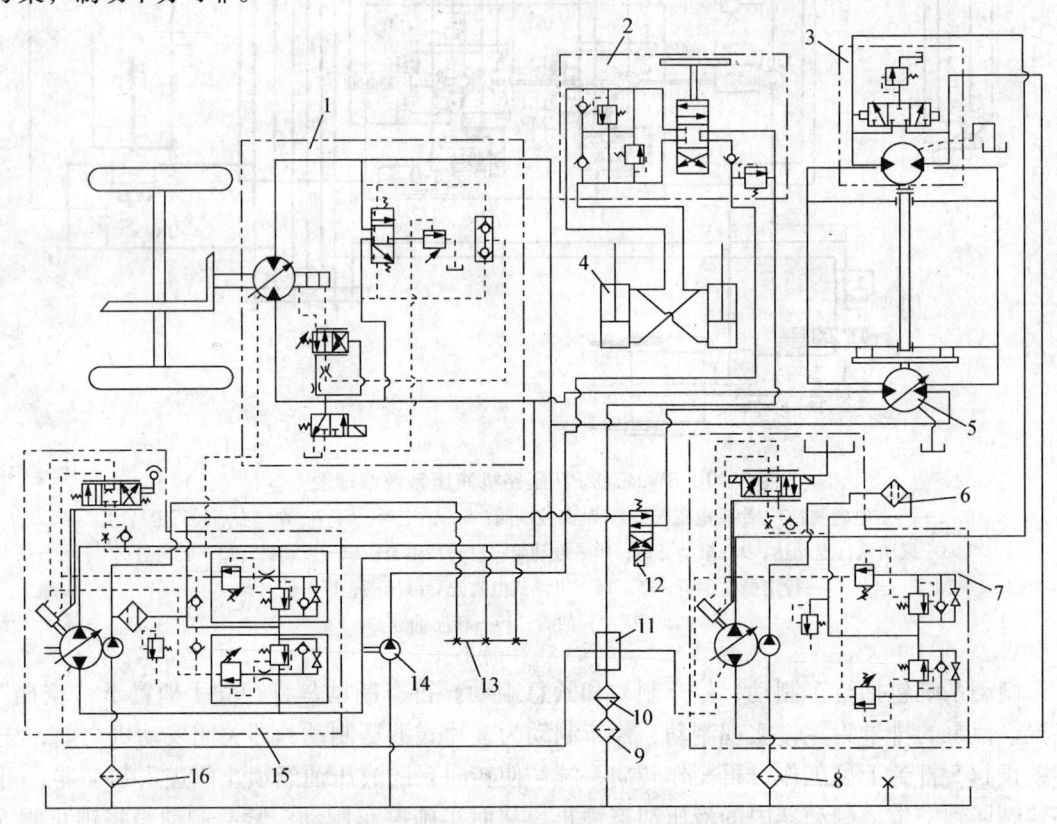

图 3-91 YZ18GD 压路机液压系统原理图[①]
1—行走马达；2—全液压转向器；3—振动马达；4—转向缸；5—行走马达；6，8，9，16—滤清器；
7—振动泵；10—冷却器；11—组合接头；12—调速器；13—测压点；14—转向泵；15—行走泵

四、YZ20E 压路机的制动系统

YZ20E 压路机的液压系统可分为行走系统、振动系统、转向系统、冷却系统（如图 3-92 所示）。

1. 制动系统

制动系统同 BW217D/PD，采用 3 种制动方式。

---

① 现代压实机械 [M]，周尊秋，北京：人民交通出版社，2003 年。

2. 中位保护功能

YZ20E 压路机的液压系统设计了一个中位保护功能。即当行走手柄不在中位时，发动机不能启动，该功能是在行走主泵上装有一个传感器来检测主泵的斜盘倾角，当主泵斜盘倾角为零（中位）时，传感器发出的信号使启动电路接通，发动机能够启动，当主泵斜盘倾角大于零（不在中位）时，该传感器发出信号，通过电器互锁使启动电路断开，此时发动机无法启动，从而避免发动机带载启动及其他安全事故的发生。

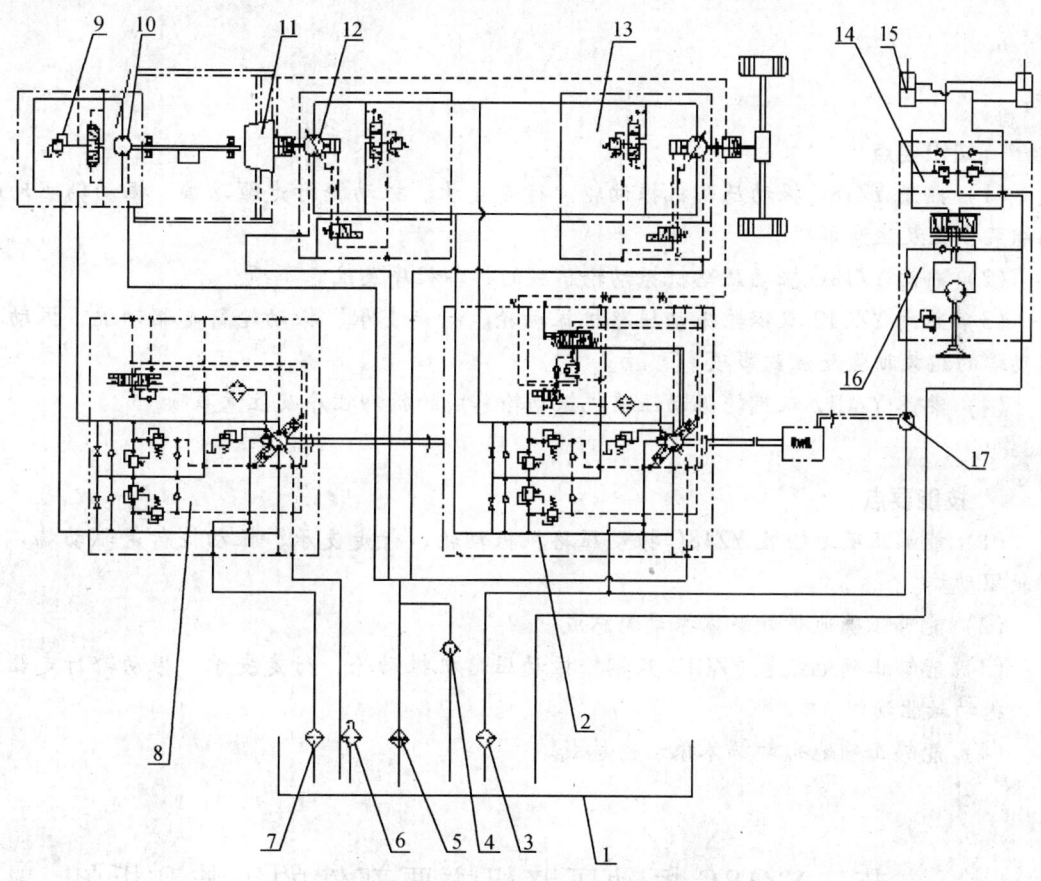

图 3-92 YZ20E 压路机液压系统原理图

1—油箱；2—行走泵；3，6，7—滤清器；4—旁通阀；5—散热器；8—振动泵；9—冲洗阀；10—振动马达；11—减速机；12—钢轮驱动马达；13—车轮驱动马达；14—补油缓冲阀；15—转向油缸；16—转向器；17—转向泵

第四章　典型压路机主要部件的组装和拆卸

知识要点

（1）熟悉 YZ18C 振动压路机振动轮、行走支承、振动轮行走驱动端、振动轴驱动端的组装步骤及注意事项。

（2）熟悉 YZ18C 振动压路机振动轮总成的拆卸程序及注意事项。

（3）熟悉 YZC12 双钢轮振动压路机振动轮、行走支承、振动轮行走驱动端、振动轴驱动端的组装步骤及注意事项。

（4）熟悉 YZC12 双钢轮振动压路机振动轮总成的拆卸程序及注意事项。

技能要点

（1）能够正确地组装 YZ18C 振动压路机振动轮、行走支承、振动轮行走驱动端、振动轴驱动端。

（2）能够正确地拆卸解体振动轮总成。

（3）能够正确地组装 YZC12 双钢轮振动压路机振动轮、行走支承、振动轮行走驱动端、振动轴驱动端。

（4）能够正确地拆卸解体振动轮总成。

第一节　YZ18C 振动压路机主要部件的组装和拆卸

一、振动轮的组装和拆卸

1. 钢轮外壳的组装

（1）将厚钢板卷制成圆柱形钢筒（如图 4-1 所示）后焊接，并经光面处理（如图 4-2 所示）。

（2）将左右圆形端面与中心圆柱焊接（如图 4-3 所示），然后与经光面处理的圆柱形钢筒焊接（如图 4-4 所示）。

对于单钢轮压路机，则在碾压轮壳体的另一端焊接碾压轮驱动装置连接板（如图 4-5 所示）。

图 4-1　焊接后的圆柱形钢筒

图 4-2　钢筒光面处理

图 4-3　端面焊接

图 4-4　碾压轮壳体振动轴驱动端

图 4-5　碾压轮端连接板

2. 振动轴的组装

（1）调幅装置的组装。调幅装置主要由固定偏心块、活动偏心块、调幅装置壳体等组成（如图 4-6 所示）。将固定偏心块 2 的轴孔左端与壳体 1 的孔焊接，挡销对应偏心块 2 的缺口部位，再将活动偏心块 3 套在固定偏心块 2 的轴上，最后焊接端盖 4 即成调幅装置（如图 4-7 所示）。

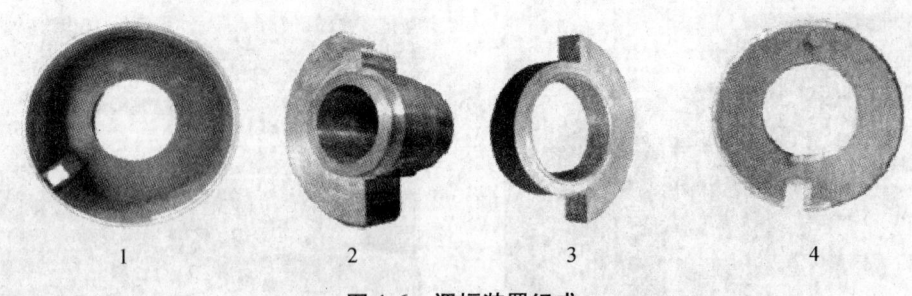

图 4-6 调幅装置组成
1—调幅装置壳体；2—固定偏心块；3—活动偏心块；4—端盖

（2）振动轴的装配。将组装好的调幅装置与偏心轴（如图 4-8 所示）通过平键连接或将调幅装置加热到 100℃ 并保温一定时间后，用工具夹出，安装在偏心轴两端轴颈处，冷却后形成过盈配合（如图 4-9 所示），然后从调幅装置螺母处加入硅油，以减少偏心块换向时的惯性冲击和振动，同时可调整振幅大小。最后拧紧螺母。

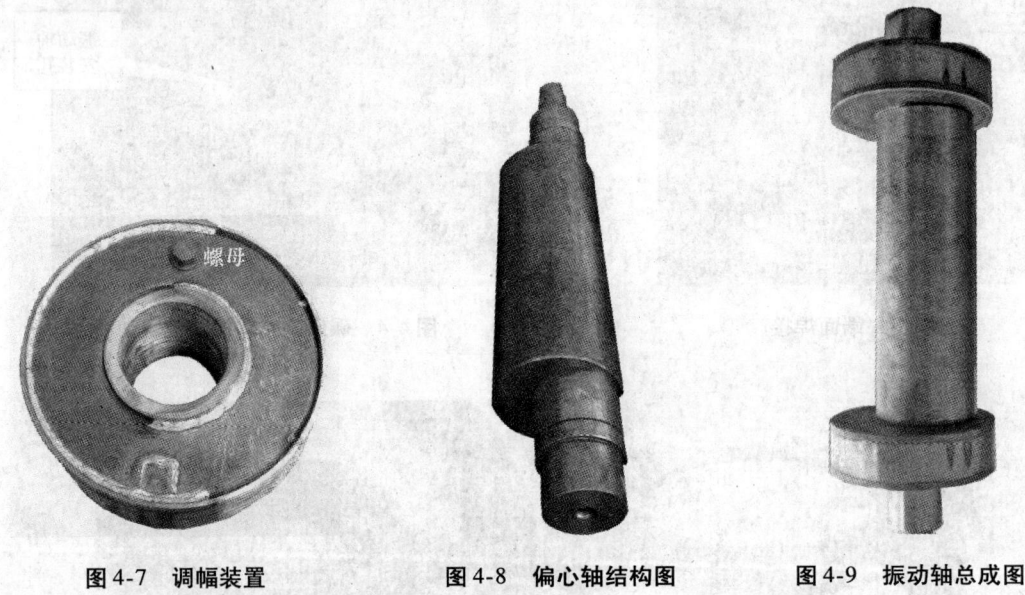

图 4-7 调幅装置　　图 4-8 偏心轴结构图　　图 4-9 振动轴总成图

3. 振动轴承的组装

振动轴承是压路机振动轮上最关键的部件，它承受振动轴传来的不定向的激振力，故发热量大，如果冷却不好，就会导致轴承损坏。为了提高振动轴承的使用寿命，振动轴承的冷却采用拥有专利的鼠袋式油道强制润滑机构，保证轴承得到充分的润滑和冷却，大大延长了轴承的使用寿命。

（1）振动轴承外圈（如图 4-10 所示，两件）分别装入左、右轴承座内（钢轮孔内）。可使用手动或油压压力机、千斤顶等器具进行压入作业，也可用敲击法进行装配。用敲击法进行装配时，使用敲击器具应该是铜锤一类，使用铜锤时必须垫上木块，且装配完毕必须将轴承座及内圈清洗干净。压入轴承外圈后，两轴承座内装上孔用弹性挡圈和 O 形圈，涂上润滑油，用面团粘除因装配可能产生的铜、铁末及其他杂物。

(2) 将振动轴承内圈（如图 4-11 所示，两件）放入油锅内，加温至 100℃，保温约 8 分钟，用夹子夹出，快速套入偏心轴两端，装到位，振动轴承内圈与轴肩间不得留有间隙。

图 4-10 振动轴承外圈

图 4-11 振动轴承内圈

(3) 安装弹性挡圈和挡油盘（如图 4-12 所示）。

(4) 将右轴承座安装到偏心轴组件上，安装 O 形圈于右轴承座上；吊装此组件于滚轮上，用螺栓和垫圈把右轴承座固定，用扳手按相应的拧紧力矩拧紧。注意，所有螺栓均须用 Loctite755 清洗剂清洗干净并晾干后，涂 Loctite277 锁固胶再进行装配。

(5) 在右轴承座端面环形槽中放入一个 O 形圈。

(6) 将滚轮平放，测量偏心轴的轴向窜动量（通过如图 4-12 所示中的轴向窜动量检测螺钉拉动偏心轴组件进行检测），要保证有 2～2.5 mm 的间隙，否则可在左轴承座与滚轮的结合面之间加减软钢纸垫调整。

图 4-12 弹性挡圈和挡油盘安装

(7) 安装螺塞、垫圈、螺纹盖于右轴承座上,在偏心轴的右侧依次装上平键、轴套和螺钉。

4. 滚轮落位的组装

(1) 平放滚轮,人工将左端减振块放至滚轮上,用螺钉和平垫圈紧固,螺钉用 Loctite755 清洗剂清洗干净并晾干后,涂上 Loctite277 锁固胶,涂黄漆标志;用扳手按相应的拧紧力矩拧紧。

(2) 在左轴承座的外形环槽中放入 O 形圈,用螺栓和垫圈把左轴承固定在滚轮左端,用扳手按相应的拧紧力矩拧紧。

(3) 翻转滚轮,将滚轮立放,左轴承座端朝下,按上述方法安装右端轴承座。

5. 行走支撑的装配

行走支撑有两种安装形式,一种装配的是单列圆锥滚子轴承(两套背靠背安装),一种装配的是双列圆锥滚子轴承。双列圆锥滚子轴承的游隙轴承本身的结构已经保证,不需调整。单列圆锥滚子轴承的游隙为 0.1~0.15mm,装配时需用加减调整垫的方法进行调整。

(1) 单列圆锥滚子轴承行走支撑结构的装配方法如下。

① 测量装在左侧(立端)的一件圆锥滚子轴承的内外圈的安装高度差,此值为 $S \pm 0.1$。测量方法是:将轴承平放在平板上,内外圈装配在一起,用深度游标尺测量轴承的总高度记为 H,取出外圈,测量外圈的高度 h,$H-h$ 应为 $S \pm 0.1$。当此值大于 $S+0.1$ 时,则在外圈锥度为大端的端面下加装调整垫。当此值小于 $S-0.1$ 时,则在内圈大直径端面加装调整垫。保证此尺寸的目的是为了保证浮动密封圈的预压缩量。

② 测量连接套轴承外圈装配处孔深的实际值,计为 A;测量端盖轴承轴颈长度的实际值,计为 B;测量两滚动轴承外圈的厚度,分别计为 $T1$、$T2$;测量中间隔垫厚,计为 $T3$,则:$B+T1+T2+T3-A=0.1\sim0.3$ mm。若小于 0.1 mm,则在端盖左端面加调整垫,若大于 0.3 mm,则车削端盖右端面。保证 0.1~0.3 mm 尺寸的目的是为了使端盖能压紧轴承外圈,且端盖与连接套的结合面之间的间隙又不至于过大。

③ 测量支撑座装配轴承内圈处的轴颈长度,计为 M;压盖孔深,计为 N。将两套轴承和间隔垫装在一起(如果左轴承内圈左端面有调整垫,则应包括此调整垫的厚度),测量其高度,计为 P,则 $P+N-M=0.05\sim0.15$ mm 轴承游隙。

④ 如左端轴承内圈左端面有调整垫,则先将此调整垫装入支撑座上。

⑤ 将一个左端轴承的内圈(连同滚柱和保持架)放在机油中加温至 100℃,取出后,大端朝左,迅速装配到支承座中,要装到位。

⑥ 如果左端轴承外圈左端面有调整垫,则先将此调整垫装入到连接套中。

⑦ 将左端轴承外圈、中间隔垫、右端轴承外圈压入连接套中,注意锥孔方向要符合国家图纸要求。将浮动密封圈涂抹润滑油,分别装入支撑座和连接套中。注意:O 形圈不得扭转、损坏和摩擦密封圈,不得有擦伤现象,并且应成套安装。

⑧ 将连接套装入支承座中,将右轴承内圈(包括滚珠和保持架)在机油中加温至 100℃ 装入支撑座上。将 O 形圈装入端盖相应的槽中,将油封装入端盖的孔中。向轴承内腔加入 2/3 容积的锂基润滑脂。

⑨ 如有调整垫,将其装入支承座的轴颈上,轴颈端面和压盖相互贴合面各自涂 Loctite680 平面密封胶，安装压盖，用内六角螺钉紧固，用相应的力矩拧紧，螺纹处涂螺纹密封胶。

⑩ 如无调整垫，将其装入连接套轴承外圈装配孔中，O 形圈涂 Mobil629 润滑油，连接套端面和端盖相互贴合面各自涂 Loctite680 平面密封胶，将端盖装到连接套上，用 12 个 M16×1.5×60 螺栓紧固，用相应的力矩拧紧，螺纹处涂螺纹密封胶。

(2) 双列圆锥滚子轴承行走机构的装配方法如下。

① 将行走支承轴承座 1（如图 4-13 所示）清理干净，在环形槽内装上密封装置，然后将加热到 100℃并保温约 8 分钟的轴承 1（含内圈）装在轴承座上（如图 4-14 所示），并给轴承涂 Mobil629 润滑油。

图 4-13　行走支承轴承座 1

图 4-14　轴承 1 安装

② 将双滚珠的轴承外圈 A 安装在行走支承轴承座 2 上（如图 4-15 所示）并轻轻敲入（如图 4-16 所示），在相反侧装上密封圈（如图 4-17 所示）。

图 4-15　安装轴承外圈 A

图 4-16　轴承外圈安装标准示意图

③ 将支承轴承座 1 压套在支承轴承座 2 上（如图 4-18 所示），然后将加热到 100℃并保温约 8 分钟的轴承 2（含内圈）装入（如图 4-19 所示），用铜棒轻轻敲打，再给轴承涂 Mobil629 润滑油。

④ 转动轴承座 2，转动阻力要小，加装端盖，并拧紧螺母（如图 4-20 所示）。

⑤ 用深度尺测量两轴承座之间的距离。保证此距离是为了保证轴承的游隙，否则轴承容易烧坏。

图 4-17 轴承密封圈安装

图 4-18 内外轴承座装配

图 4-19 轴承 2 安装

图 4-20 轴承定位

双列圆锥滚子轴承游隙不需调整，装配时，支承座轴颈右端面与压盖孔底端应留有间隙以保持压盖将轴承内圈压紧。压盖与轴承内圈之间应装入钢纸垫以防止 Mobil629 润滑油流入轴承内腔。其余各项与单列圆锥滚子轴承行走支承结构的装配相同。

（3）吊装行走支承于滚轮上，用螺栓和垫圈紧固，用相应的力矩拧紧。

（4）测量内外轴承座间距 A（如图 4-21 所示），该间距必须符合设计要求，以保证轴承有一定的游隙，从而减少轴承的发热和损坏。

图 4-21 内外轴承座间距测量

6. 碾压轮驱动装置的组装

（1）组装梅花板部件。将O形圈安放在行驶马达的密封槽内，涂上润滑脂，使其不会脱落和变形；吊起行驶马达，用螺栓与减速机（如图4-22所示）端部连接；取出减速机原加油口和放油口螺塞，将加、放油管安装在梅花板和减速机之间，加、放油管用螺栓、弹垫、平垫紧固在梅花板的管座上，用通油螺钉和组合垫与减速机相连。

翻转减速机，将车架连接左支板吊放在减速机上，螺栓孔对正后，用螺栓、弹垫、平垫紧固。螺栓要用Loctite755清洗剂清洗干净并晾干后，涂上Loctite277锁固胶，用扳手按相应的力矩拧紧，最后涂上黄色油漆标志。

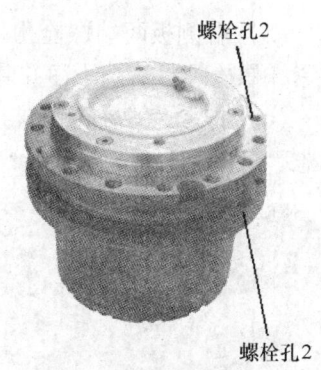

图4-22 减速机总成图

按规定给减速机内加油（加入规定量的Mobilgear SHC220美孚齿轮油至溢流口有油溢出为止）。

（2）吊装梅花板部件。装上螺母和垫圈并拧紧，驱动总成（如图4-23所示）组装完成；螺柱和螺母用Loctite755清洗剂清洗干净并晾干后，涂Loctite277锁固胶，用扳手按相应的力矩拧紧，涂黄漆标志。

（3）安装驱动总成。用螺栓将驱动总成通过减振块安装在碾压轮端部（如图4-24所示）。

图4-23 碾压轮驱动总成图

图4-24 驱动总成与碾压轮连接

7. 安装前车架组成的左、右侧板，前框板（如图4-25所示）

（1）左侧板与车架连接左支板上的螺栓孔对正；用螺栓、弹垫、平垫、螺母紧固，螺栓螺母清洗干净并晾干后涂锁固胶，用扳手按相应的力矩拧紧，涂黄漆标志。

（2）用支架将前框板架起。

（3）将左侧板和振动轮总成吊入前车架总成中，左侧板两端螺孔与前后框板连接，暂不拧紧；螺栓、螺母清洗并晾干后涂锁固胶。

（4）右侧板与车架连接右支板上的螺栓孔对正并装入调整垫；用螺栓、弹垫、平垫、螺母紧固，螺栓螺母清洗干净并晾干后涂锁固胶，用扳手按相应的力矩拧紧，涂黄漆标志。

(5) 右侧板两端螺栓孔与前、后框板螺孔对正，用螺栓、平垫与前后框板连接，暂不拧紧，螺栓螺母清洗干净并晾干后涂锁固胶。

(6) 拧紧左、右侧板与前、后框板固定螺栓，用扳手按相应的力矩拧紧，涂黄漆标志。

图 4-25　安装前车架

图 4-26　安装冷凝器

8. 安装冷凝器（如图 4-26 所示）

(1) 装配冷凝器总成：清洗冷凝盖并使各透气孔畅通；将冷凝盖螺纹端朝上，装入一件多孔板，装入间隔套，将过滤用的羊毛毡塞满间隔套与冷凝盖之间的空间，装入另一件多孔板，用螺钉、弹垫将其压紧。

(2) 冷凝盖总成与冷凝罐体装配：清洗冷凝罐体；将 O 形圈涂上润滑油，装入冷凝罐体的相关槽中，将冷凝盖总成拧入冷凝罐体并用扳手拧紧。

(3) 将冷凝器安装到行走支撑上：螺栓、平垫清洗并晾干后涂锁固胶，软钢纸垫两面均涂密封胶。粘贴到行走支承的相关部位，三孔应对正，将冷凝器的冷凝盖朝上，螺孔对正，用上述螺栓、平垫将其紧固。

二、振动轮的拆卸

1. 准备工作

(1) 用支架将前车架总成的前、后框板支牢固。
(2) 拆下振动轮总成左、右连接支板与前车架总成左、右侧板连接的螺栓。
(3) 拆下左（右）侧板与前车架前后框板连接的螺栓。
(4) 将振动轮总成从前车架总成中吊出。

2. 放油

(1) 放出前驱减速机润滑油，转动振动轮总成，使减速机的放油管处于最低位置。拆下加放油管上的螺塞压紧螺母，取下螺塞，将前驱减速机的润滑油放出。回装螺塞和压紧螺母。

(2) 放出滚轮中的润滑油，转动振动轮总成，使右轴承座上的放油塞处于最低位置；

拆下放油螺塞和油位螺塞及密封垫，将滚轮中的润滑油放出。回装放油螺塞和油位螺塞及密封垫。

3. 梅花板部件拆卸

（1）拆下与减振块相连接的螺母和平垫，吊下梅花板总成。

（2）将减速机立放，使马达端朝上，分别拆除马达固定螺栓和车架连接左支板固定螺栓，拆下马达和车架连接左支板。

（3）翻转减速机，使加、放油管朝上，拆除加、放油管固定螺栓和通油螺钉，拆下加、放油管，拆除梅花板固定螺栓，拆下梅花板。

（4）车架连接右支板的拆卸。拆下与减振块相连接的螺母和平垫，吊下车架连接右支板。

（5）减振块的拆卸。拆去减振块装配螺钉，从滚轮配重板和减振器支板上拆下减振块。

（6）减振器支板的拆卸。拆除减振器支板装配螺栓，用相应的螺栓拧入减振器支板的顶丝孔中，顶出减振器支板。

（7）振动马达和轴套Ⅱ的拆卸。拆除振动马达装配螺栓，取出振动马达和其上的轴套Ⅱ；拧松轴套Ⅱ上的紧固螺钉，从振动马达轴上拆下轴套Ⅱ。

（8）冷凝器的拆卸与拆散。拆除冷凝器装配螺栓，从行走支撑上拆下冷凝器。用扳手从冷凝灌上拆下冷凝盖总成，从冷凝器罐体上取下O形圈。用一字起子拆下平头螺钉及弹垫，从冷凝盖中取出多孔板、间隔套和羊毛毡。

（9）行走支承组件的拆卸和拆散。拆除与右轴承座相连接的螺栓、垫圈，吊下行走支承组件。拆除端盖装配螺栓和两件油杯座，从行走支承组件上拆下压盖。用两件厚100 mm的垫块呈约180°垫在支承座和连接套之间，用相应的螺栓拧入连接套的螺孔中，顶出连接套和圆锥滚子轴承内圈（外圈的内圈）。分别从连接套和支撑上取下浮动密封圈。将连接套垫起，用铜冲和铁锤沿连接套内孔的半圆槽冲出圆锥滚子轴承外圈。用六角扳手拆下支承座上的螺塞，用螺栓顶出支撑座上的半圆锥滚子轴承内圈（内侧的内圈）和轴承游隙垫。

（10）左轴承座端盖的拆卸。用扳手拆除装配左轴承座端盖的螺栓，拆下左轴承座端盖的螺栓，拆下左轴承座端盖，从左轴承座上取下O形圈。

（11）偏心轴组件的拆卸与拆散。用扳手拆除装配右轴承座端盖的螺栓和平垫，从振动轮总成中吊出偏心轴组件。用拉马（又称拉力器）从偏心轴上拉下轴套Ⅰ。从偏心轴上取下平键。用卡簧钳从偏心轴上拆下轴用挡圈，用拉马从偏心轴上拉下挡圈，再用拉马从偏心轴上拉下挡油盘。从偏心轴组件上吊下右轴承座和右振动轴承外圈组件。用卡簧钳从右轴承座上拆下孔用弹性挡圈。用铜冲和铁锤沿右轴承座上的4个拆卸孔从右轴承座中冲出右振动轴承外圈。从右轴承座上分别取下两个O形圈。用卡簧钳从偏心轴上分别拆下轴用挡圈，用拉马分别从偏心轴上拉下调幅装置和振动轴承内圈。从偏心轴上取下平键。

（12）左轴承座和左振动轴承外圈组件的拆卸与拆散。用扳手拆除装配左轴承座的螺栓和平垫，从振动轮总成中吊出左轴承座和右振动轴承外圈组件。从滚轮幅版上取下钢纸垫。用卡簧钳从左轴承座上拆下孔用弹性挡圈。用铜冲和铁锤沿左轴承座上的4个拆卸孔从左轴承座中冲出左振动轴承外圈及保持架滚动体总成。从右轴承座上取下O形圈。

YZ18C 型压路机振动轮零件明细参见表 4-1 所列，其零部件组装图如图 4-27 所示。

表 4-1　YZ18C 型压路机振动轮零件明细①

序号	零件名称/代号	序号	零件名称/代号
1	滚轮	33	垫圈 20GB93-87
2	螺母 M16*20-SPL6175	34	螺母 M20GB6185.1-00　10 级
3	垫圈 16GB/T1230-91	35	螺钉 M12*45GB70.1-00　12.9 级
4	减振块 SM-1131-23	36	垫圈 12GB1230-91
5	螺钉 M120*30GB70.1-00	37	柱塞马达 A2FM63
6	垫圈 12GB97.1-02	38	螺栓 M10*30GB5783-00
7	螺纹盖	39	垫圈 10GB97.1-02
8	左轴承座	40	弹性联轴器Ⅰ、Ⅱ
9	纸垫	41	螺钉 M12*35GB70.1-00　12.9 级
10	O 形圈 441*8Freudenberg	42	键 C18*63GB1096-79
11	轴承 NJ2328E.MIA.C5（FAG）	43	螺塞 M22*1.5（JB/ZQ4450）
12	孔用弹性挡圈	44	垫圈 22*27（JB/ZQ4454）
13	挡圈 155GB894.1-86	45	螺栓 M12*35GB5783-00
14	调幅装置	46	盖
15	键 20*125GB1096-79	47	螺栓 M24*20GB5786-00　10.9 级
16	偏心轴	48	螺栓 M10*20GB5783-00
17	右轴承座	49	垫圈 10GB93-87
18	O 形圈 470*4 Freudenberg	50	O 形圈 315*5.3GB3452.1-92
19	挡油盘	51	端盖
20	O 形圈 355*5.3GB3452.1-92	52	减速机　CTU3300/107
21	挡圈 70GB894.1-86	53	车架连接左支板
22	螺栓 M24*2*60GB5786-00　10.9 级	54	螺栓 M20*60GB5783-00　10.9 级
23	垫圈 24GB1230-91	55	柱塞马达 A6VE55HZ3/63W
24	行走支承	56	螺栓 M20*55GB5783-00　10.9 级
25	减振器座板	57	螺栓 M22*1.5*220
26	螺栓 M20*2*55GB5786-00　10.9 级	58	螺母 M22*1.5GB6171-00　10.9 级
27	垫圈 20GB1230-91	59	垫圈 22GB97.1-02
28	软钢纸垫	60	垫圈 22GB93-87
29	冷凝器	61	螺钉 M20*50GB70.1-00　10.9 级
31	垫	63	梅花板焊接
32	螺栓 M20*90GB5782-00 10.9 级	64	调整垫

---

① 三一培训教材——压路机，易小刚，2005 年。

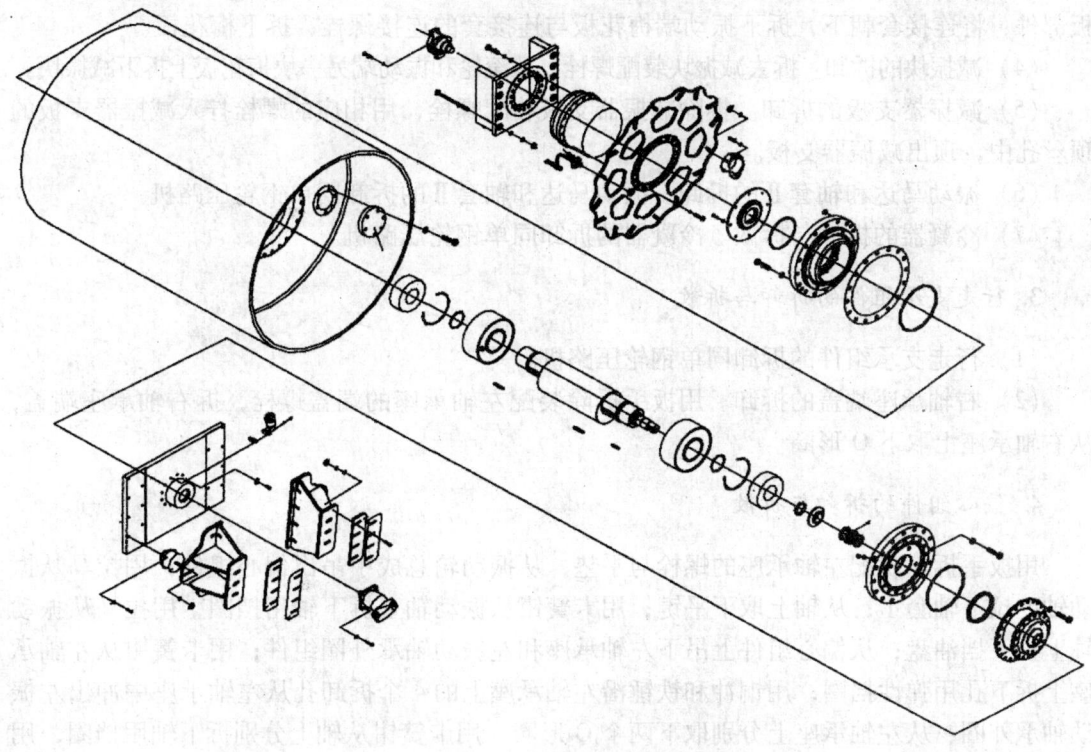

图 4-27 YZ18C 压路机零部件组装图[①]

第二节 YZC12Ⅱ型双钢轮压路机主要部件的拆卸与组装

一、拆卸

1. 振动轮总成的拆卸

（1）准备工作如下。
① 用支架将前车架（或后车架）侧板后方两侧底部（或侧板前方两侧底部）固定。
② 拆下左右叉脚与车架连接的螺栓。
③ 将振动轮总成从前、后车架总成中吊出。
④ 拆下左叉脚与振动轮连接套间的螺栓、右叉脚与减速机间的螺栓，拆下左、右叉脚。
（2）放油。钢轮放油同单钢轮压路机。

2. 行驶端梅花板总成拆卸

（1）拆下与减振块相连接的螺母和平垫，吊下梅花板部件。
（2）使减速机端朝上，拆除梅花板固定螺栓，拆下梅花板。
（3）振动端梅花板部件的拆卸。拆下与减振块相连接的螺母和平垫，吊下振动端梅花

---

① 三一培训教材——压路机，易小刚，2005 年。

板部件,将连接套朝下,拆下振动端梅花板与连接套的连接螺栓,拆下梅花板。

(4) 减振块的拆卸。拆去减振块装配螺栓,从滚轮和振动端另一块梅花板上拆下减振块。

(5) 减振器支板的拆卸。拆除减振器支板装配螺栓,用相应的螺栓拧入减振器支板的顶丝孔中,顶出减振器支板。

(6) 振动马达和轴套Ⅱ的拆卸。振动马达和轴套Ⅱ的拆卸同单钢轮压路机。

(7) 冷凝器的拆卸与拆散。冷凝器的拆卸同单钢轮压路机。

3. 行走支承组件的拆卸与拆散

(1) 行走支承组件的拆卸同单钢轮压路机。

(2) 右轴承座端盖的拆卸。用扳手拆除装配左轴承座的端盖螺栓,拆右轴承座端盖,从右轴承座上取下O形圈。

4. 偏心组件的拆卸与拆散

用扳手拆除装配左轴承座的螺栓与平垫,从振动轮总成中吊出偏心组件;用拉马从振动轴上拉下轴套Ⅰ;从轴上取下平键;用卡簧钳从振动轴上拆下轴用挡圈,用拉马从振动轴上拉下挡油盘;从偏心组件上吊下左轴承座和左振动轴承外圈组件;用卡簧钳从左轴承座上拆下孔用弹性挡圈;用铜冲和铁锤沿左轴承座上的4个拆卸孔从左轴承座中冲出左振动轴承外圈;从左轴承座上分别取下两个O形圈;用卡簧钳从轴上分别拆下轴用挡圈,用拉马分别从振动轴上拉下调幅装置和振动轴内圈;从振动轴上取下平键。

5. 右轴承座和右振动轴承外圈组件的拆卸和拆散

用扳手拆除装配右轴承座的螺栓和平垫,从振动轮总成中吊出右轴承座和右振动轴承外圈组件;从滚轮辐板上取下钢纸垫;用卡簧钳从右轴承座上拆下孔用弹性挡圈,用钢冲和铁锤沿右轴承座上的4个拆卸孔中冲出右振动轴承外圈;从右轴承座上取下O形圈。振动轮零部件图如图4-28所示,零部件明细参见表4-2所列。

表4-2 YZC12Ⅱ型压路机振动轮零件明细①

序号	零件名称/代号	序号	零件名称/代号
1	左叉脚	9	垫圈 GB1230
2	螺栓 M20*2*200GB5785-00 10.9级	10	振动端梅花板
3	垫圈 20GB1230-91	11	减振器
4	调整垫	12	螺钉 M16*40GB70.1-00 10.9级
5	柱塞马达 A4FM28	13	垫圈 16GB1230-91
6	冷凝器	14	联轴器 YZC12.6A.4
7	软钢纸垫	15	挡圈 35GB894.1-86
8	螺栓 M41*1.5*35GB5786-00 10.9级	16	盖板

---

① 三一培训教材——压路机,易小刚,2005年。

续表

序号	零件名称/代号	序号	零件名称/代号
17	螺栓 M10*25GB5783-00	45	螺栓 M20*2*70GB5786-00 10.9级
18	垫圈 10GB97.1-02	46	O形圈 19*2.65GB3452.1-92
19	振动端行走支承	47	螺塞 M18*1.5（JB/ZQ4450）
20	键 16*40 GB 1096-79	48	垫圈 18JB982-77
21	左轴承座	49	螺栓 M16*1.5*55GB5786-00 10.9级
22	O形圈 300*5.3GB3452.1-92	50	螺栓 M12*40GB5783-00 10.9级
23	O形圈 329.57*5.33AS568-382	51	垫圈 12GB1230-91
24	挡圈 70GB894.1-86	52	螺母 M12*1.75-10SPL6175
25	挡油盘	53	连接套
26	轴承 NJ2318EM1（FAG）	54	冷凝器座
27	挡圈 190GB893.1-86	55	罩盖
28	挡圈 105GB894.1-86	56	螺栓 M12*30GB5783-00 10.9级
29	左调幅装置	57	轴套Ⅰ
30	键 16*95（GB1096）	58	弹性橡胶垫
31	滚轮	59	轴套Ⅱ
32	轴	60	螺钉 M10*25GB70.1-00 12.9级
33	右调幅装置	61	支撑座
34	纸垫	62	浮动密封圈 SC2250
35	右轴承座	63	减振器支板 YZC12-5.6.7A.1
36	O形圈 186*3.5FREUDENBERG	64	滚动轴承 352932GB299-95
37	端盖	65	螺栓 M16*1.5*45GB5786-00 10.9级
38	行走端梅花板	66	端盖
39	右叉脚	67	密封圈 FB180*210*15GB9877.1-88
40	螺钉 M16*55GB70.1-00	68	压盖
41	垫圈 16GB93-87	69	螺钉 M10*30GB70.1-00 12.9级
42	垫圈 20GB93-87	70	垫圈 18*22（JB/ZQ4454）
43	螺钉 M16*45GB70.1-00 10.9级	71	O形圈 150*3.55GB3452.1-92
44	马达 A6VE55+减速 GFT17+传感	72	O形圈 236*5.3GB3452.1-92

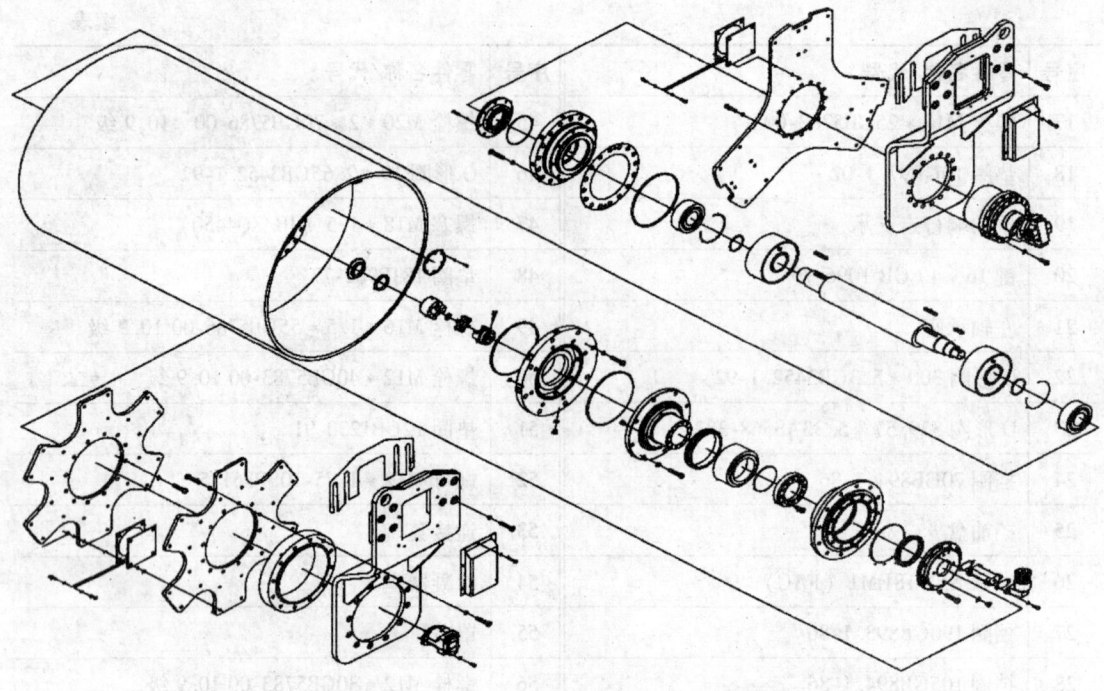

图 4-28　YZC12 压路机零部件组装图[1]

二、装配

1. 滚轮落位初装

（1）振动轴承外圈与轴承座的装配同单钢轮压路机。

（2）碾压轮驱动端的组装。在钢轮一侧焊接 3 块如图 4-29 所示的驱动连接板（如图 4-30 所示）。

图 4-29　驱动连接板

图 4-30　碾压轮驱动端结构图

---

[1] 三一培训教材——压路机，易小刚，2005 年。

平放碾压轮，人工将右端减振块放至滚轮隔板上，用螺钉和平垫圈紧固，螺钉用Loctite755清洗剂清洗干净并晾干后，涂Loctite277锁固胶，涂黄色标志；用扳手按相应的拧紧力矩拧紧。

（3）在右轴承座的外环形槽中放入O形圈，用螺栓和垫圈把右轴承座固定在滚轮右端，用扳手按相应的拧紧力矩拧紧。

（4）翻转碾压轮，将碾压轮立放，右轴承座端朝下。

2. 偏心轴组件的装配

（1）调幅装置与振动轴的组装同单钢轮压路机，不同之处是振动轴为均匀的轴。

（2）振动轴承内圈与振动轴的组装同单钢轮压路机。

（3）挡油盘与振动轴的组装同单钢轮压路机。

（4）将左轴承座安装到振动轴组件上，装O形圈于左轴承座上；吊装此组件于滚轮上，用螺栓和垫圈把左轴承座固定，用扳手按相应的拧紧力矩拧紧。（所有螺栓均需用Loctite755清洗剂清洗干净并晾干后，涂Loctite277锁固胶进行装配）

（5）在左轴承座端面环型槽中放入一个O形圈。

（6）将碾压轮平放，测量振动轴的轴向窜动量，要保证有2～2.5mm的窜动量。否则，可在右轴承座与滚轮的结合面之间加减软钢纸垫调整。

（7）装螺塞、垫圈、螺纹盖于左轴承座上，在振动轴的右侧依次装上键、轴套和螺钉。

3. 碾压轮行走驱动的装配

（1）将减速机立放，吊起行驶马达对正减速机安装孔，用螺栓和垫片固定，用扳手按照相应的力矩拧紧，在马达壳体上安装叉脚；在减速机壳体上安装三角形驱动板。

（2）吊装行走驱动总成（如图4-31所示）于滚轮上（如图4-32所示），用螺栓和垫圈紧固，用相应的拧紧力矩拧紧。

图4-31 碾压轮驱动端总成

图4-32 碾压轮驱动端结构图

(3) 将振动轴向左推至推不动为止，测量联轴器轴套 I 端部距行走端面距离，然后用吊环螺钉拉动偏心轴到拉不动为止，再测量联轴器轴套 I 端部距行走端面距离，两距离相减即得窜动量，要保证有 1.5～2 mm 的窜动量，如不足 1.5 mm，可在轴承盖与大钢轮的连接处再加软钢纸垫 $\delta=0.5$ 调整，如大于 2 mm，可拆下左轴承座，用车床车削左轴承座与滚轮的结合端面，直到满足要求。

按规定给减速机内加油（加入规定量的 Mobilgear SHC220 美孚齿轮机油至溢流口有油溢出为止）。

4. 振动轴驱动端的装配

(1) 装配行走支承（同单钢轮压路机）。
(2) 吊装行走支承于碾压轮上。
(3) 在行走支承外端安装带减振块的振动端梅花板（在两块相同的梅花板之间加装减振块）（如图 4-33 所示），用螺母紧固，螺母清洗晾干后涂 Loctite277 锁固胶，涂黄色油漆标志，用相应的拧紧力矩拧紧。
(4) 安装驱动马达（如图 4-34 所示）。用螺母紧固，螺杆、螺母清洗晾干后涂 Loctite277 锁固胶，涂黄色油漆标志，用相应的拧紧力矩拧紧。

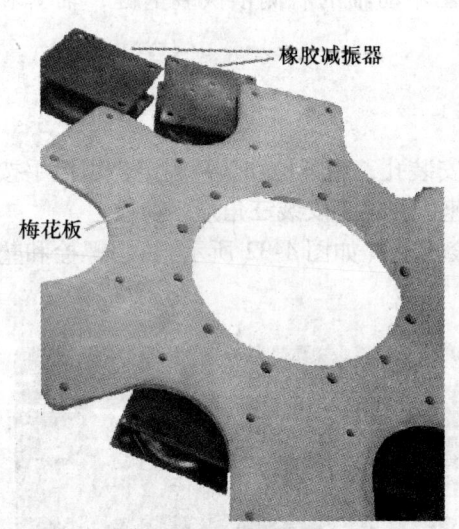

图 4-33 梅花板与减振块

图 4-34 振动轴驱动端装配效果图

5. 安装叉脚（如图 4-34 所示）

(1) 左叉脚与连接套上的螺栓孔对正，右叉脚与减速机上的螺栓孔对正；用螺栓、弹垫、平垫、螺母紧固；螺栓螺母用 Loctite755 清洗剂清洗干净并晾干后，涂 Loctite277 锁固胶，用扳手按相应的拧紧力矩拧紧，涂黄色油漆标志。
(2) 用支架将前车架或后车架架起。
(3) 将振动轮总成吊入前车架或后车架中，叉脚螺栓孔与车架螺孔对正，用螺栓、平垫与车架连接，用扳手按相应的力矩拧紧，涂黄色油漆标志。

6. 检查减振块压缩量

减振块的压缩量为单边 0～0.5 mm，通过加减车架与叉脚之间的调整垫进行调整。

7. 加齿轮油

滚轮轴承支座内加入美孚齿轮油 Mobilgear 629 约 11.5 L。

8. 安装冷凝器

第五章 典型压路机的检验与调试

 知识要点

（1）熟悉 YZ18C 振动压路机的检验与调试内容；掌握其调试方法；熟悉检测所需检测工具、仪器。

（2）熟悉 YZC12 振动压路机的检验与调试内容；掌握其调试方法；熟悉检测所需检测工具、仪器。

（3）熟悉 YL25C 轮胎压路机的检验与调试内容；掌握其调试方法；熟悉检测所需检测工具、仪器。

 技能要点

（1）对新下线和修复的 YZ18C 振动压路机，会正确选择和使用检测工具、仪器；会进行正确的检验与调试。

（2）对新下线和修复的 YZC12 振动压路机，会正确选择和使用检测工具、仪器；会进行正确的检验与调试。

（3）对新下线和修复的 YL25C 振动压路机，会正确选择和使用检测工具、仪器；会进行正确的检验与调试。

为了确保压路机的整机性能，首先要保证各个零部件质量符合设计要求，因此对各主要零部件要进行检验与调试；其次，压路机组装完成后，要对整机各项参数进行检验和调试，以确保压路机的各项性能指标符合要求。

第一节 YZ18C 振动压路机的检验与调试

一、后桥总成质量检验

后桥总成质量检验记录参见表 5-1。

表 5-1 后桥总成质量检验记录

检验项目	检验内容	检验标准或/和要求	检验方法或/和仪表
1. 柱塞马达	变量电磁阀线圈	24 V	查看
	外观	整洁、无碰损	目测
	编号	符合设计要求	查看
2. 驱动桥	外观	整洁、无碰损	目测
	编号	符合设计要求	查看

续表

检验项目	检验内容	检验标准或/和要求	检验方法或/和仪表
3. 加注润滑油	润滑油牌号	双曲线齿轮油 HD85W-140	查看标签
	轮边减速箱	按侧视图位置加油,直到油位口溢油,呈稳定状态	查看
	输入端减速箱	按主视图位置加油,直到油位口溢油,呈稳定状态	查看
	中央壳体	按 A 向图位置加油,直到油位口溢油,呈稳定状态	查看
4. 液压马达与后桥连接	结合面清洗、涂胶	符合涂胶工艺	查看
	M16 螺栓拧紧	$M = 20\text{ N} \cdot \text{m}$	力矩扳手
	有无渗漏	无渗漏	查看

二、柴油机部装检验

柴油机部装检验记录参见表 5-2。

表 5-2 柴油机部装检验记录

检验项目	检验内容	检验标准或/和要求	检验方法或/和仪表
1. 零部件	清洗,去毛刺	无锈渣和灰尘、铁屑、毛刺	查看
2. 弹性块与柴油机的装配	M10 螺栓	螺栓清洗晾干后涂紧固胶,拧紧力矩 $42 \pm 5\text{ N} \cdot \text{m}$	力矩扳手
3. 三联泵装配	外观	整洁、无碰损	目测
	编号	符合设计要求	查看
	各电磁阀线圈	24 V	查看
	M20 螺栓	$300 \pm 10\text{ N} \cdot \text{m}$	力矩扳手
	M10 螺栓	$42 \pm 5\text{ N} \cdot \text{m}$	力矩扳手
	螺栓涂胶	清洗晾干后涂紧固胶	
4. 排气总成	各法兰结合平面	无锈渣和灰尘、铁屑、毛刺	查看
	螺栓 M8	拧紧	扳手扳动
	螺栓 M10	拧紧	扳手扳动
5. 安装空滤	螺栓 M12	拧紧	扳手扳动
	防尘嘴方向	朝下	查看
	喉箍箍紧橡胶管情况	箍紧	查看
6. 管路安装	胶管、液压元件清洁度	无污物、铁屑、毛刺	查看
	胶管走向	管路顺畅,无任何折管可能	查看
	胶管外表	无破损	查看
	胶管安装	正确,符合图纸要求	查看
	紧固件	旋紧到位,无任何松动可能	查看
	接头密封性	胶管接头处无泄露可能	查看
	各胶管接头拧紧力矩	参照工艺或液压部分	查看

三、液压油箱部装检验记录

液压油箱部装检验记录参见表5-3。

表5-3 液压油箱部装检验记录

检验项目	检验内容	检验标准或/和要求	检验方法或/和仪表
1. 油箱内壁	清洗	是否有灰尘、杂物、电焊飞溅、油漆残留物	查看
2. 液压油箱	M12 螺栓	拧紧	扳手扳动
	液位计紧固	拧紧	扳手扳动
	滤清器紧固螺钉 M5	拧紧	扳手扳动
3. 各外露油口	M8 螺栓	拧紧	扳手扳动
	封口	检查是否有破损情况	查看

四、驾驶室检验

驾驶室检验记录参见表5-4。

表5-4 驾驶室部装检验记录

检验项目	检验内容	检验方法或/和要求	检验标准或/和仪表
1. 零部件	外观	整洁、无碰损	查看
2. 紧固件	前大灯	拧紧到位,无松动可能	扳手、螺丝刀
	前后雨刮器	无少装、漏装等现象	拧紧
	遮阳板	无破损	
	室内灯	完好	
	后视镜	完好	
3. 灵活性	后视镜、遮阳板	有一定阻力,但能转动	试转动后视镜、遮阳板
4. 单项检查	左右门锁	开关轻便灵活,安全可靠	目测
	雨刮器	刮刷与风窗立柱垂直	目测
	门窗	平直	目测
	密封件	接口部位美观、密封,无扭装扭曲	目测
	玻璃	无伤痕、污点,干净明亮	目测
5. 转向器安装	螺栓 M10	45±5 N·m	扳手扳动
	结合面	清洁	查看
	转向机构	操作方便灵活、安全可靠,无机械卡阻、松动、震响现象	查看
	仪表台	操作方便灵活、安全可靠,无机械卡阻、松动、震响现象	查看
6. 安装油门操作系统	与操作箱、柴油机连接	螺母锁紧	扳手扳动
	操作手柄在箱体槽中的位置	居中	查看
	操作灵活情况	灵活	上下拨动操作手柄
7. 安装蒸发器	结合面	蒸发器总成与驾驶室地板的结合面清洁	查看
	螺栓 M12	拧紧	扳手扳动

五、钢轮组装检验

钢轮组装检验记录参见表 5-5。

表 5-5 钢轮组装检验记录

检验项目	检验内容		检验方法或/和要求	检验标准或/和仪表
1. 零部件	清洗去毛刺		偏心轴、轴承、右轴承座、端盖等无锈渣、灰尘	查看
2. 组装行走支承	轴承安装	型号	滚动轴承 352932×2	查看
		外观	转动灵活,无碰伤、划痕及其它缺陷	目测
		是否加润滑脂	约 2/3 轴承内腔,壳牌润滑脂 EP2	查看
		清洁情况	轴承安装后无渣无尘	查看
		浮动密封圈	汽油清洗 O 形圈,安装并吹干	查看
		SC2650	无伤痕、缺胶、凸起,安装无扭曲,高出 0.7~1mm	深度游标卡尺
	压盖安装		支承座结合面涂密封胶,螺钉涂紧固胶	查看
			螺钉清渣、晾干后涂紧固胶	查看
			M16 螺钉力矩 300±15 N·m	力矩扳手
3. 组装行走支承	骨架油封安装		清洗油封沟槽	查看
			涂润滑脂	查看
			密封圈无扭曲	查看
	端盖安装		螺栓清洗后涂紧固胶	查看
			M16 螺栓力矩 300±15 N·m	力矩扳手
	连接套		来回推动,不得有窜动	查看
	连接最终尺寸		157.8(+0.30)	深度游标卡尺
4. 组装偏心轴	检查调幅装置配合公差		ϕ155H8(0/+0.3) ϕ155h7(0/−0.04)	千分尺
	振动轴承	型号	轴承 NJ2328E.MIA.C5	查看
		外观	转动灵活,无碰伤、划痕及其它缺陷	目测
		清洁情况	轴承安装后无渣无尘	查看
	挡油盘垫安装		与轴肩无间隙	塞尺
5. 安装行走支撑	涂密封胶		行走支承、右端盖结合面涂密封胶	查看
	涂紧固胶		螺栓清洗晾干后涂紧固胶	查看
	M24 螺栓		拧紧力矩 578±20 N·m	力矩扳手

六、梅花板部装检验

梅花板部装检验记录参见表 5-6。

表 5-6 梅花板部装检验记录

检验项目	检验内容	检验方法或/和要求	检验标准或/和仪表
1. 减速机与梅花板装配	减速机型号	符合设计要求	查看
	涂紧固胶	螺栓清洗晾干后涂紧固胶	查看
	M20 螺钉(萨奥)	拧紧力矩 410±10 N·m	力矩扳手
	M16 螺钉(力士乐)	拧紧力矩 410±10 N·m	力矩扳手

续表

检验项目	检验内容	检验方法或/和要求	检验标准或/和仪表
2. 减速机与车架连接支板装配	涂紧固胶	螺栓清洗晾干后涂紧固胶	查看
	M20 螺栓	410±10 N·m	力矩扳手
3. 减速机与马达装配	马达型号	符合设计要求	查看
	涂紧固胶	螺栓清洗晾干后涂紧固胶	查看
	M20 螺栓	570±520 N·m	力矩扳手
4. 减速机加油	壳牌 150	约 4.5 升（溢油口有油溢出为止）	查看
	加油口	无渗漏	查看

七、滚轮部件检验

滚轮部件检验记录参见表 5-7。

表 5-7 滚轮部件检验记录

检验项目	检验内容	检验方法或/和要求	检验方法或/和仪表
1. 零部件	清洗去毛刺	无锈渣、灰尘、铁屑、毛刺	查看
2. 滚轮加油	加油量	加注废油约 50L	
	渗漏情况	无渗漏	查看
3. 安装偏心轴	O 形圈装配	涂适量美孚润滑脂 EP2	查看
		无划痕、缺胶、凸起、扭曲，高出 0.7～1 mm	深度游标卡尺
	螺栓 M24	清洗晾干后涂紧固胶	查看
		570±20 N·m	力矩扳手
	弹性联轴器轴套紧定螺钉 M8	拧紧	查看
4. 安装振动马达	外观	整洁、无碰损	目测
	型号	符合设计要求	目测
	M12 螺栓	螺栓清洗晾干后涂紧固胶	查看
		125±10 N·m	力矩扳手
5. 检查振动轴承游隙	在端盖的一侧测量	0.0650～0.1	铅丝千分尺
6. 检查偏心轴总成的轴向窜动	在偏心轴联轴器端测量	2～2.5 mm	深度游标卡尺
7. 减振器座板	M20 螺栓	螺栓清洗晾干后涂紧固胶	查看
		570±20 N·m	力矩扳手
8. 安装减振块	M12 螺钉	螺栓清洗晾干后涂紧固胶	查看
		123±10 N·m	力矩扳手
9. 安装梅花板组件	M16 螺母	螺栓清洗晾干后涂紧固胶	查看
		215±10 N·m	力矩扳手
10. 轴承座加油	壳牌	加入约 14.5 L（溢油口有油溢出为止）	查看
	渗漏情况	无渗漏	查看
11. 车架连接支板安装	螺栓涂胶	螺栓清洗晾干后涂紧固胶	查看
	螺母 M16	215±10 N·m	力矩扳手
	螺栓 M20	410±10 N·m	力矩扳手

单钢轮振动压路机调试参照双钢轮振动压路机。

第二节　YZC12双钢轮振动压路机的检验与调试

一、双钢轮压路机检验项目

双钢轮压路机检验项目参见表5-8，双钢轮的驾驶室、液压油箱、柴油机等总成的检验同单钢轮压路机，在此不再详述。

表5-8　双钢轮压路机检验项目

序号	项目	要求
1	浮动密封圈	无伤痕，缺胶、凸起、安装无扭曲
2	振动轴承游隙	0.18～0.24 mm
3	行走支撑装配后的尺寸	132±0.1 mm
4	压盖 M10	50±10 nm
5	M16（壳牌润滑脂）	300±10 nm
6	振动轴承是否锂基脂	NLG12
7	减速机齿轮油是否为150号	150齿轮油
8	小钢轮内	无毛刺，飞溅物
9	行走支撑组件 M20	580±10 nm
10	偏心轴承装配后轴向窜动量	1.5～2
11	梅花板与减速机 M16、M20	M16：300±10 nm
12	行驶马达与减速机	M22：580±10 nm
13	振动马达端盖紧固	190±10 nm
14	叉脚紧固	M12：120±10 nm

二、双钢轮压路机装配时特别检查项目

双钢轮压路机装配时特别检查项目参见表5-9。

表5-9　双钢轮压路机装配时特别检查项目

序号	项目	检验方法
1	转向盘根部是否开裂	目测
2	操作手柄行程前后是否相差很大	目测
3	转向器是否漏油	目测
4	操作手柄回中位时，中位灯时亮时不亮	目测
5	覆盖件能否合到位	目测
6	柴油双滤于覆盖件是否干涉	目测
7	柴油箱是否漏油	目测
8	碾压轮内加油后以及各种涂胶装配后24小时内不能振动	贴标示
9	振动轴窜动量	测量轴端螺杆窜动量
10	电控柜是否与门框干涉（单钢轮）	目测
11	液压油高压过滤器接头是否漏油（单钢轮）	目测

三、双钢轮振动压路机调试项目（检验员跟车检验）

双钢轮振动压路机调试项目记录（检验员跟车检验）参见表 5-10。

表 5-10　双钢轮振动压路机调试项目记录（调试员跟车调试）

序号	调试项目	调试内容		调试标准或/和要求	调试标准或/和仪表
1	各挡最高行驶速度	Ⅰ挡	前进	（见调试规程）	秒表 50 m 卷尺
			后退		
		Ⅱ挡	前进	（见调试规程）	秒表 50 m 卷尺
			后退		
2	液压参数/MPa	力士乐	平地行驶压力	≤38	压力表
			补油压力	2.2～2.6	压力表
		萨奥	平地行驶压力	≤44	压力表
			补油压力	2.5～3.5	压力表
		转向行驶压力		≤20	压力表
		壳体压力		≤0.3	压力表
3	振动频率及压力	高频	频率	（见调试规程）	频率计
			压力	≤38（力） ≤42（萨）	压力表
		低频	频率	（见调试规程）	频率计
			压力	≤38（力） ≤42（萨）	压力表
4	转向协调检查	转向油缸与转向盘转向		一致	目测
		转向干涉情况		左右极限时无干涉	目测
5	空调	工作情况		工作正常温度大于8℃	温度计
		空调高压		符合设计要求	压力表
		空调低压		符合设计要求	
		制冷剂加注量		符合设计要求	电子秤

四、调试作业后整车清洗与保养（检验员跟车检验）

调试作业后整车清洗与保养记录（检验员跟车检验）参见表 5-11。

表 5-11　调试作业后整车清洗与保养记录（检验员跟车检验）

序号	检验项目	检验内容	检验标准或/和要求	检验标准或/和仪表
1	整机清洗	整机各部分	无泥土、石子、灰尘，驾驶室顶部不漏水	目测、手摸
2	润滑油	减速机齿轮油	见调试规程	目测
		振动轮齿轮油	见调试规程	目测
		发动机油	见调试规程	目测
3	液压油清洁度	检验液压油清洁度	≤8 级	测试仪
4	检查、紧固与保养	检查与紧固液压胶管接头、螺塞、空调系统接头、柴油管接头及其结合面，电线接头等	无松动	扳手
5	整机螺栓	检查、紧固各部螺栓、螺钉	无松动	扳手
6	空调检漏	空调系统检漏情况	无泄漏	检漏仪

第三节　YL25C 轮胎压路机的检验与调试

一、零部件质量检验

YL25C 轮胎压路机零部件质量检验参见表 5-12。

表 5-12　零部件质量检验

检验项目	检验内容
转向器	型号：BZZ-630/p/c
减速机	型号：NJ218GB283-94
光面轮胎	型号：12.00-20-16PR/1-1A
滚动轴承	型号：30316GB297-94
回转支承	型号：010X32X500Z5
组合散热器	型号：KL-SYL25
柴油机	型号：4BTA3.9C-110
零部件	清洗、装配、螺栓清洗
发动机弹性联轴装置	
双联泵	型号：符合设计要求
燃油箱—液压油箱—放油总成	是否泄漏，是否有裂纹
动力系统（一）	
零部件—进油管总成—各管路—散热器总成—散热器管路—导风罩总成	是否有裂纹，管路是否有堵塞
动力系统（二）	
零部件—排气总成—排气管包扎玻璃纤维毡带—进气总成—各管路	进、排气管是否漏气
前轮总成	
零部件—螺纹—圆锥轴承装配—端盖与轮毂配合面—轮胎轮辋—前轮轴组装—转向油管—叉架总成及回转支承连接—叉架与车架总成连接—刮泥装置安装	是否有裂纹；油管是否泄漏；螺栓是否紧固
后轮总成	
零部件—螺纹部分—轴承盖与轴承座配合—轴承装配—减速机装配—马达装配—轮胎—后轮与车架—刮泥装置	是否有裂纹；螺栓是否紧固
洒水系统	
零部件—水箱总成—前后水管组件—洒水系统总装	是否有裂纹；管路是否泄漏；螺栓是否紧固
气动系统	
清洁度—安装储气罐—卸荷阀—空滤—胶管—正确性、紧固件、密封性、各螺纹处	是否有裂纹；管路是否泄漏；螺栓是否紧固
液压	
清洁度—高低压过滤器—优先阀—胶管—正确性、紧固件、密封性、各螺纹处	是否有裂纹；管路是否泄漏；螺栓是否紧固；是否密封
踏板、标牌	
零部件—配钻—安装各盖板	
驾驶室、操作系统	

检验项目	检验内容
零部件—紧固件（前后雨刮、灯架、左右门锁、室内灯、后视镜）——灵活性（后视镜、窗帘、吸音隔热海绵）	螺栓是否紧固；后视镜等是否灵活
单项检查（门窗、密封件、玻璃等）	
安装转向系统—安装油门操作系统—安装操纵台、座椅总成—驾驶室装配至车架	操纵是否灵活；螺栓是否紧固
空调系统	
零部件—安装蒸发器—安装压缩机—安装冷凝器—安装干燥器—安装空调系统	安装是否正确；是否泄漏；螺栓是否紧固
电气系统	外观、插接件、紧固件
覆盖件	零部件、覆盖件试运动

二、YL25C 压路机下线质量检验

YL25C 压路机下线质量检验参见表 5-13。

表 5-13　YL25C 压路机下线质量检验

序号	检验项目	检验内容	检验标准或/和要求	检验标准或仪表
1	点火开关			能正常点火启动
2	文本显示器		显示正常	目测
3	收音机			视听
4	工作灯			目测
5	转向灯			目测
6	刹车灯			目测
7	空调			
8	电控油门	怠速挡	≤1 000 rpm	转速表
		额定速度	2 350 ± 50 rpm	转速表
		自动挡	750～2 350 ± 25 rpm	转速表
9	行驶速度	低速（一挡）	0～122 m/min	转速表
		高速（二挡）	0～277 m/min	转速表
10	洒水	手动	洒水	目测
		自动	洒水	目测
11	制动	辅助制动	系统响应时间 <0.5 s	秒表
		紧急制动	<0.5 s	秒表

注：起步转速自动在 3 s 内升至额定值。

第六章　压路机的维护与保养

知识要点

（1）熟悉三一压路机的维护与保养要求；掌握主要保养部位的保养周期及注意事项。

（2）熟悉 HAMM3625HT 压路机的维护与保养要求；掌握主要保养部位的保养周期及注意事项。

（3）熟悉保养部位以及不同季节各保养部位使用的油料种类。

（4）了解一些常用的保养专业英语词汇。

技能要点

（1）能够正确地维护与保养三一压路机。

（2）能够正确地维护与保养 HAMM3625HT 压路机。

（3）能够根据部位和季节选择油料品种。

（4）掌握常用的专业保养英语词汇。

第一节　三一压路机的维护与保养

一、技术保养

为保证压路机经常处于优良的技术状态，高效可靠地工作，延长其使用寿命，驾驶员和机务人员必须仔细阅读和认真执行技术保养规范。

1. 日常维护保养

（1）清洁压路机：清除压路机表面堆积的泥土和粘砂；清除发动机、液压元件和各部件表面上的尘土油垢。注意切勿将污物弄进各加油口和空气滤清器内。

（2）检查压路机各零部件的连接和紧固情况，特别要注意检查减振块是否在正常压缩状态下工作，轴承座与振动轮的连接螺栓、驱动轮的轮辋连接螺栓是否松动或断裂，对松动或断裂者予以紧固或更换。

（3）检查和排除压路机各部位的渗漏油现象，避免让油和其他对环境产生危害的物质污染环境。

（4）检查发动机曲轴箱的机油、燃油箱及液压油箱的油量，并按照规定加足。

2. 周期性技术保养

（1）压路机 50 h 磨合后的技术保养。在投入使用之前，压路机应进行 50 h 试运行，否则不得投入正式使用。50 h 的磨合运行按发动机使用说明书中有关规范进行。磨合试运转结束后，须按以下规定进行技术保养。
① 重复日常技术保养的全部项目。
② 更换发动机机油和滤清器。热车时放尽旧机油，然后注入新机油，经短期运行后检查机油油位是否在规定高度。
③ 更换后桥润滑油。热车时放尽旧润滑油，再注入新润滑油。
④ 更换振动轮润滑油。热车时放尽旧润滑油，再注入新润滑油。
⑤ 更换前驱动减速机润滑油。热车时放尽旧润滑油，再注入新润滑油。
⑥ 清洗柴油粗滤器滤芯。
⑦ 检查液压油油位，加液压油至规定量。
⑧ 检查发动机冷却液液位，加冷却液至规定量。
⑨ 检查减振块是否有裂纹，如裂纹长度大于 15 mm 必须更换。
⑩ 检查振动轮、后桥及液压系统是否有渗漏现象，有则必须清除。
⑪ 发动机每工作 50 h，必须清理空气滤清器一次。

（2）压路机每工作 250 h 技术保养，又称一级保养，其保养项目如下。
① 重复日常技术保养全部项目。
② 检查启动马达、发电机。
③ 检查冷启动、停车电磁阀、调节器。
④ 检查接线柱、导线。
⑤ 检查液压系统：泵、阀、法兰、管路。
⑥ 检查液压油滤清器。

（3）压路机工作 500 h 技术保养，又称二级保养，其保养项目如下。
① 重复 250 h 技术保养全部项目。
② 按发动机使用说明书中 500 h 技术保养项目进行柴油机的保养。
③ 检查电气设备及仪表：开关、按钮、操纵监控装置线路。
④ 检查整机：振动轮润滑油，后桥、车架、振动轮等各主要部件的焊接处。
⑤ 检查减振块的弹性，对变形大或已破裂缺损的予以更换。

（4）压路机工作 1 000 h 技术保养，又称三级保养，其保养项目如下。
① 重复 500 h 技术保养全部项目。
② 按发动机使用说明书中 500 h 技术保养项目进行发动机保养。
③ 更换液压油滤清器滤芯。
④ 检查压路机振动频率，必要时进行调整。
⑤ 检查后桥的技术状况，并按相关要求进行保养。

除以上介绍的周期性技术保养外，压路机在每年的冬季需进行大保修——对压路机进行一次全面检查维修，并更换振动轮内的润滑油。

3. 长期停放的技术保养

如果压路机将停放 3 个月不使用，应按下列要求保养。
（1）按发动机使用说明书要求作长期停放的技术保养，作防锈处理。
（2）将压路机内外表面清洗干净，有条件时一贯停放在库房里，露天停放应选在通风处，用帆布盖好。

(3) 平行垫起前、后车架，调整垫块厚度，直至减振块完全不产生剪切、拉伸变形为止。

(4) 用中心铰接架固定装置，将前、后车架固定在一起。

(5) 对压路机润滑点进行加注新油或润滑脂。

(6) 从压路机上取下蓄电池，清洁其外部，检查电解液液位，并每月充电一次。

(7) 用塑料或纸带等将空气滤清器及排尘口、排气管口等处包扎好，这有利于避免潮湿空气进入发动机体内。

(8) 将燃油箱加满油，以免凝结和生锈。

(9) 将液压油箱充满至最高刻度处。

二、振动轮总成的使用与维护

振动轮在出厂时各部分均已装配调整好，正常情况下无须调整。在保修期间，严禁自行拆卸振动轮。

润滑油加注方法如下。

将压路机停放在水平地面上，使振动轮两油口之一位于轮轴的正下方，拧开螺塞放尽旧油；然后，将压路机稍许移动，使振动轮两油口之一转至轮轴的正上方，拧开另一个螺塞，从正上方的油口注入规定牌号的润滑油，直至另一个油口溢油为止；最后，将油口螺塞擦净并重新装上、拧紧，换油完毕。

注意事项：

振动轮润滑油的更换必须在热车的情况下进行，双钢轮必须更换两个振动轮的润滑油。

三、油料和辅助用料表

油料和辅助用料参见表6-1。

表6-1　油料和辅助用料表

用料名称	牌号及标准	所用部位	用　量	更换时间
轻柴油	-10号或-35号（冬） 0号（夏）	发动机燃油箱	参见说明书	视季节、地区情况更换
机油	美孚 Mobil DSI 300	发动机曲轴箱	参见说明书	250 h 或半年
工业用润滑油	美孚 Mobil gear 629（夏） 美孚 Mobil gear 627（冬）	前驱减速机	参见说明书	冬夏换油（首次50 h）
	美孚 MobilHD85W-140	后桥	参见说明书	半年
	美孚 Mobil gear 629	振动轮	参见说明书	500 h（首次50 h）
润滑脂	美孚 Mobilux EP2	振动轮行驶轴承	加至2/3空间	大修时加注
液压油	美孚 N68 抗磨液压油 N46 低温液压油（严寒季节）	液压油箱	参见说明书	2 000 h 或一年
不冻液	美孚 Mobil 不冻液（-45℃）	发动机水箱	参见说明书	按需

四、后桥的维护与保养

1. 简介

三一重工的单钢轮压路机的后桥由美国德纳（DANA）公司制造，采用 No-Spin 差速器和湿式盘式制动器，制动器的开启压力为 1.5～3 MPa。

后桥在出厂时各部均已调好，正常情况下无须调节。在保修期间，严禁自行拆卸后桥。

2. 润滑油加注方法

后桥的保养主要是加注润滑油。如图 6-1 所示是后桥加油示意图，参见表 6-2 列出了后桥总成润滑油的油品牌号、加注周期及用量。

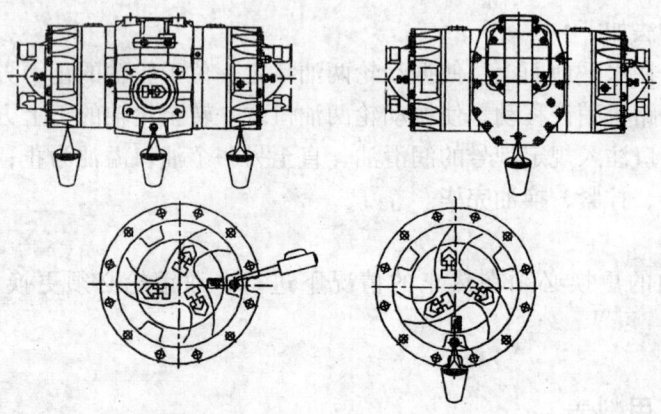

图 6-1 润滑油加注示意图

表 6-2 后桥总成润滑油的油品牌号、加注周期及用量

项　目		时间间隔	润滑油牌号及用量
检查油位	主减速器	每月	美孚齿轮润滑油 Mobilgear HD85W-140
	中央壳体	每月	
	轮边减速器	每 250 h	
换油	主减速器	每 1000 h，首次 50 h	1.8 l
	中央壳体	每 1000 h，首次 50 h	8.25 l
	轮边减速器	每 1000 h，首次 50 h	3.6 l*2

3. 制动盘间隙检查与调整

（1）制动盘间隙的检查。如图 6-2 所示是制动盘间隙检查示意图。拧开油位检查口 1，将工具 T1 从检查口 1 插入两动片之间，检查其距离"S"，此距离不能小于 4.5 mm。

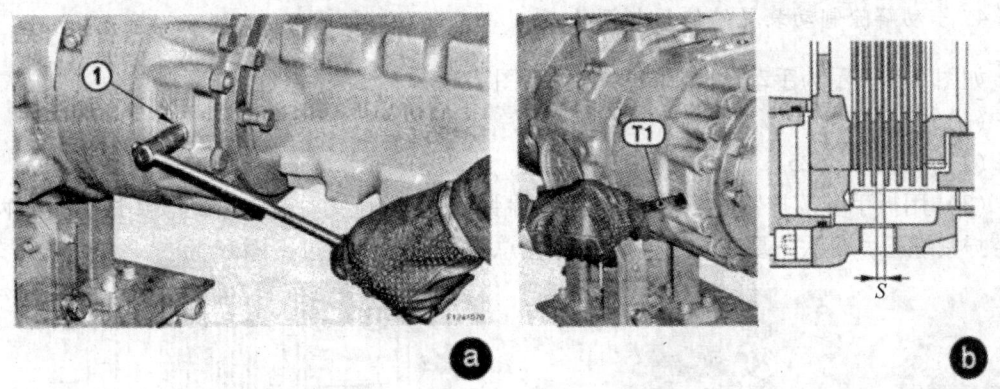

图 6-2　制动盘间隙检查示意图

（2）制动盘间隙的调整。如图 6-3 所示为制动盘间隙调整示意图。将外接油泵压力油接至图中"P"点，加压 1.5～3MPa；逆时针旋转调整齿轮 4，直至制动间隙即动片与静片之间的间隙完全消除；旋转扭矩达到 8～10N·m；顺时针旋转齿轮 4 四圈，将制动间隙调整为 1mm（每转一圈为 0.25mm）；安装安全垫片 3 和固定螺母 2，固定螺母 2 力矩为 10～11N·m。

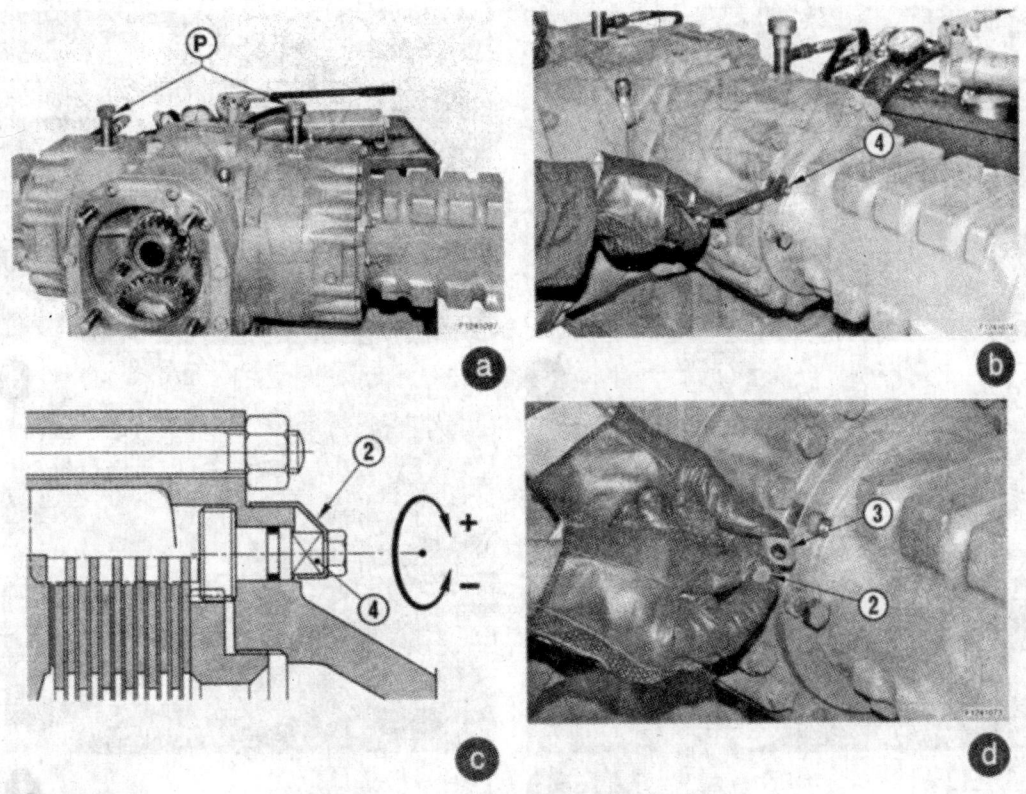

图 6-3　制动盘间隙调整示意图

4. 手动解除制动装置的使用与调整

如图 6-4 所示为手动解除制动装置示意图。

(1) 松开螺母 24，向后旋出大约 8 mm。

(2) 拧紧螺栓 25，直到与压盘 16 接触。

(3) 用扳手继续拧紧螺栓 25，克服膜片弹簧 11 的压力，松开制动。（**注意**：要两边交替拧紧螺栓，每次不要超过 1/4 圈，螺栓总共拧紧不要超过一圈）

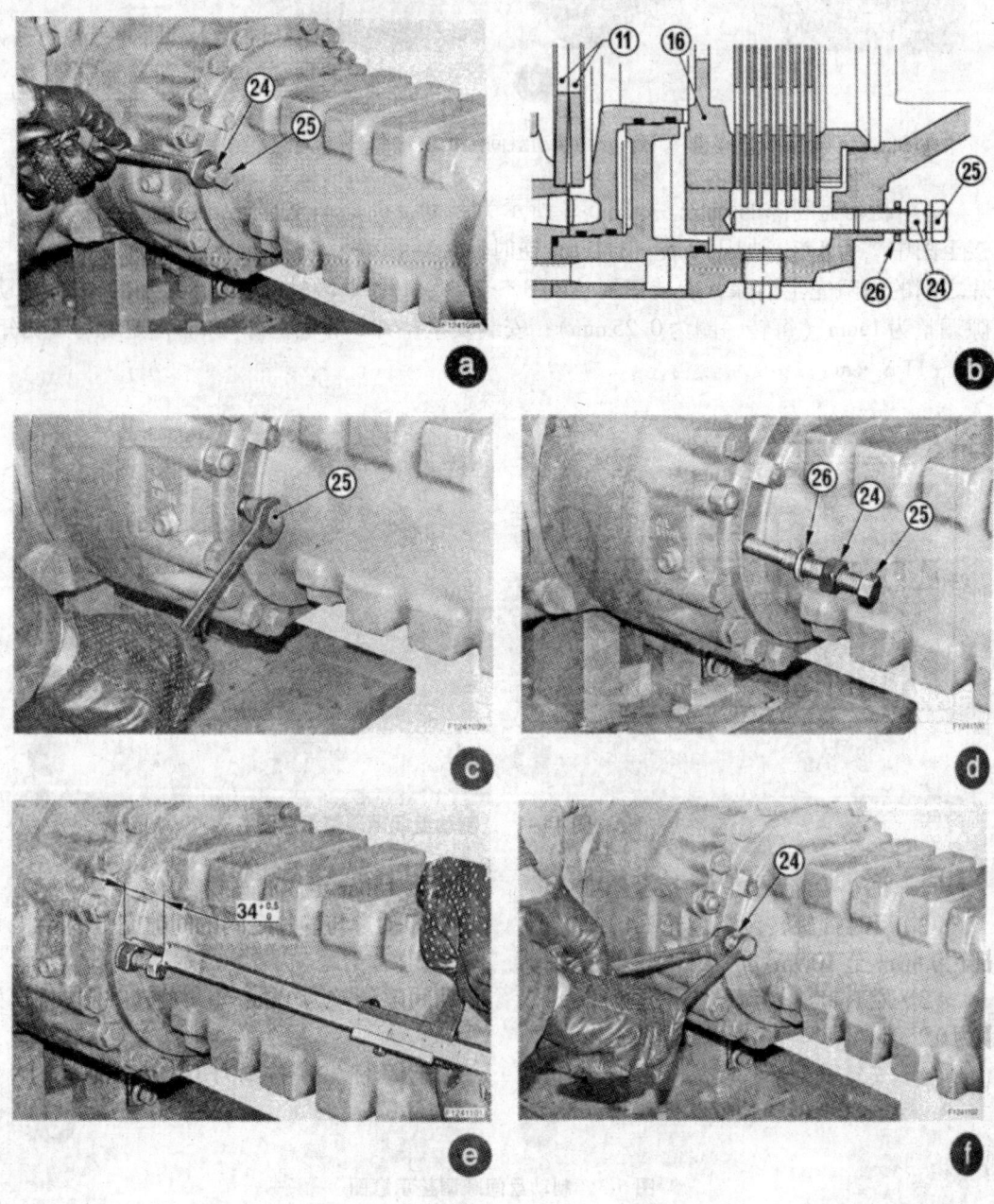

图 6-4　手动解除制动方法示意图

(4) 完成手动解除制动的操作后，要重新调整解除制动装置。首先要完全拧下螺栓 25。取下旧密封垫片 26，将新的密封垫片表面涂上硅基润滑脂 Tecno Lupe/101 后，套在螺栓上，与螺栓 25、螺母 24 一起拧回安装孔内。

(5) 将螺栓 25 调整至与桥壳距离为 34～34.5 mm。

(6) 将固定螺母 24 拧紧。（**注意**：保持螺栓 25 不动）

五、空调系统的维护与保养

压路机空调是专门为解决压路机在炎热夏天或寒冷天气作业时，调节驾驶室内温度的一种温度调节装置。为驾驶人员提供一个舒适的工作环境，减轻驾驶员的劳动强度。空调系统是压路机的主要辅助设备之一。

压路机空调系统包括制冷和采暖两部分。空调的制冷系统由 4 个主要部件组成：压缩机、蒸发器、冷凝器和贮液器，再通过管道把它们连接起来（如图 6-5 所示）。

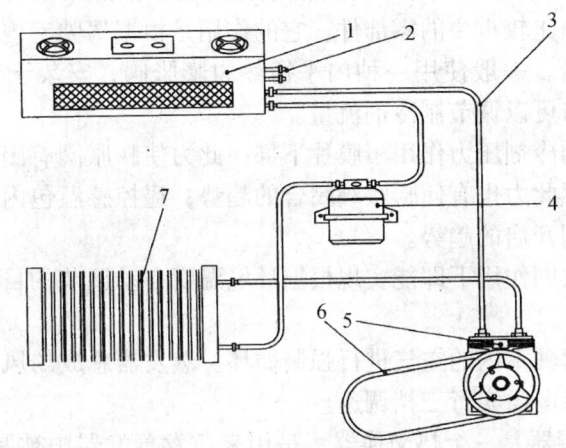

图 6-5 空调系统组成
1—蒸发器总成；2—暖气热水接口；3—空调胶管；4—贮液器总成；
5—压缩机；6—压缩机皮带；7—冷凝器总成

(1) 压缩机。压缩机是空调系统的心脏部分，是推动制冷剂在冷气系统中不断循环的动力，起着输出制冷剂蒸汽，保证制冷剂正常循环工作的作用。

压缩机的结构一般有往复式、斜盘式、旋片式、滚动活塞式和涡流式等，与液压泵结构形式有很多类似之处。

压缩机一般还附带有电磁离合器，其作用是根据需要控制压缩机主轴与压缩机皮带共同转动或共同断开，以便使空调系统在发动机工作时制冷或不制冷。压缩机离合器具有以下特点。

它由装在轴承上的皮带轮与压缩机主轴花键相联的驱动盘和不转动的电器线圈绕组组成。电流通过离合器绕组时产生较强的磁场，使压缩机的转盘和自由转动的皮带轮结合，从而驱动压缩机主轴旋转，当空调控制器把电流截断时，磁场消失，靠弹簧的作用把驱动盘和皮带轮脱开，压缩机便停止工作。

为了避免压缩机的损坏，对压缩机实行多重保护，主要是在压缩机非正常运行时，切断离合器的供电从而达到保护功能。

自动保护：当冷气出口温度低于设定温度时（用温控旋钮设定），自动给离合器断电，空调停止工作，进行温度控制与调节。

如果压缩机的回气温度过高（102～110℃）时，贮液器中的可熔塞熔化，排泄出高压制冷剂，保护冷气系统。

当系统出现冰堵或堵塞，压缩机的高压出口的压力过高（超过 3.1 MPa）时，压力开关将会断开，压缩机停止工作；或者当系统出现泄漏使系统压力过低（低于 0.23 MPa）时，低压开关断开，压缩机无法启动。

（2）蒸发器。蒸发器是用来冷却和循环驾驶室内空气的。蒸发器总成主要由蒸发器阀芯体、膨胀阀、风机和壳体构成。蒸发器阀芯体是一种热交换装置。其作用是使液态制冷剂在低压下蒸发，利用制冷剂的蒸发吸热来冷却循环空气而达到制冷的目的。目前压路机上采用的蒸发器芯体是管翅式结构。在蒸发器芯体中有两套独立的管道，一套用来冷却循环空气（制冷），另一套是使发动机的冷却热水循环流动散热来给驾驶室提供暖风。膨胀阀是空调系统中的一个比较重要的零部件，它的作用是根据驾驶室内的热负荷自动调节输入蒸发器制冷剂的流量。一般使用一种内平衡热力膨胀阀，安装于蒸发器总成的进口位置。针阀、阀座和孔口可以调节制冷剂流量。

蒸发器进口处的制冷剂压力作用于膜片下部，此力使膨胀阀有闭合的趋势；过热弹簧压力作用于针阀根部，此力也有使膨胀阀闭合的趋势；遥控感温包内的惰性气体作用于膜片上侧，则有使膨胀阀开启的趋势。

在上述 3 种力的共同作用下即能实现根据环境温度自动调节的目的，对制冷剂起到节流的作用。

风机的作用是使驾驶室内的空气进行强制循环。蒸发器总成的风机采用轴流式双轮直流（24 V）风机，串有电阻实行三挡调速。

（3）冷凝器。冷凝器是一个热交换器，是用来散发蒸发器中被制冷剂所吸收的热量，以及压缩机压缩制冷时所产生的热量。通过冷凝器的散热可把高压过饱和蒸汽制冷剂变成液态。冷凝器的散热好坏对空调的制冷性能有较大的影响，一般应保证气态制冷剂经过冷凝器的冷却后变为 3～6℃ 的液态过冷制冷剂。

目前压路机使用的冷凝器是管翅式结构。为了保证制冷剂在出口处为液态，要求气态制冷剂的进口在上侧，液态制冷剂的出口在下侧。为增强散热能力，增加了冷凝风机来强制散热。

（4）贮液器。贮液器是将贮液器、干燥器、检视窗和安全装置组合成一体。贮液器贮存制冷剂并以一定的流量向蒸发器总成内膨胀阀输送液态制冷剂；干燥器利用活性氧化硅胶或硫酸钙吸收空调系统的潮气，防止冰堵；检视窗位于贮液器顶部，通过它直接监察系统内制冷剂的状况；安全装置是一种高低压开关，它直接控制压缩机工作或停止（低压：0.23±0.03 MPa 开启；0.2±0.03 MPa 关闭。高压：2.5±0.2 MPa 开启；3.1±0.2 MPa 关闭）。贮液器安装时，应尽可能垂直，偏斜角度最好不超过 15°。

六、刮泥装置的维护与保养

正确地维护刮泥装置不仅与压实质量而且对整个压路机传动部件，包括刮泥装置的使用寿命有关，通常应做到如下几点。

每天工作前应根据压实需要调整刮泥板与碾压轮表面间的间隙，检查各螺栓松紧度，特别是对振动压路机和轮胎压路机使用的刚性刮泥装置的螺栓进行检查。

工作中刮除的多余的材料应随时清除，对嵌入刮泥板与碾压轮表面之间的石子或螺栓等硬物应及时清除，否则会局部刮伤碾压轮表面。

在压实沥青和水泥混凝土面料前，应将刮泥板涂上废柴油或废机油以利清理刮泥装置，对雨天工作后或长期停放不用的压路机除应清洁刮泥装置外，还应给刮泥装置涂废润滑油，以防止锈蚀。

刮泥板磨损过度、弹簧断裂或弹性下降，要及时更换刮泥板和弹簧，当出现调整螺栓锈蚀，调整困难时，应拆下刮泥装置进行保养。

当刮泥板轴与轴座之间的定位螺栓失效引起刮泥板下脱时，应及时紧固或取下修复。以免丢失或被压坏。

第二节　HAMMA3625HT压路机的维护与保养

一、维护保养注意事项

维护和保养是为了恢复压路机的技术性能，保证压路机具有良好的使用性和可靠性，在发动机关闭时才允许打开发动机罩盖，进行保养维护作业；对于运转部件应该保持距离，不要接触运转部件，以免发生危险；当发动机处在工作温度时，才可更换机油，这时要注意避免烫伤或火灾的危险。发动机的保养工作应根据发动机厂商提供的保养手册进行。

当在转向铰销的危险区域作业时，应关掉发动机和电气系统。在作业之前，将电瓶的供电开关的钥匙拔掉。当机器装有转向安全挂钩（或插销）时，应该在开始工作前将挂钩（或插销）就位，如图6-6（a）所示；机械停止时，应将安全插销插入，如图6-6（b）所示。

(a) 安全插销未插入

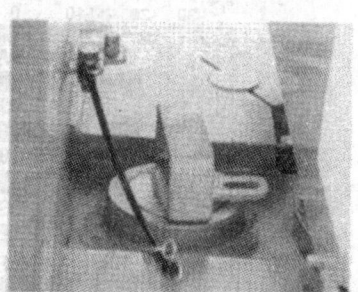
(b) 安全插销插入

图6-6　安全插销

在检查液体的液面时，特别是在更换或添加油、冷却液或水时，机器应放置在水平表面上，这样才能保证液面准确。

只能使用纯净及规定的润滑油品，否则质量保证期将无效。

二、油液选用

1. 生物液压油的使用

一般情况下机器在制造厂加注的是矿物液压油，本手册中所有的保养间隔都是按照矿物液压油来制定的。

在下列条件下也可使用生物液压油：使用特殊合成的饱和多元酯基液压油，HAMM 推荐使用 Fina Biohydran SE 液压油。其他油品必须符合上述油品的性能，其中酸性值（油中含酸量）低于 2 才允许使用。当换油时不论是由生物液压油换成矿物液压油还是由矿物液压油换成生物液压油，油路中的所有滤芯均应在 50 工作小时后更换。此后滤芯按本手册的要求更换。换出来的旧生物液压油的处理方法与矿物液压油相同，必须弃置到适当的场所。

2. 冷却液的使用

在水冷发动机上，必须特别关注冷却液的配制，否则将对发动机造成腐蚀、空化和冻结损坏的危险。配制冷冻液是指在发动机冷却水里加一些冷却液防冻剂。必须时刻监视冷却系统，除了检测冷却液的液位，还应检测防冻剂的浓度。检测防冻剂浓度可采用测试液体的专门仪器如 gefo glycomat-®。在冷却液里，防冻剂的含量不应超出一定的比例（参见表6-3）。HAMM3625HT 使用并推荐（如图6-7所示）：Fina TERMIDOR 2000（不含有亚硝酸盐，胺和磷酸盐）。机器出厂时灌注含有 40% 防冻剂和 60% 水的混合物，以确保在 -25℃（-13°F）条件下的防冻。防冻剂的使用有效地防护了发动机的腐蚀、空化和冰冻。

表6-3 防冻剂比例

防冻剂	水
最大体积比45%	55%
最小体积比35%	65%

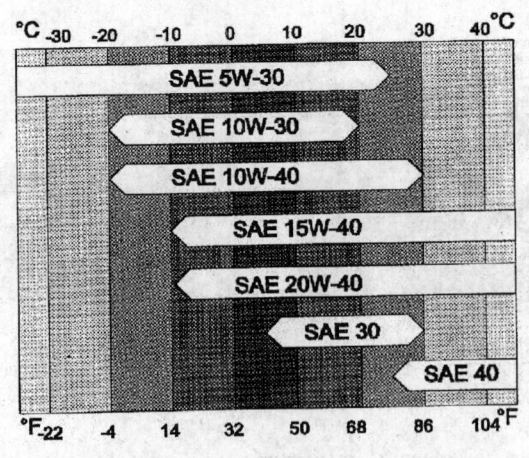

图6-7 防冻液种类

3. 润滑油的使用

润滑油的黏度及温度特性：润滑油的黏度随温度而变，根据使用地区的环境温度来决定润滑油的黏度（SAE 等级）（参见表 6-4）。

表 6-4 润滑油黏度表

种 类	质量等级	黏 度	使用条件	标 记
发动机油 油质必须完全符合 API 规范	CD/SE CD/SF CE/SF CE/SG	见图表		□
液压油 黏度按照 DIN 51 519 （VG 黏度等级）	HLP-D	VG 22	北极地区	□
		VG 32	冬季	
		VG 46	夏季	
		VG 68	热带地区	
		VG 100	极热地区	
齿轮油 油质必须完全符合 API 规范	API GL-5 （准双曲面）	SAE 85W-90		◇
HAMM 专用 'HAMM 专用振动油 订购号码　01 23 80 51				◇
冷却液	40% 的冷却浓缩剂， 60% 的水			○
黄油 锂基多功能润滑脂。耐水且含有高压添加剂。温度范围： －25℃至120℃（－13 ℉至248 ℉)				△

三、维护保养内容

1. 保养计划

如同所有的机械设备一样，该机也需要维护与保养。保养的时间及频率应根据机器不同的操作条件来确定。在艰苦环境下机器的保养应该比正常环境下更频繁些。保养的间隔取决于机器的工作小时。此外在磨合期的保养应按照磨合期的有关规定来进行。

（1）重要部件的保养计划参见表 6-5。

表 6-5 重要部件的保养

数 量	保养部件	第一次 更换	根据工作小时数的保养周期			
			250	500	1 000	2 000
25.5 升	发动机油	50D		D		
50 升	液压油					D
2 升 （每侧）	振动油		A	D		
4 升	钢轮齿轮箱油	50D	A		D	
14 升	差速器齿轮油	500D	A		D	

续表

数 量	保养部件	第一次更换	根据工作小时数的保养周期			
			250	500	1 000	2 000
25 升	冷却液					D
1 个	风机 V 形皮带	01 21 34 23		A	D	
1 个	交流发电机 V 形皮带	01 21 31 72		A	D	
1 个	冷却水泵 V 形皮带	01 23 86 71		A	D	
1 个	空调（可选件）V 形皮带	00 20 13 59		A	D	
1 个	空气过滤器	01 26 67 48		A		
1 个	空气细过滤器	01 26 67 21				D
1 个	机油滤芯	00 23 44 86	50D		D	
1 个	柴油过滤器	01 21 32 02	50D		D	
1 个	柴油预过滤器	01 23 63 85	50D		D	
1 个	阀盖密封	01 21 31 99			A	
1 个	转向液压滤芯	01 26 86 43	50D		D	
1 个	液压油滤芯	01 22 73 86	50D		D	

注：A = 检查，必要时更换；D = 更换。

（2）磨合期的保养计划。为确保机器的安全操作，保养工作应按如下要求进行。柴油发动机的磨合期保养须按照发动机生产厂商的要求来进行。一些没有在本章节中规定的专门的保养及检查工作建议由受过专门训练的人员来进行。

① 50 工作小时保养：更换转向液压滤芯；更换行走、振动液压滤芯；更换钢轮齿轮箱中的油。

② 500 工作小时保养：更换转向液压滤芯；更换行走、振动液压滤芯；更换钢轮齿轮箱中的油；更换差速器油。

2. 使用中监视

（1）监视指示灯。当电气系统由钥匙开关（310）打开后，功能控制分两步开启并且所有指示灯同时开启约 2 秒种，此时可以检查是否所有指示灯都正常工作。在使用中经常查看操纵台上的显示装置，在指示灯显示有故障时，迅速查找故障并排除故障。各个显示功能的详述参见本教材 HAMM 压路机操作部分。

（2）干式空气滤清器。发动机空气粗滤及细滤是否堵塞由一个电气指示灯来监视。如果指示灯（203）闪烁，则应更换空气粗滤或/和空气细滤。详见每 10 工作小时保养项目。

（3）检查液压油滤清器的堵塞报警指示。由一个电气及可视指示器来显示液压油滤清器是否堵塞。当指示灯（214）闪烁时即应检查该滤清器上的可视指示器以证实该滤清器是否堵塞。只能在发动机运转时才可以进行此项检查，同时应注意安全操作规范，当机器处于工作温度并且发动机为最高转速时进行检查。

当可视指示器的指针到达红色区域并且报警灯闪烁时则应更换滤芯。如果滤芯早期堵塞则说明液压系统中有问题，应查明并解决。液压油的黏度随温度而变化，当油温较低时，指示器可能会位于红色区域；但当机器达到工作温度后该指示器应该回到绿色区域。液压油滤清器的安装和解体如图6-8所示。

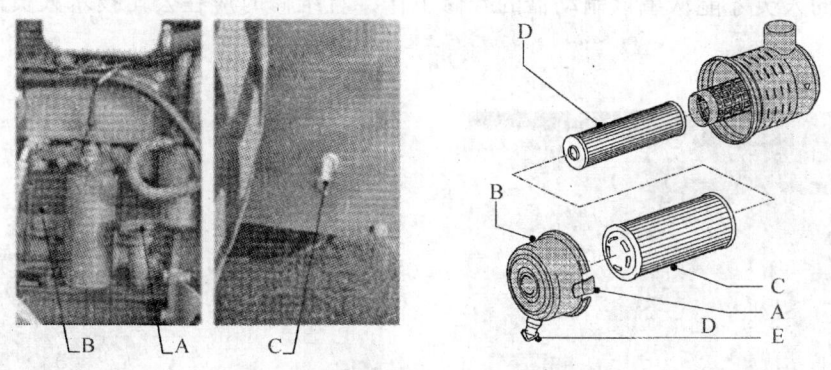

图6-8 液压油滤清器的安装和解体

3. 每50工作小时的保养

（1）发动机换油保养点。磨合期内，对柴油发动机的保养及次数应依据发动机生产厂的维修手册而定；应该通过机油尺检查机油油位；检查机油滤清器是否堵塞；检查放油螺塞C是否紧固；换油只能更换符合规定的机油。

（2）检查及清理干式空气滤清器。在开始工作前，检查卸荷阀E是否被潮湿的脏物堵住，清理排泄通道。此项工作必须在发动机运转时检查空气滤清器粗滤芯C和细滤芯D是否堵塞。

检查方法：以最大速度短时运行柴油发动机，如报警灯（203）不闪烁，则滤清器滤芯是正常的；如报警灯闪烁，则应更换空气滤清器粗滤芯C和细滤芯D。按压连接爪A并移开灰尘收集容器B，清扫灰尘收集容器B的内部，更换空气滤清器粗滤芯C和细滤芯D，然后以相反的顺序重新组装各部件。

当更换空气滤清器粗滤芯C时，应检查细滤芯D的是否可继续使用。在空气滤清器敞开时启动发动机，且快速短时地升至最大速度，如报警灯（203）不闪烁，则细滤清器滤芯是正常的；如报警灯闪烁，细滤芯必须被更换（见每运行2000小时保养项）。

（3）检查液压油箱内油位。在发动机冷却时检查：正确油位应在玻璃窗口A的中部，不要高于这个油位（如图6-9所示）。如果油位过低，从带滤网的加油口B处添加适当的液压油。如液压油消耗过快，则查明原因并解决。只能允许使用符合标准的油品。

（4）检查发动机冷却液液位。当发动机为冷态时，检查冷却液液位。正确的冷却液位在补充水箱上的MIN标志处，不要超过此限。若冷却液太少时应按规定比例配置后注满，冷却液损失较大时，需找出原因并解决。只能允许使用符合标准的冷却液。

（5）检查制动器。

① 检查驻车制动器。检查驻车制动器时，机器处于行走状态，首先要确认在机器工作范围内是否有人并遵守其他安全操作规程，只能在停止机器时才能检查驻车制动器。检查方法如下：按下按钮（353，如图6-10所示），稍稍向前推操作手柄（501），驻车制动

器抱死。此时机器不向前行走说明驻车制动器是正常的。如果在按下按钮（353）时机器仍然还可以行走，则应检查或修理驻车制动器。不要将驻车制动器用作常规制动器。只有有经验的人员才能从事该制动器的维修工作，且维修时应在公司技术人员的指导下进行。

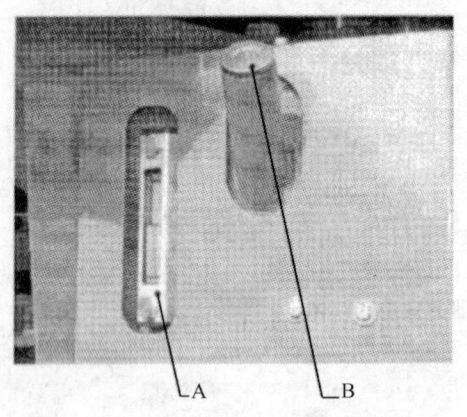
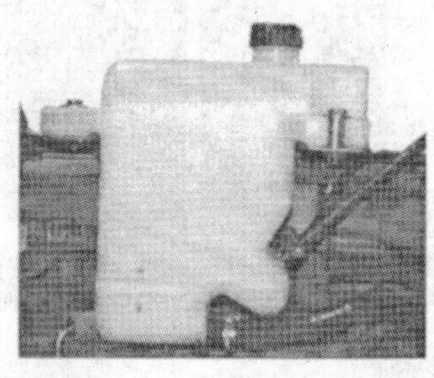

图 6-9　液压油箱

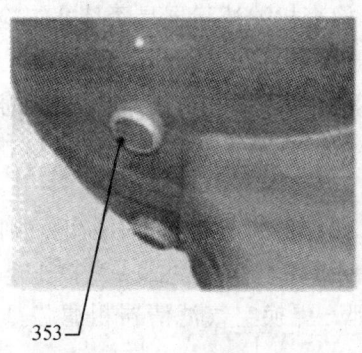
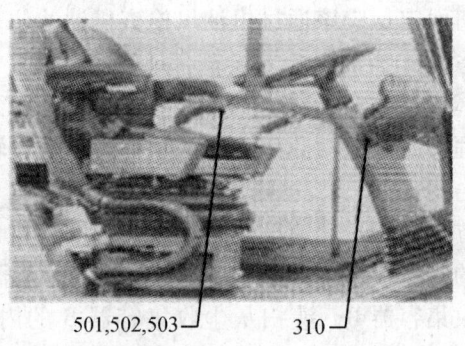

图 6-10　驻车制动器按钮及操作手柄示意图

② 检查紧急停车功能。机器在行走中进行紧急停车功能检查，必须确认在机器的危险区域没有人，并遵守其他安全注意事项。操作方法如下：按下紧急停车按钮（302，如图 6-11 所示），机器的行走不受行走控制杆（501）的控制。每次使用紧急停车按钮后，紧急情况解除后，必须释放紧急停车按钮，行走控制杆（501）回中位以重新启动行走。

如果在紧急停车开关未释放时启动发动机，则机器将不能进行任何动作，且行走速度显示器（108）显示错误信息"Er 39"。需按如下步骤操作即可恢复机器的性能：将操作手柄（501）放回中位，释放紧急停车按钮。

图 6-11　紧急制动按钮示意图

4. 每250工作小时的保养（在完成10工作小时所规定的所有保养工作基础上进行）

（1）转向铰销及轴承润滑，如图6-12所示。

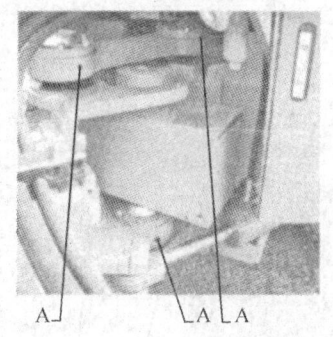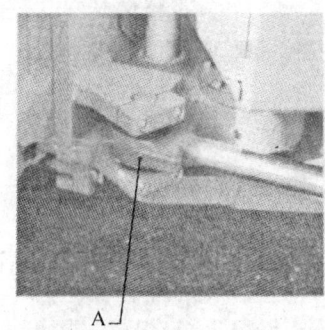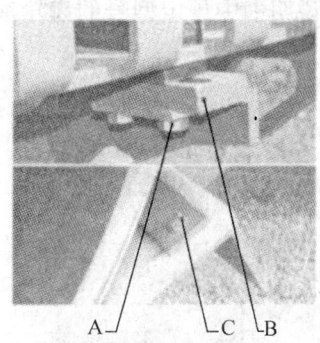

图6-12 安全插销、转向铰接及刮泥板示意图

在转向铰销的危险区域工作时，发动机和全机电气系统一定处于关闭状态。此外注意一定要插入安全撑杆！向黄油嘴A（如图6-12所示）注黄油，只允许使用说明书中规定型号的黄油。

（2）润滑转向液压缸铰接头。在转向转轴的危险区域工作时，发动机和全机电气系统一定是关闭状态。此外还一定要插入安全撑杆！向黄油嘴A（如图6-12所示）注黄油，只允许使用说明书中规定型号的黄油。

（3）检查刮泥板。检查刮板是否与钢轮良好接触，否则应给以调整：释放螺丝A（如图6-12所示），向钢轮方向推刮板架B直至刮板与钢轮良好接触，上紧螺丝A。附加调整：释放夹紧螺丝C，向钢轮方向贴紧刮板，上紧夹紧螺丝C。

（4）检查散热器（如图6-13所示）。检查散热器翅片是否堵塞，若堵塞则应立即清洗，并用高压喷射清洗装置进行清洗和检查散热器。

（5）检查振动油。压路机慢慢向前行走直至如图6-14所示中标记D准确与垂直轴共线，正确油位应在视窗B的中部。如果缺油，从过滤加油孔C处添加振动油；只允许使用说明书中规定型号的振动油。

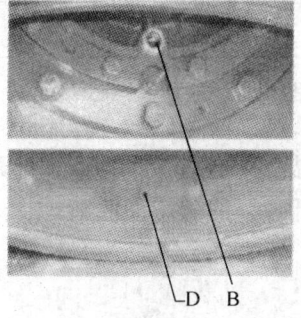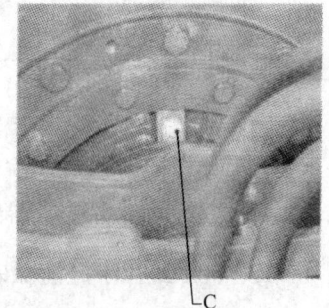

图6-13 散热器　　　　　图6-14 振动油检查和加注孔示意图

（6）检查钢轮减速箱油位（油温高，注意防烫伤）（如图6-15所示）。将螺塞A拆下。如果油量正确，应该有一些油从孔中流出；如果缺油，可从过滤加油孔B加入油，只

允许使用说明书中规定型号的振动油。

（7）检查差速器油位（油温高，注意防烫伤）（如图6-16所示）。将螺塞A拆下。如果油量正确，应该有一些油从孔中流出；如果缺油，可从过滤加油孔B加入油。只允许使用说明书中规定型号的齿轮油。

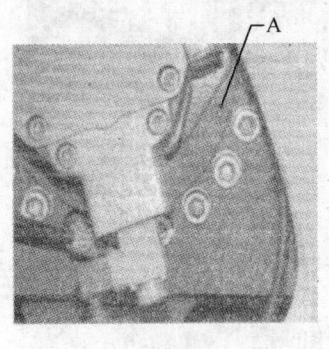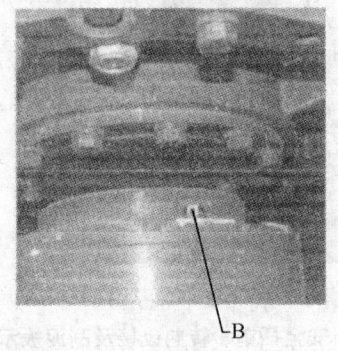

图6-15　减速器油口示意图　　　　　图6-16　差速器油口示意图

5. 每500工作小时的保养

每500工作小时的保养是在完成10和250工作小时所规定的所有保养工作基础上进行的。

（1）更换液压油滤芯（油温高，注意防烫伤）（如图6-17所示）。拧开端部螺帽A，与壳体B一同取出，将旧滤芯C拆除并更换新的；检查过滤器头部的密封圈D，如有损坏则更换，然后安装滤芯并用手拧紧。

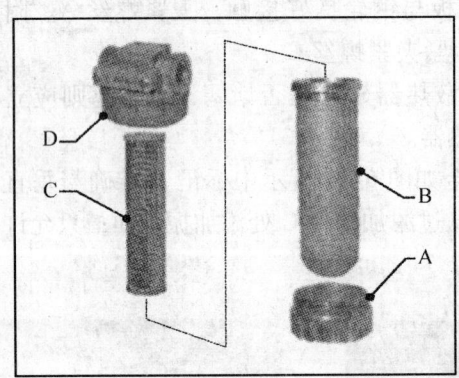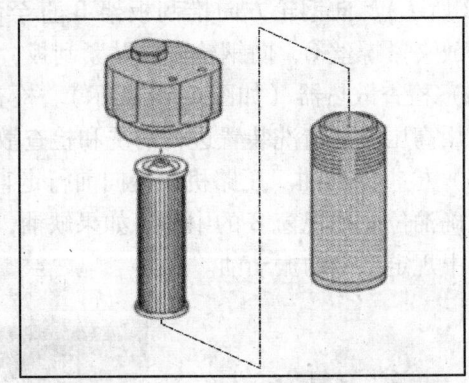

图6-17　液压油滤芯结构图

（2）更换转向液压滤芯（油温高，注意防烫伤）。拧开顶帽，将滤芯从过滤器头部取下，并换一个新的；将过滤器内部各个部分均彻底清理，然后安装并用手拧紧。

6. 每1000工作小时的保养

每1000工作小时的保养是在完成每10小时、250小时和500小时的保养工作基础上进行的。

（1）清洗柴油粗滤芯（如图6-18所示）。在进行燃料系统工作时不准吸烟，不准使用明火，应妥善收集漏出的燃料，不要溅落在地上。

拧出壳体 A，拆下沉淀室壳体 B 并清洗。清洗沉淀室放水阀 D 并检查其功能。将沉淀室壳体 B 与新换的密封垫圈一同装上并拧紧。更换壳体 A 上部螺纹的橡胶密封圈。

安装过滤器时，将橡胶密封圈上抹一点黄油，轻轻地上紧螺纹直至橡胶圈接触到过滤器头部时，再用手拧紧半圈。

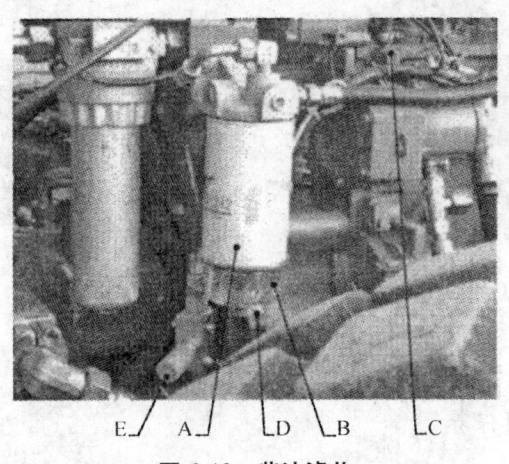

图 6-18　柴油滤芯

燃油系统排气：打开发动机上的保压阀 C 约 2 圈，按压手油泵 E 直至没有泡沫的燃油从保压阀 C 处流出，上紧保压阀 C，此时可启动发动机。

启动柴油发动机使燃料系统实现排气，用这种方式也许须启动发动机数次。每次启动仅允许延续 20 秒钟，否则启动机线圈将由于过热而损坏。每次启动间隔最小为 1 分钟，以使启动机得以冷却。

根据燃料里的含水量，必须经常打开燃料预过滤器的排水阀 D 将分离出来的水排掉。

（2）更换振动油（油温高，注意防烫伤）。慢慢向前行走机器直至如图 6-19 所示标记 D 处准确与垂直轴共线。作为压力补偿，将加油口螺塞 C 拧下，将放油螺塞 A 拧下，废油流入适当的容器中，再将螺塞 A 与密封垫圈一同装上并拧紧。将合格的振动油从加油孔 C 处添加，直至油面达到视窗 B 中部。

在钢轮的左侧和右侧均应进行上述换油操作，只允许使用说明书中规定型号的振动油。

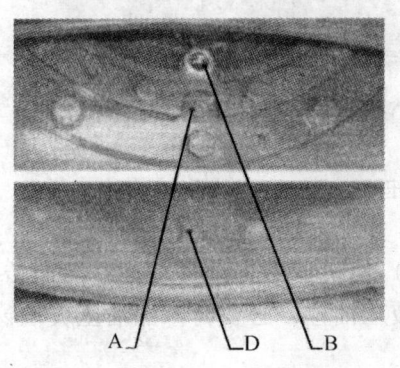 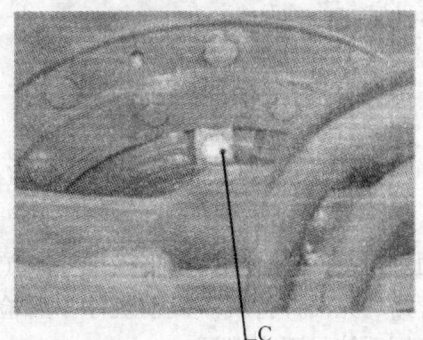

图 6-19　检查和更换振动油示意图

（3）更换差速器齿轮油（油温高，注意防烫伤）（如图 6-20 所示）。将如图 6-20 所示中的加油螺塞 B 及控制螺塞 A 拧下，拧下 3 个放油螺塞 C 并将排出的废油收集到适当的容器中，将3个放油螺塞拧紧，通过过滤加油口 B 加入新油直至有油从控制口 A 流出，然后将加油螺塞 B 及控制螺塞 A 装上并拧紧。只允许使用说明书中规定型号的齿轮油。

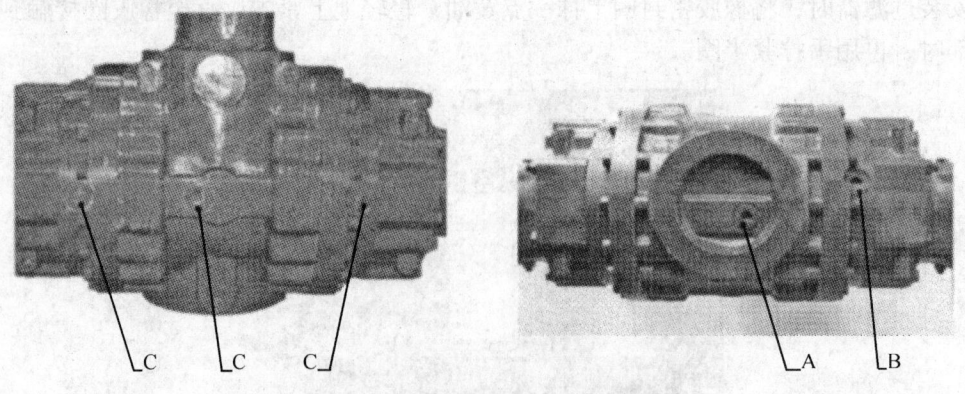

图 6-20　更换差速器齿轮油

7. 每 2 000 工作小时保养

每 2 000 工作小时保养是在进行每 10、250、500 和 1 000 小时的保养工作基础上进行的，每年必须进行一次。

注意：长期停放（如过冬）后，在使用前必须进行下列保养项目，否则，脏物的凝结和聚集会影响发动机及液压系统的正常性能。

（1）更换液压油（油温高，注意防烫伤）（如图 6-21 所示）。在进行清洁工作时不要使用棉制的抹布，将用过的废油用适当的容器收集起来，不要将废油溅落到地上，以免污染环境。将放油螺塞 A 打开放出旧油，拆除通风过滤器 B 并换新件，将放油螺塞装上并上紧。通过带滤网的加油孔 C 加入合格的液压油直至油面达到玻璃检查窗口 D 的中部。

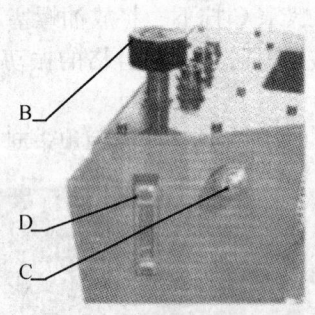 

图 6-21　更换液压油示意图

启动发动机，轻轻操作行走操作手柄（501）使机器慢慢前进，同时操作转向，这样所有的管路均充油并排气。发动机停车后检查液压油位，必要时添加油至玻璃窗口中部，并检查液压系统是否有泄漏。

注意异物引起的破坏。如有异物进入液压系统中，整个液压系统均应彻底清洁，这个工作必须由受过专门训练的人员来做。然后在 50 及 125 工作小时后更换液压系统所有滤芯。只允许使用说明书中规定型号的液压油。

(2) 更换冷却液（如图6-22所示）。当发动机温度高时，绝不能打开水箱盖，热的冷却液有烧伤和烫伤的危险，且以符合安全环保的方式处理废冷却液，只有在冷机时才允许更换冷却液。

打开补水箱盖A，拧下排水螺塞B并用适当的容器收集放出的冷却液，根据发动机操作手册所给的方式放出发动机机体中的冷却液，拧上并拧紧放水螺塞。打开发动机机体放气螺栓C，从A孔灌注新的冷却液直到液面达到补水箱的MAX标志处，盖上加水孔A和放气螺栓C。启动发动机直至达到工作温度（节温器开启），关闭发动机，检查冷却液的液位，如缺液则再灌注冷却液。

冷却液的正确液位在补水箱上Max和Min标志之间。只允许使用说明书中规定型号的冷却液。

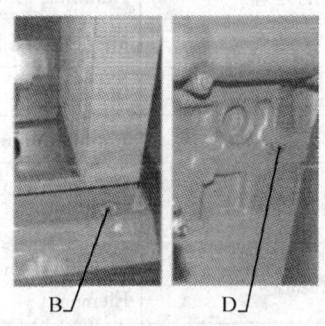

图6-22 更换冷却液

(3) 更换空气细滤芯。按以下原则来决定是否更换发动机空气细滤芯：当清理或更换空气粗滤5次后；最迟在2 000工作小时；当更换了空气粗滤后，报警灯（203）仍然闪烁时；当空气粗滤损坏后。仅在发动机停机后才允许更换空气过滤器。

拆下空气粗滤C，拉出空气细滤A，装入新的空气细滤，装上空气粗滤；空气细滤不能清洁，只能更换新件。发动机不能在没有空气粗滤的情况下工作。

(4) 更换钢轮减速机油（油温高，注意防烫伤）。将机器慢慢前进，直至加油/放油口B（如图6-23所示）到达最低垂直位置；打开放油螺塞，将放出的废油用适当的容器收集起来；慢慢行走机器直至加油口和控制口A到达最高垂直位置。

打开控制口A（如图6-23所示），从加油口加入规定的油直至有油从控制口流出，上紧加油口和控制口。只允许使用说明书中规定型号的振动油。

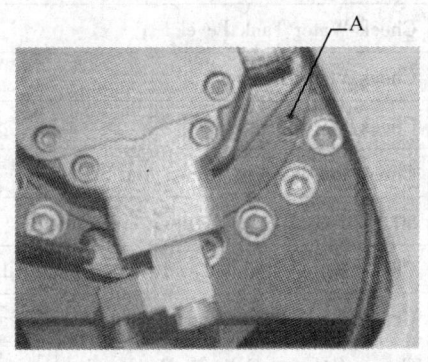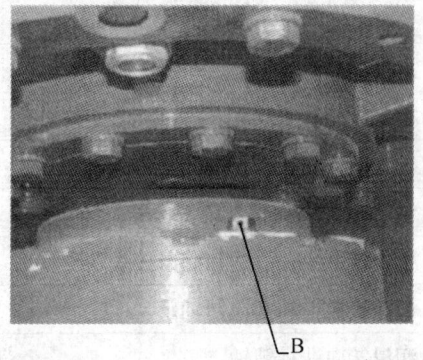

图6-23 更换差速器油

第三节　维护保养中英文对照

维护保养中英文对照参见表6-6。

表6-6　维护保养中英文对照表

	中　文	英　文
1	维护保养知识综述	General Maintenance Information
1.1	在进行任何维护保养工作前须做到以下几条	Prior To Conduct Any Maintenance Work, Ensure That The Following Instru-Cutions Are Observed
1.2	液压油、机油和燃油滤清器的处理	Handling Fluids And Oil, Fuel Filter
1.3	维护保养时间表	Maintenance Schedule
1.4	初期磨合维护保养	Initial Break-In Maintenance
1.5	按需进行日常维护保养	Routine Maintenance—As Required
1.6	检查空气滤清器接头和管路是否泄漏	Check Air Cleaner Connections And Ducts For Leaks
1.7	检查并取出空气滤清器初级滤芯	Checking And Removing The Air Cleaner Primary Element
1.8	清洗空气滤清器滤芯	Cleaning The Air Cleaner Element
1.9	更换空气滤清器滤芯	Replacing The Air Cleaner Element
1.10	清洗压路机	Cleaning The Machine
1.11	拧紧松动的螺栓接头	Torque Loose Bolted Connections
1.12	检查所有减振块	Check All Shock Mounts
2	10小时或每日常规维护保养	10 Hour Or Daily Routine Maintenance
2.1	检查发动机油位	Check Engine Oil Level
2.2	检查发动机冷却液位，清洗散热器和冷却器	Check Engine Coolant Level, Clean Radiator And Oil Cooler
2.3	检查空气滤清器堵塞指示灯	Check Air Filter Restriction Indicator
2.4	检查燃油油位	Check Fuel Level
2.5	检查水箱水位	Check Water Tank Level
2.6	检查喷水系统	Check Water Strainer
2.7	检查停车制动	Check Parking Brake
2.8	检查钢轮和刮泥板情况	Check Condition of Drums And Scrapers
3	50小时或每周常规维护保养	50 Hour Or Weekly Routine Maintenance
3.1	检查蓄电池，清洁和润滑接线端子	Check Battery, Clean And Grease Terminal
3.2	润滑铰接销和摆动销轴承	Grease Articulation And Oscillation Pin Bearings
3.3	润滑转向油缸销轴	Grease Steering Cylinder Pin Bearing

续表

	中　文	英　文
3.4	检查偏心轮油位	Check Eccentric Oil Level
3.5	检查行走泵油位	Check Pump Drive Oil Level
3.6	检查液压油油位	Check Hydraulic Oil Level
3.7	检查空气滤清器系统完整性	Check Air Cleaner System Integrity
4	250小时或季度常规维护保养	250 Hour Or Quarterly Routine Maintenance
4.1	更换发动机油和滤清器	Change Engine Oil And Filter
4.2	润滑座椅/控制台调节杆	Grease Seat/Console Adjustment Lever
4.3	更换发动机柴油滤清器和油水分离器	Change Engine Fuel Filter And Water Separator
4.4	清洗行走泵吸油口滤网	Clean Pump Drive Breather
4.5	更换液压油滤清器	Change Hydraulic Oil Filters
4.6	清洗钢轮行走安全阀	Clean Drum Carrier Relief Valve
4.7	润滑控制台轴承	Grease Console Bearing
5	1 000小时或年度常规维护保养	1 000 Hour Or Annual Routine Maintenance
5.1	更换钢轮行走支承轴承和偏心轴支承轴承润滑油	Change Drum Carrier And Eccentric Housing Oil
5.2	更换泵驱动轴承润滑油	Change Pump Drive Oil
5.3	更换液压油，清洗/更换吸滤器	Change Hydraulic Oil And Clean/Replace Suction Strainers
5.4	水箱和喷水杆的放水和冲洗	Drain And Flush Water Tank And Spray Bars
5.5	发动机冷却液的排出、冲洗和更换	Drain, Flush And Replace Engine Coolant
5.6	拧紧摆动回转销螺母	Torque Oscillation Swivel Pin Nut
5.7	拧紧铰接回转销螺母	Torque Articulation Swivel Pin Nuts
5.8	检查发动机气门间隙	Check Engine Valve Clearance
5.9	检查发动机皮带张紧度	Check Engine Belt
5.10	压路机用高水压清洗后的润滑	Lubrication After Machine Wash-Down

第七章 压路机常见故障分析与排除

知识要点
（1）了解一般故障的发生规律及排除原则。
（2）熟悉三一压路机常见故障现象，掌握常见故障排除方法。
（3）熟悉宝马（BOMAG）DD219双钢轮振动压路机常见故障现象，掌握常见故障排除方法。

技能要点
（1）能够说出一般故障的发生规律及排除原则。
（2）能够对三一压路机出现的常见故障进行分析与排除。
（3）能够对宝马（BOMAG）DD219出现的常见故障进行分析与排除。

第一节 压路机故障概述

压路机由发动机（柴油机）、传动装置、制动系、转向系、行驶系以及电气设备等组成。其工作特点是负载大，作业环境条件恶劣，短距离运行，停车变速制动转向频繁。根据公路工程施工特点，压路机又有连续作业时间长，维修条件差，燃、润料供应的清洁程度难以保证等特点，因而使机械的技术状况受到不同程度的影响。

一、压路机故障成因

压路机在使用过程中与土壤、路面材料等作业对象以及不同部件之间产生互相作用，导致受载、磨损、生热，腐蚀使零件的尺寸、配合间隙、相互位置等发生变化。因此压路机在使用过程中，随着时间的延长，其技术状况逐渐变坏，直至不能履行规定的功能，即产生故障。压路机在使用过程中，故障成因之一是由于机构本身，在工作过程中，组成元件间相互作用的结果，导致机件磨损、塑性变形、疲劳破坏。二是使用、维护或保管不当，压路机工作环境条件恶劣，造成机件的腐蚀损坏。三是偶然的因素，技术状况变差，发展成故障。

工程机械技术状况变坏多数是由于零件损伤所致。零件损伤又是因作业场地条件、气候条件、油料运行条件、设计制造维护条件及操作水平等条件差所致。压路机零件的损伤包括零件的磨损、零件的塑形变形、零件的疲劳破坏、零件的腐蚀损坏、零件的热损坏等。

磨损的形式有两种：机械磨损与粘着磨损。磨损引起摩擦副的工作条件恶化，零件几何形状改变，配合间隙增大，润滑条件破坏，机件产生异常响声和振动。如压路机的发动机活塞与气缸磨损后间隙增大，造成发动机工作时，敲缸、窜油、窜气、气缸压力减小，使发动机功率下降，耗油量增大，甚至出现不易启动等故障。又如压路机液压马达或油泵内部元件磨损造成漏油，使压路机出现行走无力等故障。

压路机在使用过程中由于过载的作用，零件的质点位置发生变化，使零件要素的形状和位置也产生变化而不能自行恢复的现象称为塑性变形。压路机零件塑性变形主要表现为弯曲、扭转等。零件变形后，易使压实机械出现异响等故障。例如，传动轴弯曲，行车时易出现振动而发生异响。发动机连杆扭转、弯曲，会引起活塞敲缸等故障。

压实机械在工作过程中，零件在较长时间内由于交变载荷的作用（特别是振动压路机），产生裂纹，直至最后断裂或点蚀的现象称为疲劳破坏。疲劳损坏多发生在承受交变载荷的齿轮、轴承、轴类、弹簧类以及杆类等零件上。由于交变接触压力的作用导致零件表层硬化出现初始裂纹，加之润滑油进入裂纹内产生压力的作用使裂纹扩展，直到最后产生断裂或凹坑（点蚀）。齿轮疲劳损坏经常表现为点蚀或轮齿折断；轴承疲劳损坏常表现为点蚀，导致轴承不能做正常滚动；轴类、杆类、弹簧类等零件的疲劳损坏常表现为折断。

零件腐蚀损坏是指零件通过化学作用而逐渐蚀损破坏的现象。化学腐蚀是金属零件表面与化学物质反应而引起的损坏，如零件表面锈蚀、发动机的零件酸腐蚀等。由于腐蚀引起金属零件表面材料损失，致使机械强度降低而发生故障；钢铁零件的表面锈蚀，致使配合副相对运动不灵活，严重时不能活动，即压实机械发生了故障。例如，发动机气门与气门座的工作带蚀损，会造成气门关闭不严而漏气，致使发动机不易启动。

压实机械零件热损坏是指机械或电气元件被烧焦和烧穿的现象，例如，电器件（灯泡、电线、线圈等）烧坏，电子元件（二极管、三极管等）烧穿或烧毁，等等；发动机气缸垫烧坏；离合器摩擦部分或行车制动器的摩擦件烧坏，造成摩擦力矩减小，引起离合器打滑或制动不良。

二、压路机故障的一般规律

一般而言，工程机械（包括压路机）发生故障的规律可分为 3 个阶段，即早期故障期、偶然故障期、耗损故障期，如图 7-1 所示。

早期故障期是指新的或大修后的工程机械的走合期。在这个阶段的特征是初始投入使用，故障率较高，而后随着使用时间延长以及走合期内不断维护，其故障率会下降。偶然故障期是指工程机械走合期结束后，转入正常使用的有效寿命期。此阶段在正确维护和使用的条件下，没有特定的故障起主导作用，即使发生故障也是偶然的。工程机械在使用

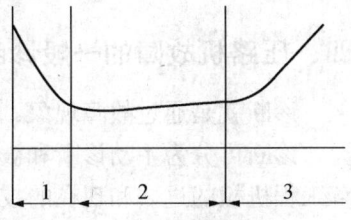

图 7-1 故障变化规律曲线图
1—早期故障期；2—偶然故障期；
3—耗损故障期

期，其零件的磨损速度从理论上来讲，应处于平稳状态，加之按规定进行定期维护，并保证维护质量，一般不应发生故障，即使发生故障，也多是维护检查时难以发现的故障隐患，在作业时出现了意想不到的故障。这个阶段的故障发生率较低，故障变化曲线图上的偶然故障的曲线比较平缓。耗损故障期是指机械的零件达到使用极限期，这个阶段零件达到使用极限，故障率会增高，故障曲线图中耗损故障期的曲线是向上发展的。

三、压路机故障的一般分析方法

分析故障是根据故障现象，再结合理论推导、分析产生故障的原因。分析故障时，首先应掌握诊断对象的构造、工作原理以及有关的理论知识等，然后再通过现象看本质，从宏观到微观，一层一层地进行分析。

例如，振动压路机停车制动失灵，其现象是：压路机停放于坡道上有下滑现象。其原因分析的思路应从压路机停车制动系统的组成、构造和工作原理开始，振动压路机后桥和前轮减速器内采用湿式盘形制动器，它是靠摩擦片之间的摩擦力来产生制动力矩的；如果出现压路机停车制动失灵，必然是制动器摩擦片打滑的原因造成的，可根据其组成、构造和工作原理进行分析。制动器制动力矩大小取决于摩擦片的面数、摩擦片的平均半径和摩擦力的大小，而摩擦片面数和平均半径是设计制造好的，制动过程中不可以改变的。那么，制动器打滑必然是摩擦力减小的原因造成的。

制动器摩擦力减小的原因有很多：制动器的摩擦力与压盘对摩擦片的压紧力（正压力）和摩擦系数成正比，如果压盘的压紧力减小或摩擦系数减小，或者两者均减小，均会使离合器摩擦力减小，摩擦力减小导致制动力矩减小，则制动器打滑，停车制动失灵。

制动器压盘的压紧力是靠压紧弹簧产生的，如果压紧弹簧因疲劳或受热引起塑性变形而弹力减小，则压紧弹簧的压紧性能衰减，如果制动器摩擦片磨损后变薄，压紧弹簧伸长，根据压紧弹簧弹力与其自由长度为反比关系，所以弹簧弹力会减小，致使制动器打滑。摩擦式制动器摩擦力的大小，除取决于压盘的压力外，与摩擦片摩擦系数的关系也很大。制动器摩擦片应有较大的摩擦系数，如果摩擦片使用过久、摩擦表面烧蚀硬化、有油污或有水分时，均会使摩擦系数减小，从而导致制动器打滑。

通过上述分析，制动器打滑的原因有两个：一是压盘的压紧力（正压力）减小，二是摩擦力减小。

有时分析故障原因时，也可采用边分析边查找，以逐渐缩小怀疑范围，直至最后确诊故障产生的原因和部位。

四、压路机故障的一般诊断与排除方法

诊断就是通过故障现象，判断产生故障的原因与部位。

诊断可分为主动诊断和被动诊断。主动诊断是指工程机械未发生故障时的诊断，即了解工程机械的过去和现在的技术状况，并能推测未来变化情况。被动诊断是指对工程机械已经发生故障后的诊断，是确诊故障产生的原因和部位。

诊断方法一般可分为两种：一种是人工直观诊断；一种是用检测设备诊断。这两种诊断方法都是在不解体或只拆下个别小的零件的条件下来确定工程机械的技术状况，查明故障的部位及原因。

人工直观诊断是通过人的经验或借助于简单工具、仪器，以听、看、闻、试、摸、测、问等方法来检查故障所在的方法。

（1）听。根据响声的特征来判断故障。辨别故障时应注意到异响与转速、温度、载荷以及发出响声位置的关系，同时也应注意异响与伴随现象，这样判断故障准确率较高。例如，发动机连杆轴承响（俗称小瓦响），它与听诊位置、转速、负荷有关，伴随有机油压

力下降，但与温度变化关系不大。又如，发动机活塞敲缸与转速、负荷、温度有关，转速、温度均低时，响声清晰；负荷大时，响声明显，气门的敲击声与温度、负荷无关。

异响表征着工程机械技术状况变化的情况，异响声越大，机械技术状况越差。老化的工程机械往往发出的异响多而嘈杂，一时不易辨出故障。这就需要平时多听，以训练听觉，不断地熟悉工程机械各机件运动规律、零件材料、所在环境，只有这样才能较准确地判断出故障。

（2）看。直接观察工程机械的异常现象。例如，漏油、漏水、发动机排出的烟色，以及机件松脱或断裂等，均可通过察看来判别故障。

（3）闻。通过用鼻子闻气味判断故障。例如，电线烧坏时会发出一种焦糊臭味，从而根据闻到不同的异常气味判别故障。

（4）试。试为试验，有两种含义：一是通过试验使故障再现，以便判别故障；二是通过置换怀疑有故障的零部件（将怀疑有故障的零部件拆下，换上同型号好的零部件），再进行试验，检查故障是否消除，若故障消除说明被置换的零部件有故障。应该注意的是，有些部位出现严重的异响时，不应再做故障再现试验（例如，发动机曲轴部分有严重异响时，不应再做故障再现试验），以免发生更大的机械事故。

（5）摸。用手触摸怀疑有故障或与故障相关的部位，以便找出故障所在。例如，用手触摸制动鼓，查看温度是否过高，如果温度过高，烫手难忍，便证明车轮制动器有制动拖滞故障；又如，通过用手摸柴油机燃料供给系统的高压油管脉动情况，以判别喷油泵或喷油器故障。

（6）测。是用简单仪器测量，根据测得结果来判别故障。例如，用万用表测量电路中的电阻、电压值等，以此来判断电路或电气元件的故障。又如，用气缸表测量气缸压力来判断气缸的故障。

（7）问。通过访问驾驶员来了解工程机械使用条件和时间，以及故障发生时的现象和故障史等，以便判断故障或为判断故障提供参考资料。例如，发动机机油压力过低，判断此类故障时应先了解出现机油压力过低是渐变还是突变，同时还应了解发动机的使用时间、维护情况以及机油压力随温度变化情况等。如果维护正常，但发动机使用过久，并伴随有异响，说明是曲柄连杆机构磨损过高，各部配合间隙过大而使机油的泄漏量增大，引起机油压力过低。如果平时维护不善，说明机油滤清器堵塞的可能性很大。如果机油压力突然降低，说明发动机润滑系统油路出现了大量的漏油现象。

总之，通过了解情况，诊断故障目标明确，避免故障诊断的盲目性，使故障诊断较为准确、快捷。

诊断故障时，还应注意在使用中，工程机械故障发生率高低与使用时间的变化规律及其特点。工程机械在使用初期（相当于走合期）其故障是由高到低（降曲线），使用初期故障率高低是随制造或维修质量和走合时期的使用有关，如果工程机械制造或修理质量高，并能正确地使用与维护，那么，初期故障率就低，否则早期故障率会高。早期故障多数是连接螺栓松动或松脱；管道接头松动或松脱；残留金属屑或铸造沙易堵塞油道或夹在相对运动摩擦副中拉伤机件（如液压系统中的油缸）造成漏油，调整后的间隙或压力发生变化，使机件不能执行规定动作；有些接合平面因螺栓未拧紧而漏水、漏油等。走合期结束后，进入正常使用阶段，工程机械在这个阶段内运行，只要按规定维护和正确使用，一般不会发生故障，即便发生故障，也是随机性的故障（随机性故障具有隐蔽性，维护或检查中不易发现），因此故障率很低，曲线平缓微升。如果工程机械在正常使用期内发生故障，多属偶然性的或属于使用维护不当所致。当工程机械使用接近大修期时，各部件损耗增大，技术状况恶化，这个阶段的故障特点是故障率高，而且普遍，多数是因磨损过甚和零件老化所造成，油路中的堵、漏、坏现象出现较多。

另外，工程机械故障率的高低与季节有关。冬季低温使用时，故障率高于夏季。例如，燃料供给系统在冬季常因气温低雾化不良、燃油易凝固发生油路堵塞而不易启动，或发动机运转时熄火故障；润滑油流动性差，加速机件磨损；蓄电池容量下降，造成发动机不易启动、制动不可靠、液压传动不正常等。

综上所述，诊断故障时，应根据故障发生的阶段和各阶段的故障特点来进行诊断，以提高故障诊断的准确率和诊断速度。

所谓排除故障实际上是指消除故障，恢复工程机械原状的实施过程。例如，电路导线折断，可重新接好；气门间隙过大，可调整使之符合规定；机件断裂，应予以焊接；损坏的机件，应予以更换。

第二节 三一压路机常见故障分析与排除[①]

一、发动机常见故障、原因及排除方法

发动机常见故障、原因及排除方法参见表 7-1。

表 7-1 发动机常见故障、原因及排除方法

故障现象	产生原因	排除方法
发动机不能启动	燃油用完	装满燃油并排除系统中的空气
	燃油滤清器阻塞	更换滤清器
	燃油管漏油	检查和紧固所有的连接件
	蓄电池放电或连接不好	夹紧电极夹钳，检查电缆
发动机启动困难或工作动力不稳定	蓄电池电压太低，蓄电池两极夹钳松动或氧化，引起启动器转动太慢	检查蓄电池，清理两极夹钳使其夹紧并涂脂于夹钳
	黏度太大的机油，尤其在冬季	使用适用的机油
	燃油供给不顺畅，在冬季，石蜡会导致燃油系统阻塞	更换燃油滤清器，检查所有的油管，当天气寒冷的时候改用冬季柴油
	不正确的气门间隙	调整气门间隙
	喷油嘴有缺陷	由专家检查
	涡轮增压器有缺陷	由专家检查
	干式空气滤清器肮脏	清洗或更换
	真空开关故障	检查真空开关
	油门拉索太紧	调整或更换油门拉索
排出过多烟雾	机油太多	排除过多的机油
	干式空气滤清器肮脏	清洗或更换
	由于活塞环烧毁或断掉，导致压缩力不够	由专家检查
	不正确的气门间隙	调整气门间隙

[①] 三一培训教材——压路机，易小刚，2005 年。

续表

故障现象	产生原因	排除方法
发动机过热、突然停机	气缸和气缸顶的散热器的冷却片被污垢阻塞	清洗散热器冷却片,尤其是气缸顶垂直的鳍状物
	喷油嘴有缺陷	由专家检查
	注射泵调整不正确	由专家检查
	冷却空气流量受到限制	清理冷却空气输送管
	风扇皮带太松或断裂	调整或更换
机油压力太低	机油消耗过多,机油太少	加满机油,立即停机找出原因,检查机油滤清器或冷却器是否有泄露
在操作时,充电报警灯亮,报警	发动机运转速度太慢	检查皮带,调整或更换
	发电机或调节器故障,蓄电池不充电	由专家检查
发动机动力不足	机油太多	排除过多机油
	干式空气滤清器肮脏	清洗或更换
	涡轮增压器有缺陷	由专家检查
	增压导管泄露	检查,拧紧导管的螺钉与螺帽
	不正确的气门间隙	调整气门间隙
	喷油嘴有缺陷	由专家检查
曲轴旋转缓慢,不能启动	蓄电池接线松动或腐蚀	清洁并紧固
	蓄电池电压不足	充电
	润滑油型号不对	更换规定牌号的润滑油
曲轴旋转正常,但不能启动	喷油器无燃油供给	检查喷油器和高压油管路
	燃油截止电磁阀不工作	检查电磁阀电阻
	喷油泵无燃油供给	检查低压油路和油箱有无燃油
	预热系统工作不正常	检查预热系统
	预热塞有故障	更换
	喷油管漏油	重新紧固接头更换燃油管
	喷油正时欠佳	调整喷油正时
	喷油器或喷油器座损伤	修理或更换
急速不稳定	加速拉索调整不当	调整拉索
	急速太低	重新调整急速
	燃油泄漏	检查、紧固或修理泄漏部位
	喷油正时不对	调整喷油正时
	喷油器或供油阀损坏或工作不正常	检查、调整或更换喷油器或供油阀
	喷油泵供油不足	检查、调整

以上仅是发动机常见故障的分析与排除方法,具体情况请参照 Deutz 或 Cummins 发动机的使用说明。

二、三一振动压路机振动、行走、洒水系统常见故障分析与排除

1. 振动轮及隔振元件

振动轮和隔振元件常见故障原因及排除方法参见表 7-2。

表 7-2 振动和隔振元件常见故障及排除方法

故障现象	产生原因	排除方法
振动轴承发热	冷却润滑油太多	按说明书检查油位并放油
	轴承间隙太小	调整至合适间隙
	冷却润滑油太少	按说明书检查油位并加足油
振动频率上不去	振动轮润滑油过多	按说明书检查油位并放油
	振动液压系统压力阀调定值太低	检查并进行调整
	油泵或马达已磨损，内泄漏太大	检查并更换或修复
振动轮不振动	振动轴上花键套磨损	检查并更换
	液压系统不工作	检查系统流量和压力。找出原因，并调整或更换
漏油	振动马达轴端密封失效，引起振动轴轴承润滑油增多	检查马达密封是否可靠，调整或更换
	振动轴密封失效引起振动轴轴承润滑油减少	更换密封元件
减振元件橡胶开裂	橡胶承受拉力	增加垫片，消除拉力
	安装时受扭	重新安装，消除扭应力
	橡胶老化	当减振块裂纹深度超过 15～25 mm 时必须更换减振块，在同一侧减振块如果 25% 以上有裂纹，应立即更换所有减振块

2. 振动系统

振动系统常见故障原因及排除方法参见表 7-3。

表 7-3 振动系统常见故障原因及排除方法

故障现象	产生原因	排除方法
只有单档振动	振动开关至振动泵控制电磁阀电路断路	检查振动开关至振动泵控制电磁阀电路，将断点接好
不能单个钢轮振动	振动方式控制开关至振动开关电磁阀电路断路	检查，将断点接好
	振动开关阀坏	修理振动开关阀
两档振动均无反应或只有微弱振动	振动开关至振动泵控制电磁阀电路断路	进行电路检查，将断点接好
	联轴器尼龙套损坏	当确认电路正常，电磁阀工作正常时可将振动马达从振动轮上抽出（不拆油管），检查联轴器尼龙套是否损坏，若损坏，则进行更换
	液压泵内部磨损严重	检查液压泵。如其内部磨损严重，则需专业人员维修
	液压马达内部磨损严重	检查液压马达。如其内部磨损严重，则需专业人员维修
	速度挡位不正确	把挡位调整至 I 挡
液压系统中进了空气	液压油箱中油量不够	检查油位，加注新油
	吸油管不密封	检查吸油管，拧紧其连接元件

续表

故障现象	产生原因	排除方法
振动压实无力或振动时整车抖动	发动机工作异常，功率不够	发动机功率不够，检查发动机
	液压泵内部磨损严重	检查液压泵。如其内部磨损严重，则需专业人员维修
	液压马达内部磨损严重	检查液压马达。如其内部磨损严重，则需专业人员拆检并更换新元件
	振动液压系统故障（如：效率低、漏油、压力不适）	检查并排除振动液压系统故障
振动频率异常	振动偏心块油腔间油液过多或过少	检查偏心块油腔，放出多余油液或加到合适量
	油门操纵机构不适	检查并调整油门操纵机构
	发动机转速不适	调定合适转速
	油泵排量变化	调整油泵排量限制螺钉

3. 行走系统

行走系统常见故障原因分析及排除方法参见表7-4。

表7-4 行走系统常见故障及排除方法

故障现象	产生原因	排除方法
行驶无力	发动机功率不够	进行发动机检修
	液压泵、液压马达内部磨损	由专业人员排除
液压系统中进入空气	液压油箱中油量不够	检查油位，加注新油
	吸油管不密封	检查吸油管，拧紧其连接元件
行驶时，前进正常，后退单向无力	泵内部控制阀失灵	由专业人员排除
停车制动失灵	摩擦片磨损严重或损坏	由专业人员调整摩擦片间隙或更换摩擦片
行走速度异常	发动机油门操纵机构松脱	重新调整油门操纵机构
	发动机转速不适	调定合适转速
传动系统有较大的冲击声或转动不灵活	轴承过度磨损	更换新件
	润滑油脂不足	加足润滑油脂
行驶不动	压力继电器坏	更换
	紧急制动电磁阀坏	更换
	电路故障	维修或更换
行驶困难	制动电磁阀坏	更换或修复
	减速机坏	更换

4. 洒水系统

洒水系统常见故障原因分析及排除方法参见表7-5。

表 7-5 洒水系统常见故障及排除方法

故障现象	产生原因	排除方法
按启动或自动洒水开关无动作	水箱水位过低	水箱充水
	管路堵塞	检查管路，清除堵塞物
	洒水控制器至水泵线路断路	检查，将断点接好
	洒水泵损坏	修复或更换水泵
洒水雾化效果不好	实际压力达不至小没定压力	检查水泵出水口后端管道或接头是否漏水
		水泵出水口前端有空气进入管道
		水泵电机碳刷磨损严重，需要换电机碳刷
缺水时不报警	水位传感器无信号输出	传感器坏，需要换
		插接件松动，需紧固
		装传感器口被堵，需清除

三、其他常见故障

除以上故障之外，还有制动系统制动力不足、制动器过热、驱动桥异常声响、压路机工作换向时有摩擦噪声、中心铰接架转向不灵活等故障。产生这些故障的原因及排除方法参见表 7-6。

表 7-6 其他常见故障及排除方法

故障现象	产生原因	排除方法
制动力不足	制动盘调整不当	检查制动盘厚度，如果制动盘没有过度磨损，调整制动盘间隙
	制动盘过度磨损	检查制动盘厚度，如需更换，按照第三节所述进行更换
制动器过热	油位不当	检查油位，加油或放油至正确油位
	制动盘间隙过小	按照第三节所述进行制动盘间隙调整
	不恰当的润滑油	排尽旧油，采用恰当的润滑油
当压路机从前进转为倒退时有摩擦噪声	轮边轴承损坏	更换轴承
	传动轴损坏	更换
	车轮螺栓松动	检查车轮和轮辋，拧紧车轮螺栓，若损坏须立即更换
铰接转向架转动不灵活或有冲击	球铰轴承间隙过大或过度磨损	调整球铰轴承间隙或更换新件
	螺栓松动	重新拧紧螺栓
	定位销松动	重新拧紧定位销或配上合适的销钉

四、三一压路机典型液压元件常见故障分析与排除

1. 轴向柱塞泵

轴向柱塞泵常见的故障有：排油量不足，执行机构动作迟缓，输出油液压力不足或压

力脉动较大，噪声过大，泄漏，液压泵发热，变量机构失灵，泵轴不能转动，等等。产生这些故障的原因及排除方法参见表7-7。

表 7-7　轴向柱塞泵常见故障及排除方法

故障现象	产生原因	排除方法
排油量不足，执行机构动作迟缓	吸油管或油滤堵塞，阻力太大	排除油管堵塞，清洗滤油器
	油箱油面过低	检查油量，适当加油
	泵体内没充满油，有残存空气	排除泵内空气（向泵内灌油即排气）
	柱塞与缸孔或配油盘与缸体间隙磨损	更换柱塞，修磨配油盘与缸体的接触面，保证接触良好
	柱塞回程不够或不能回程，引起缸体与配油盘间失去密封，系中心弹簧断裂所致	检查中心弹簧加以更换
	变量机构失灵，达不到工作要求	检查变量机构：看变量活塞及变量是否灵活，并纠正其调整误差
	油温不当或液压泵吸气，造成内泄或吸油困难	根据温升实际情况，选择合适的油液，紧固可能漏气的连接处
压力不足或压力脉动较大	吸油口堵塞或通道较小	清除堵塞现象，加大通油截面
	油温较高，油液黏度下降，泄漏增加	控制油温，更换黏度较大的油液
	缸体与配油盘之间磨损，柱塞与缸孔之间磨损，内泄过大	修整缸体与配油盘接触面，更换柱塞，严重者应送厂家返修
	变量机构偏角太小，流量过小	调大变量机构的偏角
	中心弹簧疲劳，内泄增加	更换中心弹簧
	变量机构不协调（如伺服活塞与变量活塞失调，使脉动增大）	若偶尔脉动，可更换新油；经常脉动，可能是配合件研伤或别劲，应拆下研修
噪声过大	泵内有空气	排除空气，检查可能进入空气的部位
	轴承装配不当，或单边磨损或损伤	检查轴承损坏情况，及时更换
	滤油器被堵塞，吸油困难	清洗滤油器
	油液不干净	抽样检查，更换干净的油液
	油液黏度过大，吸油阻力大	更换黏度较小的油液
	油液的液面过低或液压泵吸空导致噪声	按油标高注油，并检查密封
噪声过大	泵与电机安装不同心使泵增加了径向载荷	重新调整，使在允差范围内
	管路振动	采取隔离消振措施
	柱塞与滑靴球头连接严重松动或脱落	检查修理或更换组件
内部泄漏	缸体与配油盘间磨损	修整接触面
	中心弹簧损坏，使缸体与配油盘间失去密封性	更换中心弹簧
	轴向间隙过大	调整轴向间隙，使其符合规定
	柱塞与缸孔间磨损	更换柱塞，重新配研
	油液黏度过低，导致内泄	更换黏度适当的油液

续表

故障现象	产生原因	排除方法
外部泄漏	传动轴上的密封损坏	更换密封圈
	各接合面及管接头的螺栓及螺母未拧紧，密封损坏	坚固并检查密封性，更换密封
液压泵发热	内部漏损较大	检查和研修有关密封配合面
	液压泵吸气严重	检查有关密封部位，严加密封
	有关相对运动的配合接触面有磨损，例如：缸体与配油盘，滑靴与斜盘	修整或更换磨损件，如配油盘、油靴等
	油液黏度过高，油箱容量过小或转速过高	更换油液，增大油箱或增设冷却装置，或降低转速
变量机构失灵	在控制油路上出现堵塞	净化油，必要时冲洗
	变量活塞与变量壳体磨损	修刮配研或更换
	伺服活塞、变量活塞以及弹簧芯轴卡死	机械卡死时，研磨各行动件，油脏则更换
	控制油道上的单向阀弹簧卡断	更换弹簧
泵不能转动（卡死）	柱塞与缸孔卡死，系油脏或油温变化或高温粘连所致	油脏换油，油温太低时更换黏度小的油，或用刮刀刮去粘连金属，配研
	滑鞭脱落，系柱塞卡死脱落或有负载启动拉脱	更换或重新装配滑靴
	柱塞球头折断，系柱塞卡死或有负载启动扭断	更换

2. 轴向柱塞马达

轴向柱塞马达常见故障有输出转速低、输出转矩低、内外泄漏、异常声响等。产生这些故障的原因与排除方法参见表7-8。

表7-8 柱塞马达常见故障及排除方法

故障现象	产生原因	排除方法
转速低，转矩小	液压泵供油量不足	设法改善供油
	发动机转速不够	调整发动机转速
	吸油滤油器滤网堵塞	清洗或更换滤芯
	油箱中油量不足或管径过小造成吸油困难	加足油量，适当加大管径，使吸油通畅
	密封不严，有泄漏	拧紧有关接头
	油的黏度过大	选择黏度小的油液
	液压泵轴向及径向间隙过大，泄漏量大	适当修复液压泵
	容积效率低	设法提高油压
	液压泵输入油压不足	检查液压泵故障，并加以排除
	液压泵效率太低	检查溢流阀故障，并加以排除，重新调高压力
	管道细长，阻力太长	适当加大管径，并调整布置

续表

故障现象	产生原因		排除方法
	油温较高，黏度下降，内部泄漏增加		检查油温升高原因，降温、更换黏度较高的油
	液压马达各结合面有严重泄漏		拧紧各结合面连接螺栓，并检查其密封性能
	液压马达内部零件磨损，泄漏严重		检查其损伤部位，并修磨或更换零件
泄漏	内部泄漏	配油盘与缸体端面磨损，轴向间隙过大	修磨缸体及配油盘端面
		弹簧疲劳	更换弹簧
		柱塞与缸孔磨损严重	研磨缸体孔，重配柱塞
	外部泄漏	轴端密封不良或密封圈损坏	更换密封圈
		结合面及管接头的螺栓松动或没有拧紧	将有关连接部分的螺栓及管接头拧紧
异常声响	轴承装配不良或磨损		重装或更换
	密封不严，有空气进入内部		检查有关进气部位的密封，并将各连接处加以坚固
	油被污染，有气泡混入		更换清洁油液
	联轴器不同心		校正同心
异常声响	油的黏度过大		更换黏度较小的油液
	液压马达的径向尺寸严重磨损		修磨缸孔，重配柱塞
	外界振动的影响		采取隔离外界振源措施（加隔离罩）

3. 换向阀

换向阀常见的故障有：不换向；控制执行机构换向时，执行机构运动速度比要求的速度低；干式电磁铁推杆处漏油；湿式电磁铁吸合释放过于迟缓；板式换向阀结合面渗漏油；电磁铁过热或烧坏；换向不灵；换向有冲击和噪声；等等。换向阀常见故障及排除方法参见表7-9。

表7-9 换向阀常见故障及排除方法

故障现象	产生原因	排除方法
不换向	电磁换向阀专用油口没有接回油箱或泄油管路背压太高，造成阀芯"闷死"不能正常工作	检查，并接回油箱，降低管路背压
	电磁换向阀因垂直安装受阀芯衔铁等零件重力影响造成换向不正常	电磁换向阀的轴线必须按水平方向安装
执行机构运动速度比要求的低	换向推杆长期撞击而磨损变短，或衔铁触点磨损，阀芯行程不足，开口及流量变小	更换推杆或电磁铁
干式电磁换向阀推杆处渗漏油	推杆处密封圈磨损过大而泄漏	更换密封圈
	电磁滑阀两端泄油（回油）腔背压过大而向推杆处渗漏油	检查若背压过高则分别单独接回油箱

续表

故障现象	产生原因		排除方法
湿式电磁铁吸合释放过于迟缓	电磁铁后端有两个密封螺钉，初装时后腔存在空气，当油液进入衔铁腔内时，如后腔空气释放不掉，将压缩形成阻尼，造成动作迟缓		初用时先拧开密封螺钉，待油充满后，再拧紧密封
不换向	滑阀卡住	滑阀（阀芯）与阀体配合间隙过小，阀芯在孔中容易被卡住不能动作或动作不灵	检查间隙情况，研修或更换阀芯
		阀芯（或阀体）碰伤，油液被污染，颗粒污物卡住，有轴向液压卡紧现象	检查、修磨或重配阀芯。必要时更换新油
	滑阀卡住	阀芯几何开关超差，阀芯与阀孔装配不同心，产生轴向液压卡紧现象	检查、修正几何偏差及同轴度
		阀体安装变形及阀芯弯曲变形，使阀芯卡住不动	重新安装坚固，检修阀体及阀芯
	电磁铁故障	电源电压太低造成电磁铁推力不足，推不动阀芯	检测电源电压，使之符合要求（应在规定电压的-15%~+10%范围内）
		交流电磁铁因滑阀卡住，铁芯吸不到底而烧毁	排除滑阀卡住故障后，更换电磁铁
		漏磁，吸力不足，推不动阀芯	检查漏磁原因，更换电磁铁
	液动换向阀控制油路有故障	液动控制油压压力太小，推不动阀芯	提高控制压力，检查弹簧是否过硬，必要时更换
		液动换向阀上的节流阀关闭或堵塞	检查调节、清洗节流口
		液动滑阀两端泄口没有接回油箱或泄油管堵塞	检查，并接回油箱，清洗回油管使之畅通
		弹簧折断、漏装、太软都不能使滑阀换向或复位	检查、更换或补装
板式连接的换向阀接合面渗油	安装螺钉拧得太松		拧紧螺钉
	安装底板表面加工精度差		安装底板表面应磨削加工，保证其精度
	底面密封圈老化或不起密封作用		更换密封圈
	螺钉材料不符，拉伸变形		按要求更换坚固螺钉
电磁铁过热或烧毁	电源电压比规定电压高引起线圈发热		检查电源电压使之符合要求（应在规定电压的-15%~+10%范围内）
	电磁线圈绝缘不良		改用湿式直流电磁铁
	换向频繁造成线圈过热		检查并重新装配
	电线焊接不好，接触不良		拆卸重新装配
	电磁铁芯与滑阀轴线不同心		更换电磁铁
	推杆过长与电磁铁行程配合不当，电磁铁铁芯不能吸合，使电流过大，而线圈过热，烧毁		修整推杆

续表

故障现象	产生原因	排除方法
	干式电磁铁进油液而烧毁线圈	检查、排除推杆处渗油故障或更换密封圈
换向不灵	油液混入污物，卡住滑阀	清洗滑阀、换油
	弹簧力太小或太大	更换合适的弹簧
	电磁铁铁芯接触部位有污物	清除污物
	滑阀与阀体间隙过小或过大	配研滑阀或更换滑阀
	电磁换向阀的推杆磨损后长度不够或行程不对，使阀芯移动过小，都会引起换向不灵或不到位	检查并修复，必要时可换推杆
换向冲击与噪声	液动换向阀滑阀移动速度太快，产生冲击	调小液动阀上的单向节流阀节流口中，减慢滑阀移动速度即可
	液动换向阀上的单向节流阀阀芯与孔配合间隙过大，单向阀弹簧漏装，阻力失效，产生冲击声	检查、修整（修复）到合理间隙，补装弹簧
	电磁铁的铁芯接触面不平或接触不良	清除异物，并修理电磁铁的铁芯
	液压冲击声（由于压差很大的两个回路瞬时接通），使配管及其他元件振动而形成的噪声	控制两回路的压力差，严重时，可用湿式交流或带缓冲的换向阀
	滑阀时卡时动或局部摩擦力过大	研修或更换滑阀
换向冲击与噪声	固定电磁铁的螺栓松动而产生振动	坚固螺栓，并加防松垫圈
	电磁换向阀推杆过长或过短	修整或更换推杆
	电磁铁吸力过大或不能吸合	检修或更换

4. 溢流阀

溢流阀常见的故障有：振动与噪声；调节压力升不起来或无压力，调节失效；调节压力降不下来，调整无效；压力波动和泄漏；等等。产生溢流阀液压故障原因及排除方法参见表7-10。

表7-10 溢流阀常见故障及排除方法

故障现象	产生原因	排除方法
振动与噪声（产生尖叫声）	液体噪声	检查、处理
	溢流阀溢流后的气穴气蚀噪声和涡流及剪切液体噪声	是设计上的问题，应更换溢流阀
	溢流阀卸荷时的压力波冲击声	增加卸荷时间，将控制卸荷换向阀慢慢打开或关闭
	先导阀和主滑阀因受压力不均引起的高频噪声	修复导阀及主阀以提高几何精度，增大回油管直径，选用较软的主阀弹簧和适当黏度的油液
	回油管路中有空气	检查、密封并排气
	回油管路中背压过大	增大回油管径，单独设置回油管
	溢流阀内控压区进了空气	检查、密封、并排气

续表

故障现象	产生原因	排除方法
	流量超过了允许值	选用与流量匹配的溢流阀
	机械噪声	检查、处理
	滑阀和阀孔配合过紧或过松引起的噪声	修复
	调节弹簧太软或弯曲变形产生噪声	更换调压弹簧
	调压螺母松动	拧紧
	锥阀磨损	研磨或配研
	与系统其他元件产生共振发出噪声	诊断处理系统振动和噪声
系统压力起不来或无压力（压力表显示值几乎为零）调整无效	先导式溢流阀卸荷口堵塞未堵上，控制油没有压力	将卸荷口堵塞堵上，并严加密封
	溢流阀遥控口接通的遥控油路被打开，控制油接回油箱，故系统无压	检查遥控油路，将控制油回油箱的油路关闭
	先导式溢流阀的阻尼孔被污物堵塞，溢流阀卸荷系统几乎无压	清洗阻尼孔，更换油液
	漏装锥阀或钢球或调压弹簧	补装
系统压力起不来或无压力（压力表显示值几乎为零）调整无效	锥阀被污物卡住在全开位置上	清洗
	液压泵无压力	诊断处理液压泵故障
	系统元件或管道破坏，大量泄油	检查、修复或更换
系统压力过大，调不下来	主阀至先导阀的控制油路被堵塞，先导阀无控制压力油，无法控制压力	检查控制油路，使之接通
	先导阀回油的内泄油口被污物堵塞，先导阀不能控制压力	清洗先导阀的内泄油口
	阻尼孔磨损过大，主阀芯两端油压力平稳，滑阀打不开	可将不锈钢薄片压入阻尼孔内或细软金属丝插入孔内，将阻尼孔堵一部分
	油液污染。滑阀被卡在关闭位置上	清洗滑阀及阀孔，更换油液
系统压力提不高且调整无效	先导式溢流阀遥控口渗油或密封不良	检查先导式溢流阀遥控口渗油、滴油现象，应严加密封
	先导式溢流阀遥控油路的控制阀及管道渗油或密封不良	检查遥控油路渗油或内泄的原因，严加密封
	滑阀严重内泄，溢流阀内泄溢流，当压力尚未达到溢流阀调定值，而回油口有回油	检修、铰孔，修整或更换滑阀，进行配研
	油液污染滑阀卡住	清洗滑阀及阀座，更换油液
	锥阀或钢球与阀座配合不良，有内泄	配研锥阀和阀座，更换钢球或锥阀，或轻轻敲打两下，使之密合
	阻尼孔半堵塞，造成先导阀控制流量很小，造成压力上升很慢或压力不再上升	清洗阻尼孔，更换油液
压力波动（压力表显示值波动或跳动）	调压的控制阀芯弹簧太软或弯曲变形不能维持稳定的工作压力	按控压范围更换适用压力级的弹簧
	锥阀或钢球与阀座配合不良，系污物卡住或磨损造成内泄时大时小，致使压力时高时低	配研锥阀和阀座，更换钢球或锥阀，清洗阀，还可将锥阀或钢球放在阀座上，隔木板轻敲，使密合

续表

故障现象	产生原因	排除方法
压力波动（压力表显示值波动或跳动）	油液污染，致使主阀上的阻尼也时堵时通，造成压力时高时低	清洗主阀阻尼孔，必要时更换油液
	滑阀动作不灵活，系滑阀拉伤或弯曲变形或被污物卡住，或阀体孔碰伤及有椭圆等	检修或更换滑阀，修整阀体孔或滑阀使其椭圆小于 5 μm
	溢流阀遥控接通的换向阀控制失控或遥控口及换向阀时多时少地泄漏	诊断、检修换向阀的故障，对溢流阀遥控口及换向阀和管路段均应严加密封
泄漏	表现为压力波动和噪声增大	检查处理
	锥阀或钢球与阀座接触不良，一般系磨损或被污物卡住	清洗，研磨锥阀，配研阀座，或更换钢球
	滑阀与阀体配合间隙过大	更换滑阀芯
	外泄漏	检查密封
	管接头松脱或密封不良	拧紧管接头或更换密封圈
	有关结合面上的密封不良或失效	修整结合面，更换密封件

5. 转向缸

转向缸的故障多种多样，在实际使用中经常出现的故障主要是推力不足或动作失灵、爬行、泄漏、液压冲击及振动等，这些故障有时单个出现，有时同时出现。转向缸常见的故障现象、原因及排除方法参见表 7-11。

表 7-11 转向缸常见故障及排除方法

故障现象	产生原因	排除方法
爬行	压力表示值正常或稍偏低，液压缸两端爬行，并伴有噪声，系缸内及管道存有空气所致	设置排气装置。若无排气装置，可开动液压装置以最大行程往复数次，强制排除空气。并对系统及管道进行密封，不得漏油进气
	压力表显示值偏低，油箱无气泡或有少许气泡，爬行逐渐加重也属轻微爬行，系液压缸某处形成负压所致	找出液压缸形成负压处加以密封，不得进气，并排气即可
	压力表显示值较低，液压缸无力，油箱起泡，排气无效，为液压泵吸气所致	诊断液压泵及吸油管吸气故障后，并排气即可
爬行	压力表显示值正常或偏低，活塞杆表面发白有吱吱响声，为密封圈压得太紧所致	调整密封圈，使其不松不紧，保证活塞杆能来回用手拉动，但不得有泄漏
	压力表显示值偏高，液压缸两端爬行现象逐渐加重，系活塞杆不同心所致	两者装在一起，放在 V 形铁块上校正，使不同心度在 0.04 mm 以内，否则换新活塞

续表

故障现象	产生原因	排除方法
	压力表显示值偏高，爬行部位规律性很强，活塞杆局部发白，为活塞杆不直（有弯曲）所致	单个或连同活塞放在V形铁块上，用压力机校直和用千分表校正调直
	压力表显示值偏高，爬行部位规律性很强，运动部件伴有抖动，导向装置表面发白，系导轨或滑块夹得太紧或液压缸不平所致	调整导轨或滑块的压紧块（条）的松紧度，既要保证运动部件的精度，又要滑动阻力减少。若调整无效，应检查缸与导轨的平行度，并修刮接触面加以校平
	两活塞杆两端螺母旋得太紧，致使液压缸与运动部件别劲	调整松紧度，保持活塞杆处于自然状态
	压力表显示值正常，运动部件（工作台）有轻微摆动或振动，或导轨表面发白，系润滑不良所致	检查润滑油的压力和流量，并重新调整。否则应检查油孔是否堵塞及油液黏度是否太大或无润滑陛能，必要时应及时换油
	压力表显示值时高时低，爬行规律性很强，系液压缸内壁或活塞表面拉伤，局部磨损严重等所致	镗缸内孔，重配活塞
	压力表值很低，升压很慢或难以达到，系液压缸内泄严重所致	应更换活塞上的密封圈（已老化损坏）
冲击	液压缸上未设缓冲装置，运动速度过快时，造成冲击	调整换向时间，降低液压缸运动速度，否则增设缓冲装置
	缓冲装置中的柱塞和孔的间隙过大而严重泄漏，节流阀不起作用	更换缓冲柱塞或在孔中镶套，使间隙达到规定要求，并检查节流阀
	端头缓冲的单向阀反向严重泄漏，缓冲不起作用	修理、研配单向阀与阀座或更换
冲击	活塞杆密封圈密封不严，系活塞杆表面损伤或密封圈损伤或老化所致	检查活塞杆有无损伤，并加以修复。密封圈损或老化应更换
	管接头密封不严而泄漏	检查密封圈及接触面有无伤痕，并加以更换或修复
	缸盖处密封不严，系加工精度不高或密封圈老化所致	检查接触面加工精度及密封圈老化情况，及时更换或修整
	由于排气不良，使气体绝热压缩造成局部高温而损坏密封圈导致泄漏	增设排气装置，及时排气
	缓冲装置处因加工精度不高或密封圈老化导致泄漏	检查密封圈老化情况和接触面加工精度，及时更换或修整
内泄漏	缸孔和活塞因磨损致使配合间隙增大超差，造成高低腔互通内泄	活塞磨损严重，应镗缸孔，将活塞车细并车几道槽装上密封圈密封或新配活塞
	活塞上的密封圈磨伤或老化致使密封破化造成高低腔互通严重内泄	密封圈磨伤或老化，应及时更换
	活塞与缸筒安装不同心或承受偏心负荷，使活塞倾斜或偏磨造成内泄	检查缸筒与活塞与缸盖活塞杆孔的同心度，并修整对中

续表

故障现象	产生原因	排除方法
推力不足，速度下降，工作不稳定	缸孔径加工直线性差或局部磨损造成局部腰鼓形导致局部内泄	镗缸孔。重配活塞
	缸与活塞因磨损其配合间隙过大或活塞上的密封圈因装配和磨损致伤或老化而失去密封作用	密封圈老化而严重内泄，液压缸几乎下走，应更换密封圈。若间隙过大，应在活塞上车几道槽，装上密封圈或更换活塞
	液压缸工作段磨损不均匀，造成局部几何形状误差，致使局部段高低压腔密封性不良而内泄	镗磨修复缸孔径重新配置活塞
	缸端活塞杆密封圈压得太紧或活塞杆弯曲，使摩擦力或阻力增加而别劲	调整活塞杆密封圈压紧度（以不漏油为准），校直活塞杆
	油液污染严重，污物进入滑动部位而使阻力增大，致使速度下降、工作不稳	更换油液
推力不足，速度下降，工作不稳定	油温太高，黏度降低，泄漏增加致使液压缸速度减慢	检查油温升高的原因，采用散热和冷却措施
	为提高液压缸速度所采用的蓄能器的压力或容量不足	蓄能器容量不足时更换，压力不足可充气压
	溢流阀调低了或溢流阀控压区泄漏，造成系统压力低，致使推力不足	按推力要求调整溢流阀压力值，检查溢流阀压力值，检查溢流阀是否内泄，进行修理或更换
	液压缸内有空气，致使液压缸工作不稳定	按进气爬行故障处理
	液压泵供油不足，造成液压缸速度下降，工作不稳定	检查液压泵，或流量调节阀，并诊断和排除故障
异响与噪声	滑动面的油膜破坏或压力过高，造成润滑不良，导致滑动金属表面的摩擦声响	停车检查，防止滑动面的烧结，加强润滑
	滑动面的油膜破坏或密封圈的刮削过大，导致密封圈处出现异常声响	加强润滑，若密封圈刮削过大则用砂纸或砂布轻轻打磨唇边，或调整密封圈压紧度，以消除异常声响
	活塞运动到液压缸端头时，特别是立式液压缸，活塞下行到端头终点时，发生抖动和很大的噪声，系活塞下部空气绝热压缩所致	将活塞慢慢运动，往复数次，每次均走到顶端，以排除缸中气体，即可消除此严重的噪声，还可防止密封圈烧伤

6. 密封元件

密封元件的常见故障及排除方法参见表7-12。

表 7-12 密封元件常见故障及排除方法

故障现象	产生原因	排除方法
拉出间隙	压力过高	调低压力；设置支撑环或挡圈
	间隙过大	检修或更换
	沟槽等尺寸不合适	检修或更换
	放入状态不良	重新安装或检修更换
膨胀（发泡）	与液压油不相容	更换液压油或密封圈
	被溶剂溶解	严防与溶剂（如汽油、煤油等）接触
膨胀（发泡）	液压油老化	更换液压油
老化开裂	温度过高	检查油温，严重摩擦过热（润滑不良或配合太紧）及时检修或更换
	存放和使用时间太长，自然老化变质	检修或更换
	低温硬化	查明原因，加强润滑
扭曲	横向（侧向）负载作用所致	采用挡圈加以消除
表面磨损与损伤	密封配合表面运动摩擦损伤	检查油液杂质，配合表面加工质量和密封圈质量，及时检修或更换
	装配时切破损伤	检修或更换
	润滑不良造成磨损	查明原因，加强润滑
损伤粘着、变形	压力过高、负载过大、工作条件不良	增设支撑环或挡圈
	密封件质量太差	检查密封件质量
	润滑不良	加强润滑
	安装不良	重新安装或检修更换
收缩	与油液不相容	更换液压油或密封圈
	时效硬化或干燥收缩	更换

7. 滤油器

滤油器的常见故障与排除方法参见表 7-13。

表 7-13 滤油器常见故障与排除方法

故障现象	产生原因	排除方法
滤油器滤芯变形（多发生在网式、烧结式滤油器）	如果滤油器本身强度不高并有严重堵塞，通油孔隙大幅度减少，阻力大大增加，在相当大的压差作用下，滤芯就会变形，甚至压坏（有时连滤油器的骨架一起损坏）	更换强度较高的骨架和过滤油液或更换新液
烧结式滤油器滤芯掉粒	烧结式滤油器的滤芯质量不符合要求	更换滤芯，装配前应对滤芯进行检查，其要求为： ① 在 10 g 加速度振动下，滤芯不掉粒 ② 在 21 MPa 的压力作用下，为期 1 h 不应有脱粒现象 ③ 用手摇泵作冲击载荷试验，在加速率为 10 MPa 的情况下，滤芯无损坏现象

故障现象	产生原因	排除方法
网式滤油器金属网与骨架脱焊	安装在高压泵进口处的网式滤油器容易出现这种现象，其原因是锡铅焊条熔点为183℃，而滤油器进口温度已达117℃，焊条强度大大降低，因此在高压油的冲击下，发生脱焊	将锡铅焊料改为高熔点的银镉焊料

8. 蓄能器

蓄能器的常见故障与排除方法参见表7-14。

表7-14　蓄能器常见故障与排除方法

故障现象	产生原因	排除方法
蓄能器供油不足	活塞或气囊运动不均	检查活塞密封圈或阻碍气囊运动的原因及时排除
充气压力充不起来	气瓶内无氮气或气压不足	应更换氮气瓶的阻塞或漏气的附件
	气阀泄气	修理或更换已损零件
	气囊或蓄能器盖向外泄气	固紧密封或更换已损零件
蓄能器供油压力太低	充气压力不足	及时充气，达到规定压力
	蓄能器漏气，使充气压力不足	固紧密封或更换已损零件
蓄能器供油量不足	充气压力不足	及时充气，达到规定充气压力
	系统工作压力范围小且压力过高	调整系统
	蓄能器容量选小了	重选蓄能器容量
蓄能器不供油	充气压力太低	及时充气，达到规定压力
	蓄能器内部泄油	检查活塞密封圈及气囊泄油原因及时修理或更换
	液压系统工作压力范围小，压力过高	进行系统调整
系统工作不稳	充气压力不足	及时充气，达到规定充气压力
	蓄能器漏气	紧固密封或更换已损零件
	活塞或气囊运动阻力不均	检查受阻原因及时排除

9. 冷却器

冷却器的常见故障与排除方法参见表7-15。

表7-15　冷却器常见故障与排除方法

故障现象	产生原因	排除方法
油中进水	水冷式冷却器的水管破裂漏水	及时检查，进行焊补
冷却效果差	水管堵塞或散热片上有污物粘附，冷却效果降低	及时清理，恢复冷却能力
	冷却水量或风量不足	调大水量或风量
	冷却水温过高	检测温度，设置降温装置

10. 液压转向器

液压转向器的常见故障有：漏油，转向沉重，转向不灵，转向盘不能自动回正、不能进入人力转向，等等，产生这些故障的原因及排除方法参见表7-16。

表7-16 转向器和阀块常见故障及排除方法

	故障现象	产生原因	排除方法
漏油	阀体定子及后盖结合面漏油	密封圈损坏	更换
	阀块与转向器结合面漏油	结合面之间夹有脏物	清除脏物
	安全阀调节螺栓处漏油	紧固螺栓刚度不够	更换螺栓
	转向器螺栓漏油	垫圈不平	垫圈不平
转向沉重	慢转转向盘时轻，快转转向盘时重	泵供油量不足	检查泵是否正常，否则，更换或修理
	快转与慢转转向盘均沉重，并且转向无力	转向器内钢球单向阀失效	如钢球丢失，则装入Φ8 mm钢球，如有脏物卡住，应清洗，如顶杆变形，需校正或更换
	空负荷或轻负荷时转向轻，增加负荷时转向重	溢流阀调定压力低于工作压力或被脏物卡住	调整溢流阀调定压力或清洗溢流阀
	油中有泡沫，发出不规则的响声，转向盘转动而转向油缸时而动时而不动	转向系统中有空气，油箱油面太低，油液黏度太大	排除空气，并检查吸油管是否漏气，或加油（应使用推荐液压油）
转向失灵	转向盘不能自动回中，中间位置压降增加	弹簧片折断	更换
	压力振摆明显增加，甚至不能转动转向盘	拨销折断或变形，联动轴开口折断或变形	更换拨销及联动轴，严禁用其他东西代替
	转向盘自转或左右摆动	转子与联动轴相互间位置装错	驱动轴上A齿应对正转子的一个齿根
转向失灵	车辆跑偏或转动转向盘时，转向油缸不动或缓动	双向缓冲阀失灵，弹簧失效或钢球被脏物卡住	更换弹簧或清洗双向缓冲阀
	转向盘不能自动回中：中间位置时压力降增加或转向盘停止转动时，转向器不卸荷（车辆跑偏）	弹簧片折断	针对故障发生原因进行排除
		转向轴轴向顶住阀芯	
		转向轴轴线与阀轴线同轴度误差过大	
		转向轴转动阻力太大	
	不能进入人力转向：动力转向时，转向油缸活塞到极端位置，驾驶员无明显的终点感。人力转向时，转向盘转动，转向油缸不动	转子与定子的径向间隙或轴向间隙过大	更换转子与定子

五、三一压路机电气系统常见故障分析与排除

以三一重工股份有限公司的YZC12Ⅱ型双钢轮压路机为例介绍压路机电气系统常见故障分析与排除。

1. 基本车辆电气系统

基本车辆电气系统常见故障及排除方法参见表 7-17。

表 7-17　基本车辆电气系统常见故障及排除方法

故障现象	产生原因	排除方法
整机无电源	熔断器 FU7 烧坏	更换熔断器 FU7
	点火开关 Sl 损坏	若卡滞留则拆开涂上润滑油脂，触点坏则更换点火开关 Sl
	直流接触器 K0 损坏	更换直流接触器 K0
蓄电池亏电	充电线路故障	检查指示灯 HL1 和电阻 R3 及接线是否正常，更换
	蓄电池损坏	蓄电池指示器若为黑色，需要充电，为白色则更换
	发动机故障	发动机启动后，若发动机 B + 端电压 < 26 V，则发电机已损坏，需专业人员维修
发动机不能启动	行驶手柄与振动选择开关 S16 没有复零位	将行驶手柄与振动选择开关 S16 复零位
	启动继电器 Kl 损坏	当确认电路正常，则更换启动继电器 Kl
	熔断器 FU8 烧坏	更换同型号熔断器后，先确认线路无短路，再启动
	启动马达故障	多为离合机构卡滞，控制触点接触不良，需专业人员维修
发动机转速信号无显示	线路接触不良	检查线路，尤其是发电机 w 端接线端子
	发电机故障	发电机损坏或 w 端无输出，需专业人员维修
	PLC 输入端工作电源异常	检查线路是否有短路情况，直到 PLC 各路工作电压正常
发动机转速不能控制	在自动档，无转速显示	按第四步骤检查
	线路接触不良	检查相关线路尤其是与直线步进电机连接处的插头
	直线步进电机卡滞	拆洗花键推杆机构或更换轴承
	直线步进电机故障	检查两组线圈电阻是否 2 Ω 左右，否则损坏，更换
燃油表指示异常	指针始终在最大刻度	线路短路，检查并排除
	指针始终在最小刻度	线路断路，检查并排除；传感器损坏，予以更换
	打开电源指针无反应，或关闭电源指针不回位	燃油表损坏，须更换

2. 工作装置电气系统

工作装置电气系统常见故障及排除方法参见表 7-18。

表 7-18　工作装置电气系统常见故障及排除方法

故障现象	产生原因	排除方法
压路机不能行走，或行走时有停顿感	制动开关 S19 与紧停开关 S12 是否复位	将制动开关 S19 与紧停开关 S12 复位
	压力继电器 S21 故障	若拔掉压力继电器上的插座，机器能行走，则表示已损坏须更换
	线路故障	检查短路的线路或电磁阀插座接触不良故障并排除
	制动、松刹电磁阀损坏或阀芯卡滞	更换电磁阀或清洗阀芯
压路机不能振动	紧停开关 S12 是否复位	将紧停开关 S12 复位
	手动档无振动	振动控制选择开关 S16 或按钮开关 S17 损坏，更换；线路接触不良，检查排除
	自动档无振动	行驶速度无显示或速度 < 25 m/min，按第五步骤检查或提高行驶速度；误按了按钮开关 S17，使其强制停振，正常
压路机不能洒水	紧停开关 S12 是否复位	将紧停开关 S12 复位
	洒水控制开关 S14 及相关线路故障	更换开关 S14；检查相关线路是否有接触不良，并排除
	直流调压器 A3 故障	管路堵塞，导致水泵负载电流增加，直流调压器过载保护，清理管道；损坏则更换
	停水阀 Y12 损坏或卡滞	线圈损坏则须更换，卡滞则调节平衡螺钉
	水泵损坏	更换水泵
洒水水箱液位开关误报警	液位开关上的浮子卡滞	拆下液位开关。仔细清理表面杂质及污物
	液位开关损坏	若浮子上下活动，开关持续导通，表示已损坏，更换
速度信号无显示	线路故障	检查线路，尤其是传感器线束是否有破损或接插件接触不良，排除
	传感器与马达飞轮齿之间的间隙过大	重新调整其间隙在 0.4～0.6 mm
	传感器损坏	更换传感器
蟹行指示异常	行走中，自动蟹行	液压故障，检查并排除
	接近开关 S6 安装松动	重新紧固
	接近开关 S6 处有异物粘连	清理异物
	接近开关 S6 损坏	若检查接近开关 S6 供电正常，而仍无反应，开关损坏，更换

六、压路机空调系统常见故障分析与排除

空调系统常见的故障一般分为电气故障、机械故障、制冷剂和冷冻润滑油引起的故障。其表现为系统不制冷、制冷不足或产生异响等。

1. 系统不制冷

故障现象：启动发动机，将其转速稳定在中速左右约 3 min，接通鼓风机开关和空调

开关,冷气口无冷风送出。故障检查及处理参见表7-19。

表7-19 系统不制冷时故障分析与排除方法

故障现象	产生原因		排除方法
蒸发器风机不旋转	保险丝断		更换
	开关连接不良		修理或更换
	变阻器不良		修理或更换
	电动机不良		修理或更换
	导线断路		修理或更换
蒸发器风机旋转	电磁离合器不接合	怠速控制不良	修理或更换
		温度控制不良	修理或更换
		压力开关不良	修理或更换
		电磁线圈不良	修理或更换
		导线断路	修理或更换
	电磁离合器接合	压缩机不旋转	
		皮带松旷或损坏	调整或更换
		压缩机故障	拆检
		压缩机旋转	
		制冷剂泄露或充注过多	补充或排出
		膨胀阀堵塞	更换
		干燥过滤器堵塞	更换
		管道堵塞	更换
		压缩机故障	拆检

2. 系统制冷不足

故障原因:系统制冷不足,原因是多方面的,凡是能使膨胀阀出口的制冷剂流量下降的因素,都可能使系统制冷量下降;凡是能引起系统内高压侧、低压侧温度过高和压力过低的因素也会引起系统制冷不足。具体故障原因和检查、排除故障的方法参见表7-20。

表7-20 系统制冷量不足时故障分析与排除方法

故障现象			产生原因		排除方法
风量不足	鼓风机可转动	运转正常	空气滤清器堵塞		清洗滤清器
			蒸发器结霜	热敏电阻断路	修理
				蓄电池电压低	检查蓄电池
				热敏电阻故障	更换
			空气导管移位		检查修理
		转动缓慢	蓄电池接线端子松脱或锈蚀		检查、修理
			鼓风机电机故障		检查、修理或更换
	鼓风机不转动	高速时能转动,中低速不转动	变阻器故障		更换
		高中低速均不转动	调速电阻故障、保险丝烧断		检修或更换
			鼓风机电机故障		修理或更换
			鼓风机开关故障		修理或更换
			鼓风机继电器故障		检查更换
			布线不当或接线脱落		检查修理

续表

故障现象			产生原因	排除方法
风量正常	压缩机运转正常	压力正常	外部空气渗入	检查通风口
			温控系统故障	检查更换有关零件
		压力异常	高低压两侧压力均过高 — 制冷剂过多	从低压阀放出适量制冷剂
			高低压两侧压力均过高 — 制冷循环内有空气	重新抽真空、加制冷剂
			高低压两侧压力均过高 — 冷凝器不良	检查、修理
			高压压力过高，低压压力过低 — 冷凝器管阻塞	查出原因后修理或更换
			高压压力过高，低压压力过低 — 膨胀阀开启过大	调整或更换
			高压正常，低压过高 — 蒸发器进口温度过高	检查通风口、检查口等处
			高压正常，低压过高 — 膨胀阀感温包安装不当	检查、修理
			高压正常，低压过高 — 压缩机故障	检查、修理或更换
			高压稍低，低压过高 — 制冷剂不足	查出泄漏处，修复后再注入
			高压稍低，低压过高 — 空气滤清器阻塞	清洗
			高压稍低，低压过高 — 膨胀阀滤网阻塞	清洗或更换
			高低压均过低 — 制冷剂泄漏	查漏、修复
			高低压均过低 — 膨胀阀感温包故障	检修或更换
	压缩机运转异常		压缩机故障	检修或更换
			电磁离合器故障	检修或更换
			驱动皮带损坏或打滑	检修或更换
			压力开关故障	检修或更换

3. 制冷系统产生异常噪声

故障原因：一般是机械方面的故障，如紧固件松动、运动部件磨损超过使用极限、相对运动件润滑情况不良等。制冷系统异响故障分析与排除方法参见表 7-21。

表 7-21 制冷系统异响故障分析与排除方法

故障现象	产生原因	排除方法
传动皮带部分	传动皮带过松	调整皮带松紧度
	传动皮带过度磨损	更换
	托架松动	修理
	张紧轮轴承损坏	更换
鼓风机部分	鼓风机风扇异响	检查风扇有无夹杂物或修理更换
	电动机过度磨损	修理或更换
电磁离合器部分	电磁离合器打滑	修理
	线圈安装不当	修理
	皮带轮偏斜	调整
	制冷剂过多	排出
电磁离合器部分	冷冻润滑油不足	加油
	压缩机故障	拆检

4. 暖风装置故障

对于具用暖风功能的空调系统，一般存在无暖气或暖气关不死等故障。暖风功能时故障分析与排除方法参见表 7-22。

表 7-22 暖风功能时故障分析与排除方法

故障现象		产生原因	排除方法
无暖气	无风量	空调保险丝熔断或线路损坏	检查更换保险丝，使用万用表检查线路
		风机损坏	万用表检查，维修或更换风机
	风量正常	电磁阀无电不能打开	万用表检查线路
		电磁阀损坏不能打开	打开暖气开关，能感觉电磁阀有动作；检修或更换电磁阀
暖气关不死	风量正常，有暖气	电磁阀内部卡死，不能关闭	检修电磁阀或更换电磁阀

5. 其他故障

压路机空调系统除以上故障外，还可能发生制冷效果时好时坏、蒸发器结霜等故障。其他故障分析与排除方法参见表 7-23。

表 7-23 其他故障分析与排除方法

故障现象	产生原因	排除方法
开始系统制冷较好，使用一段时间后，冷气不足；贮液瓶观察孔内出现气泡；高低压表"读数"均偏低	由于振动引起接头松动，出现泄漏	用检漏仪找出泄漏处，小心拧紧松动部位，并补充 R134a
系统不制冷，风口出热风，膨胀阀进出口手感无温差，低压表读数很低	使用不当。膨胀阀感温包损坏泄露，使阀孔关闭	更换膨胀阀，重新充 R134a
出风口处风不冷，压缩机温度升高。低压表指针迅速下降，接近零值，高压表读数偏高	系统中夹有杂质，膨胀阀滤网被堵塞，膨胀阀处出现薄霜或"出汗"	间歇开启冷气系统，在堵塞不严重的情况下，可以消除瞬时堵塞情况。或拆下膨胀阀用酒精清洗，排空系统后重新充 R134a
制冷量不足，蒸发器结霜；高低压表读数均偏低	膨胀阀内节流孔不起作用	排空系统，更换膨胀阀，重新充 R134a
系统运行一段时间后，制冷量逐渐下降，高压表读数偏高，低压表读数低于 0.2 MPa	贮液瓶内干燥剂饱和，膨胀阀节流孔处被冰堵塞	排空系统，更换贮液瓶，重新充 R134a
开启冷气系统后，只有风而无冷气，高低压表读数不动	温控开关接触不良或压缩机电磁离合器线圈损坏	用万用电表检查温控开关是否损坏；更换压缩机电磁离合器
压缩机电磁离合器动作频繁，接合时间短，车内不冷，高低压表读数正常	温控开关开度过小，自动迫使压缩机停转，造成制冷量不足	检查温控开关，使之开到最冷位置即可

第三节　宝马（BOMAG）BD219双钢轮振动压路机常见故障分析与排除

1. 液压系统油温过高故障分析与排除（如图7-2所示）

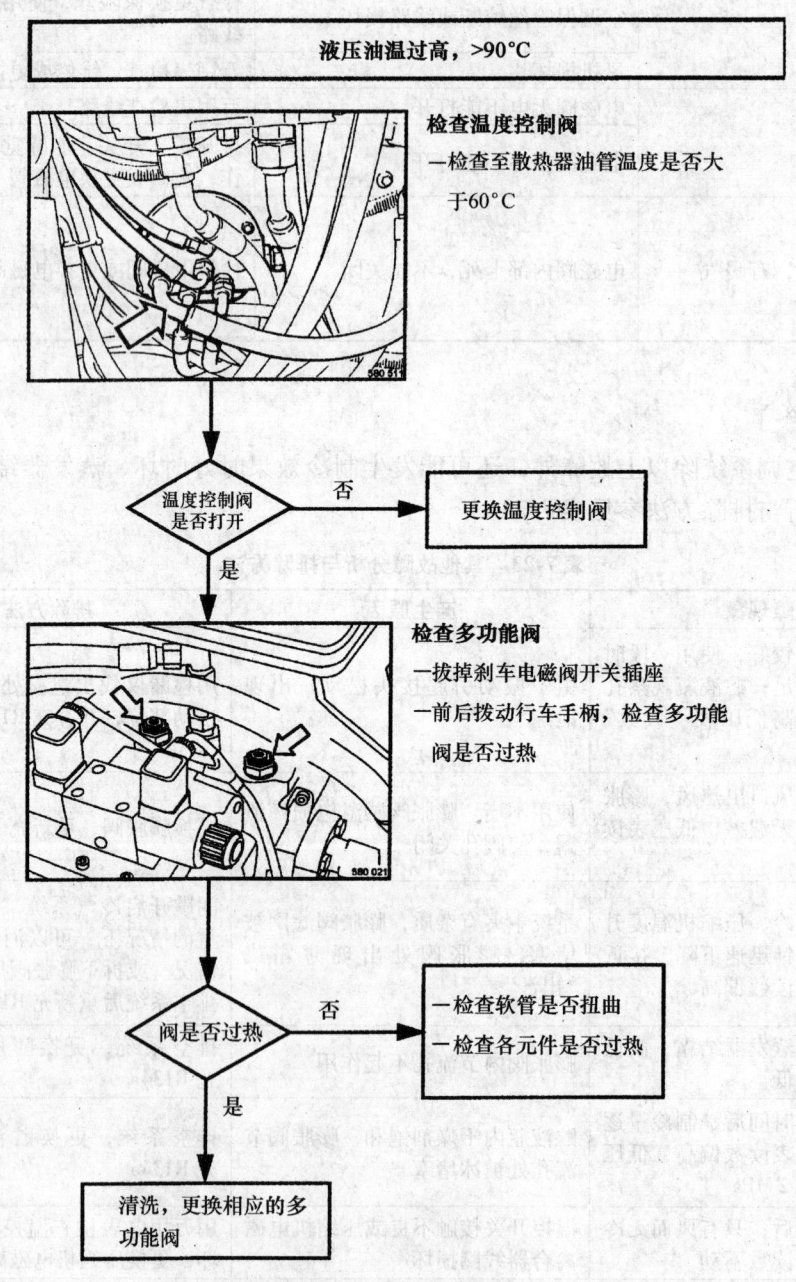

图7-2　液压系统油温过高故障分析与排除方法

2. 无振动（行走正常）故障分析与排除（如图 7-3 所示）

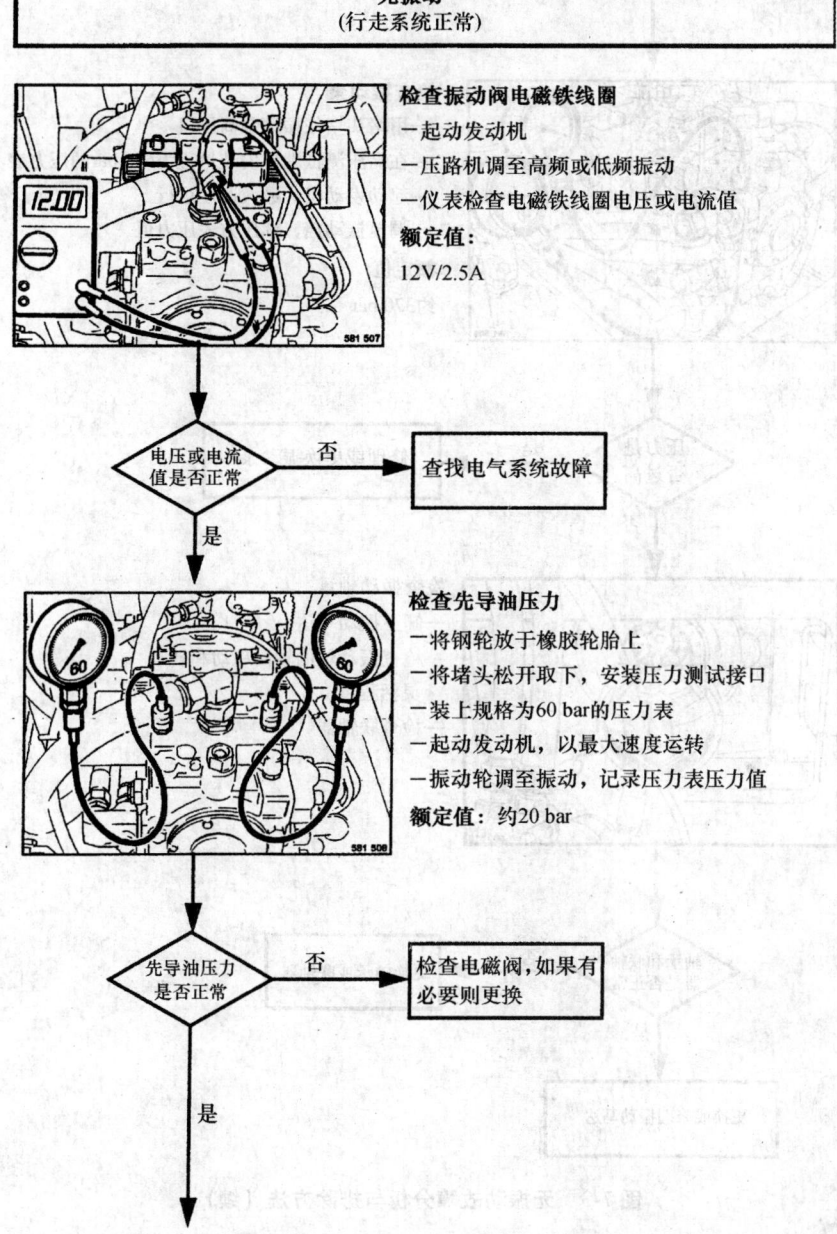

图 7-3　无振动故障分析与排除方法

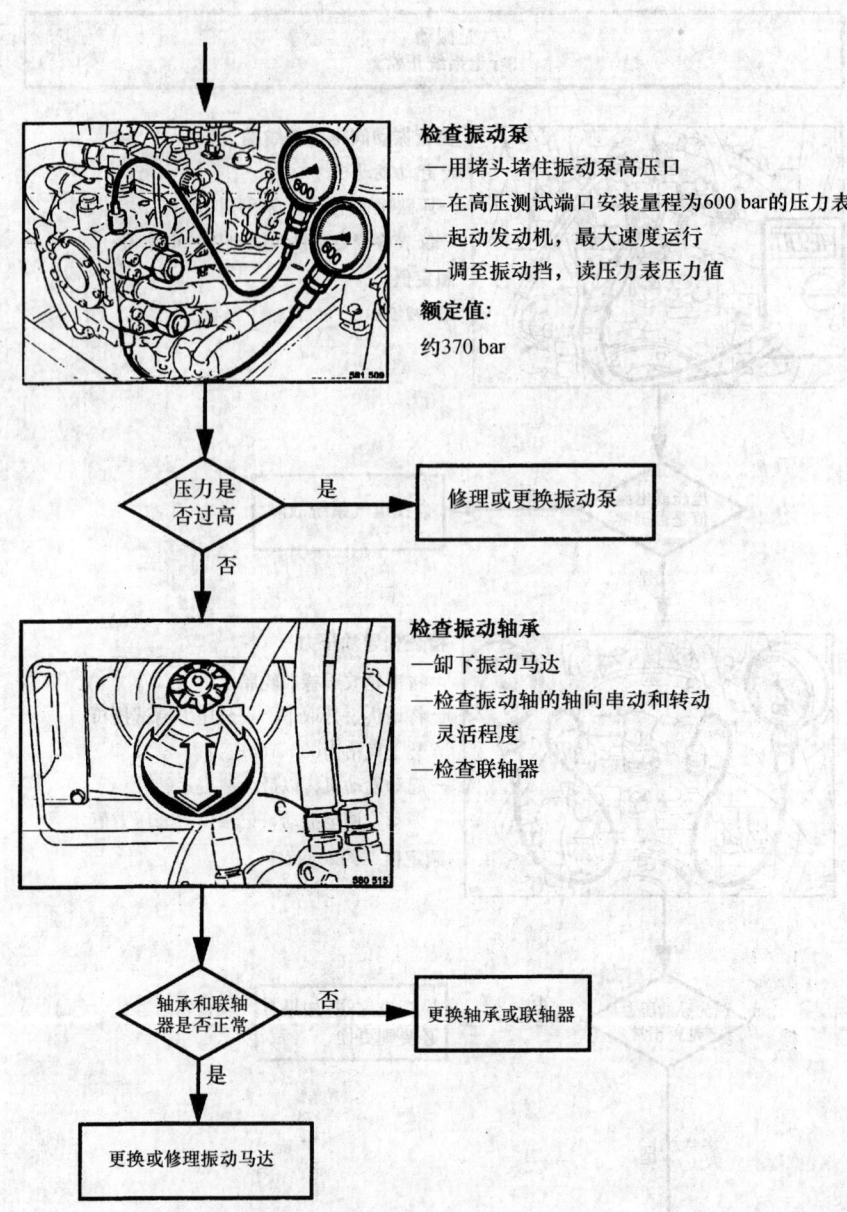

图 7-3　无振动故障分析与排除方法（续）

3. 振动轴转速过低故障分析与排除（如图 7-4 所示）

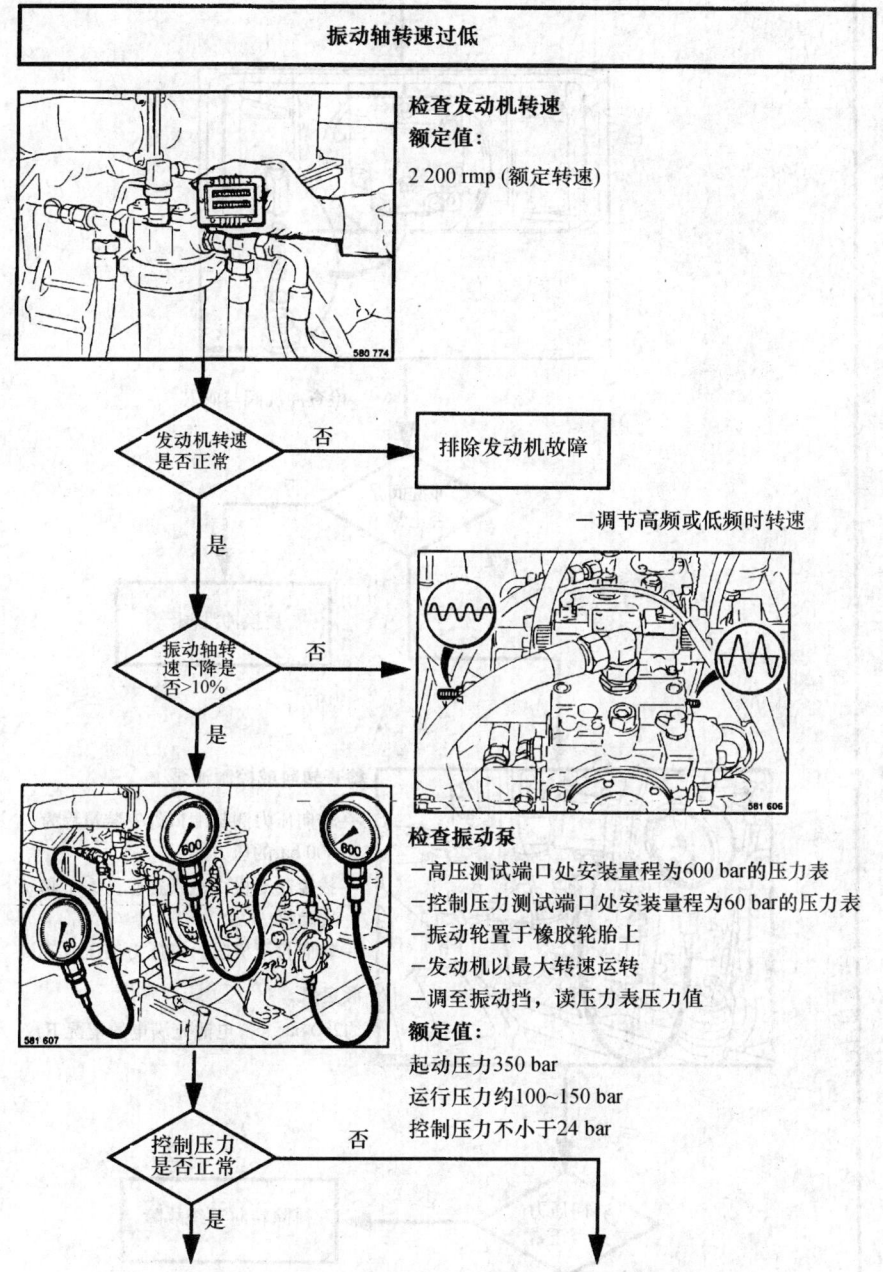

图 7-4　振动轴转速过低故障分析与排除方法

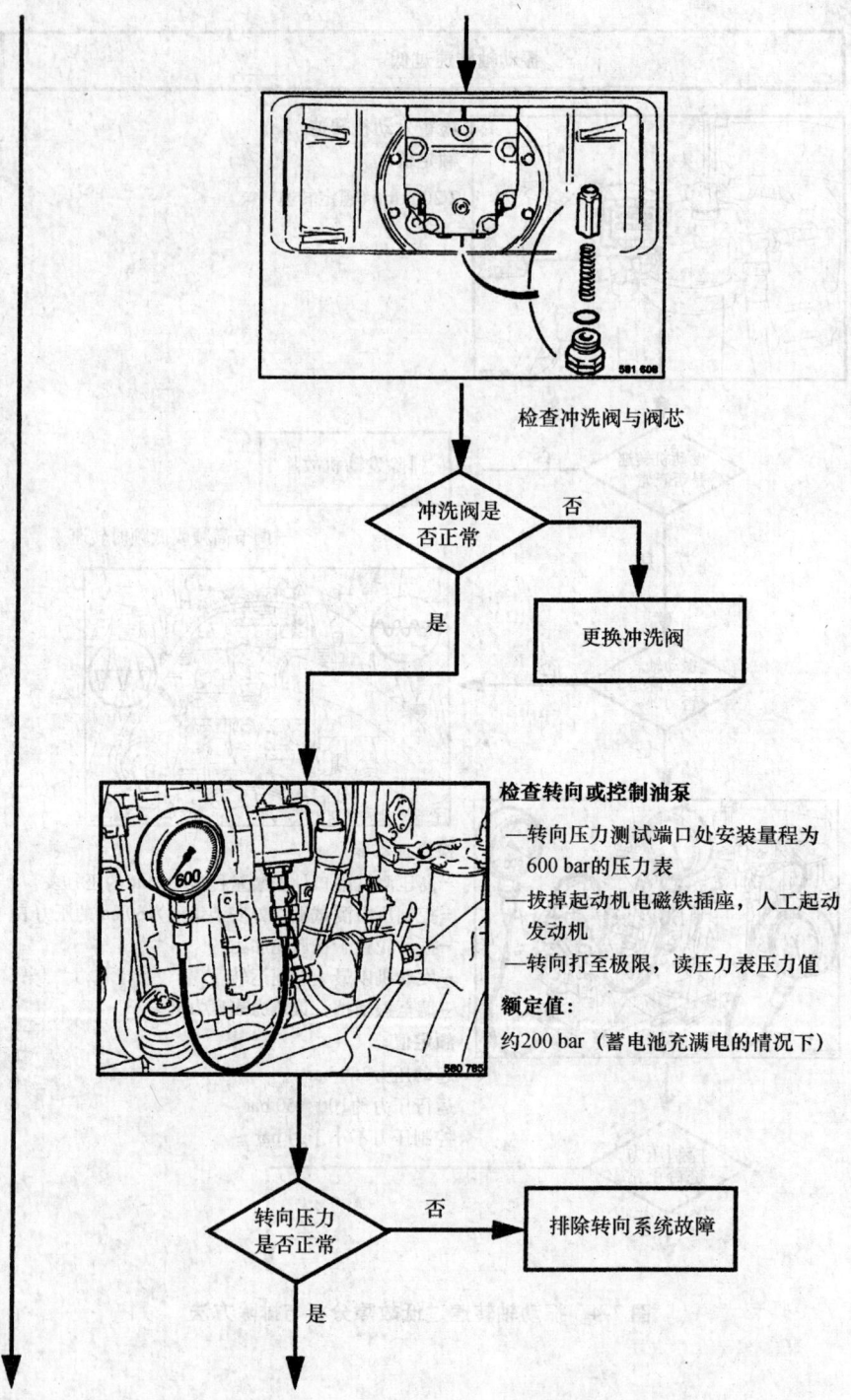

图 7-4 振动轴转速过低故障分析与排除方法（续）

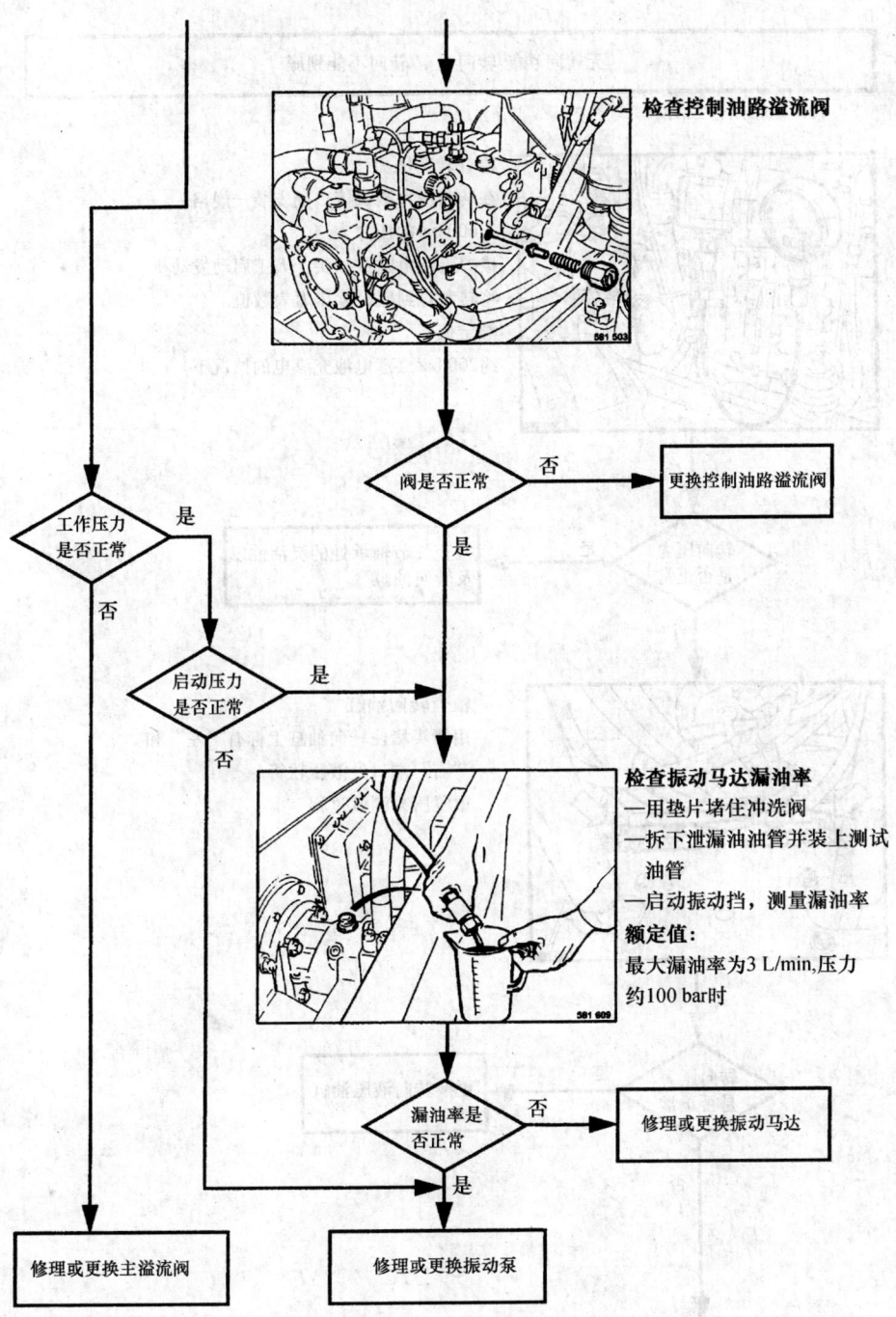

图 7-4　振动轴转速过低故障分析与排除方法（续）

4. 转向系统故障分析与排除（如图7-5所示）

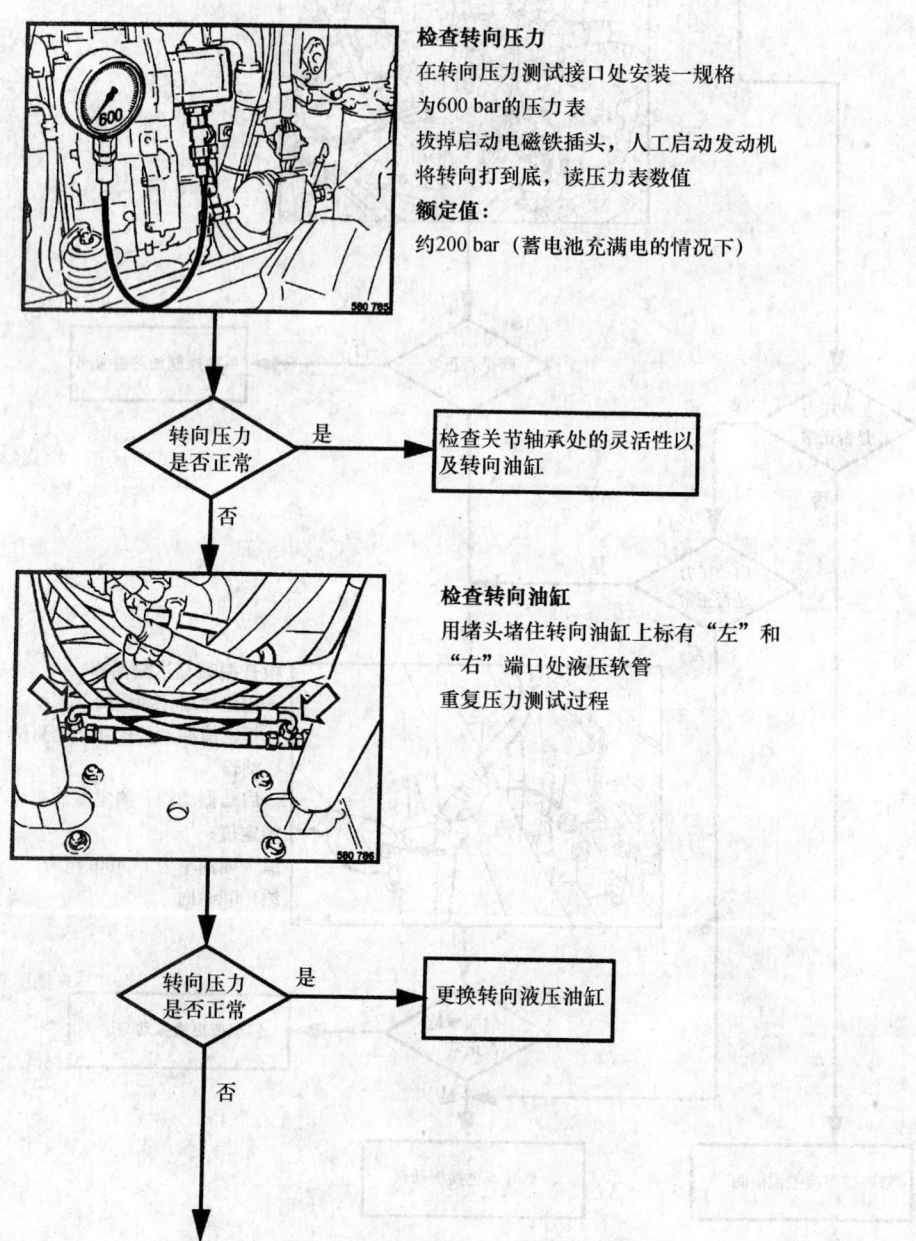

图7-5 转向系统故障分析与排除方法

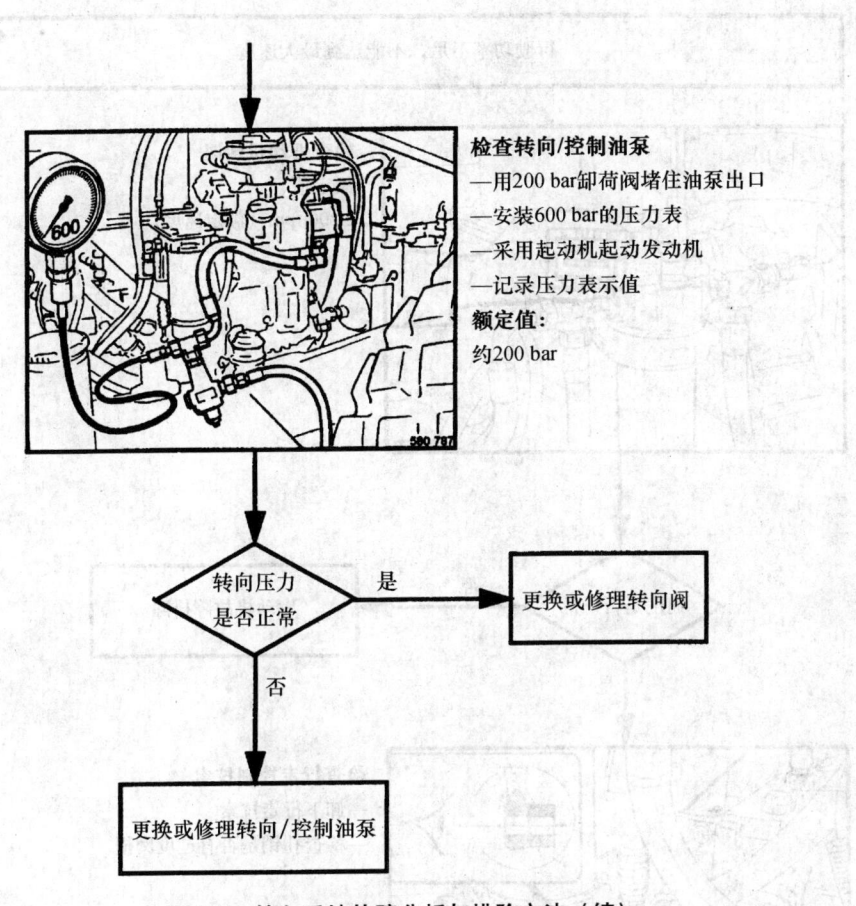

图 7-5 转向系统故障分析与排除方法（续）

5. 行驶功率不足，不能达到最大速度故障分析与排除（如图7-6所示）

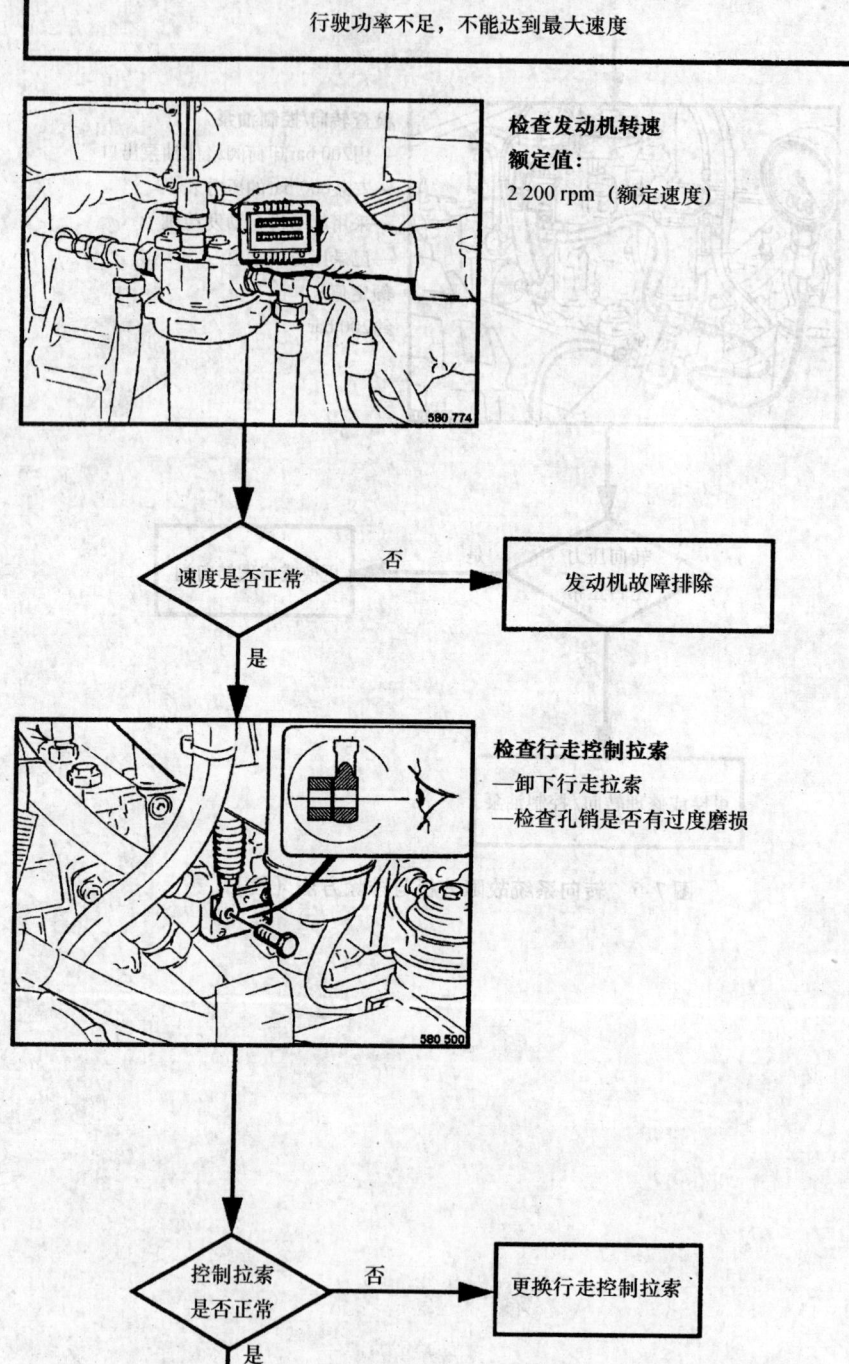

图7-6　行驶功率不足，不能达到最大速度故障分析与排除方法

第七章　压路机常见故障分析与排除　223

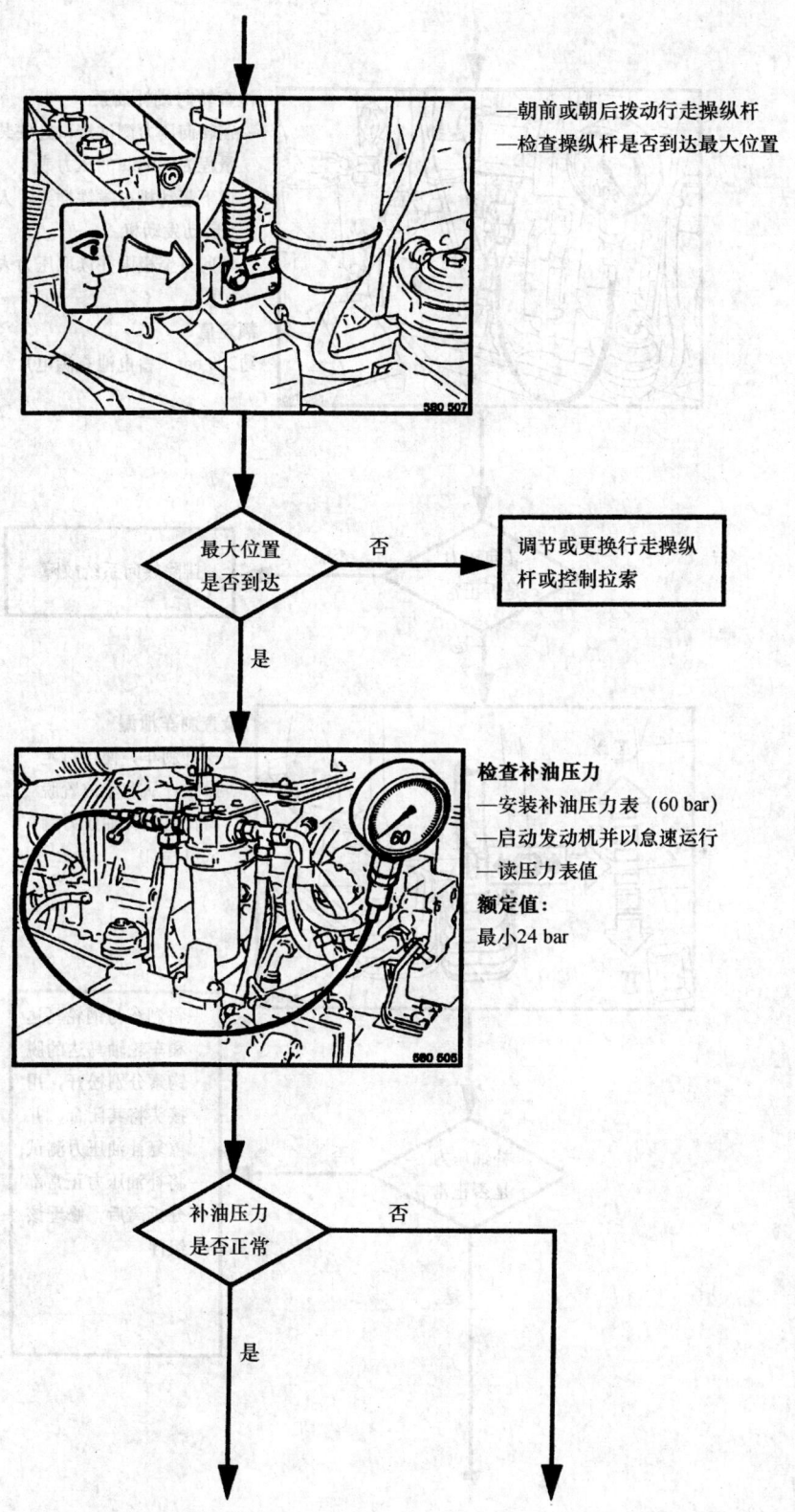

—朝前或朝后拨动行走操纵杆
—检查操纵杆是否到达最大位置

调节或更换行走操纵杆或控制拉索

检查补油压力
—安装补油压力表（60 bar）
—启动发动机并以急速运行
—读压力表值
额定值：
最小24 bar

图7-6　行驶功率不足，不能达到最大速度故障分析与排除方法（续）

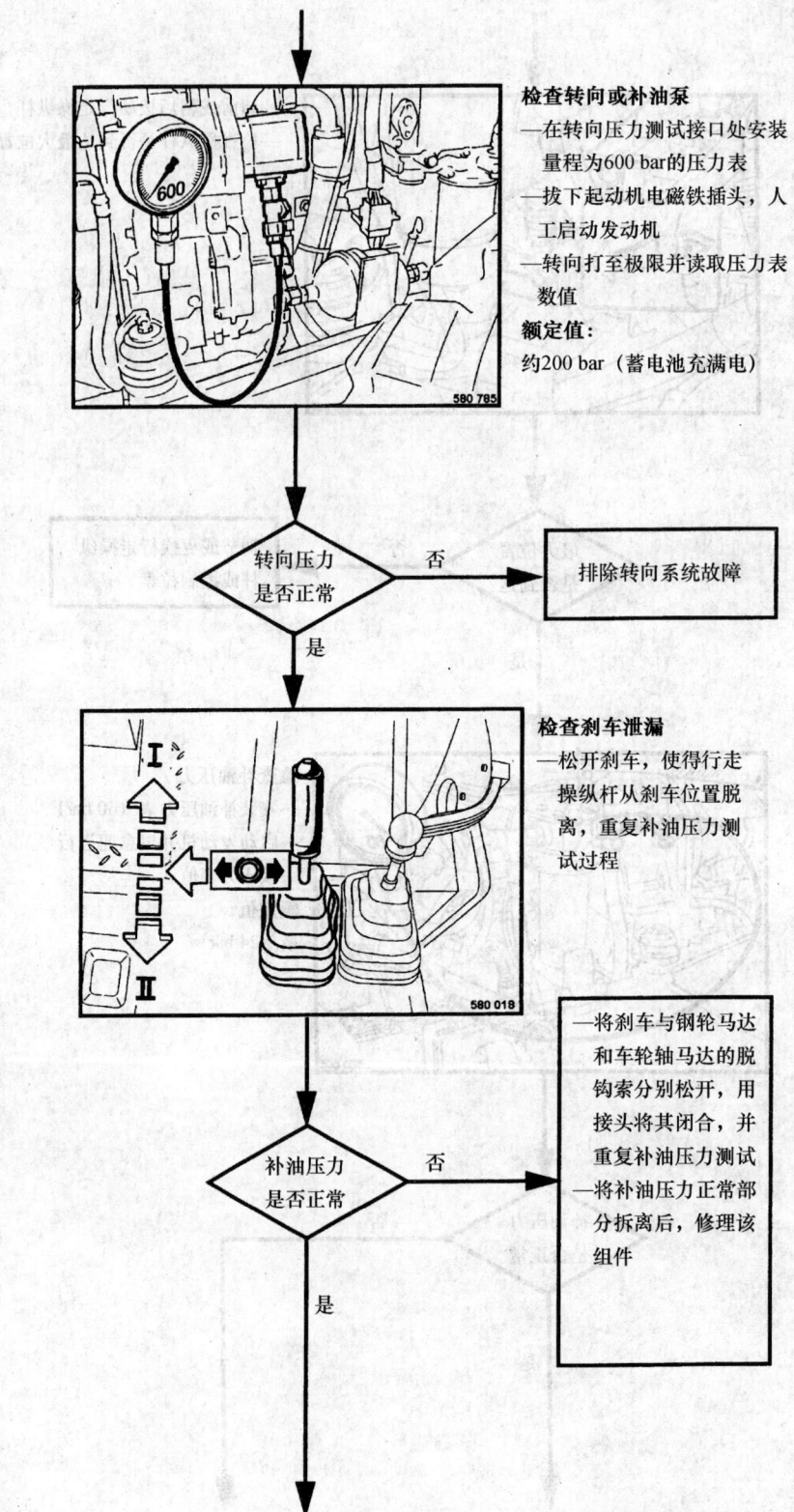

图 7-6　行驶功率不足，不能达到最大速度故障分析与排除方法（续）

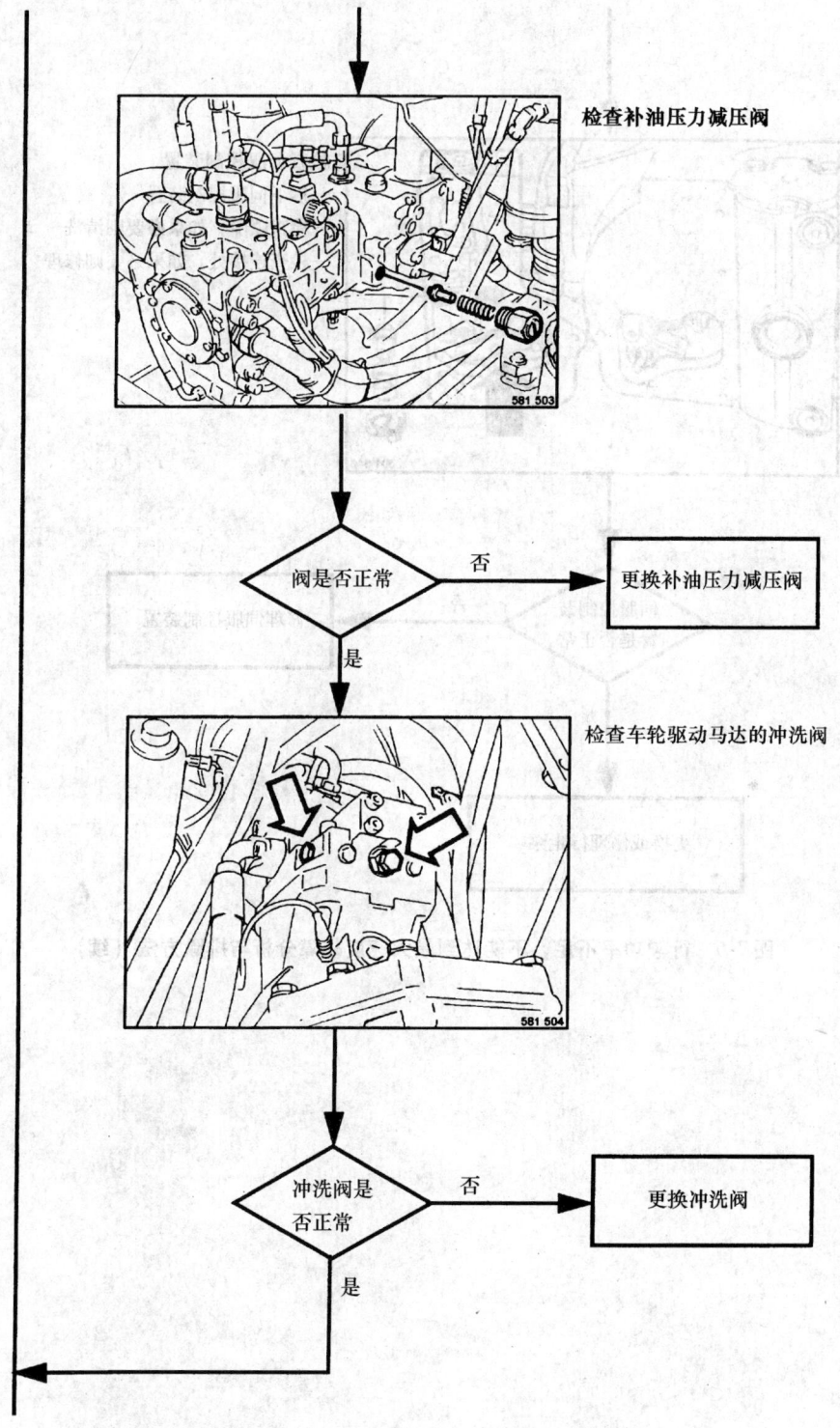

图7-6 行驶功率不足,不能达到最大速度故障分析与排除方法(续)

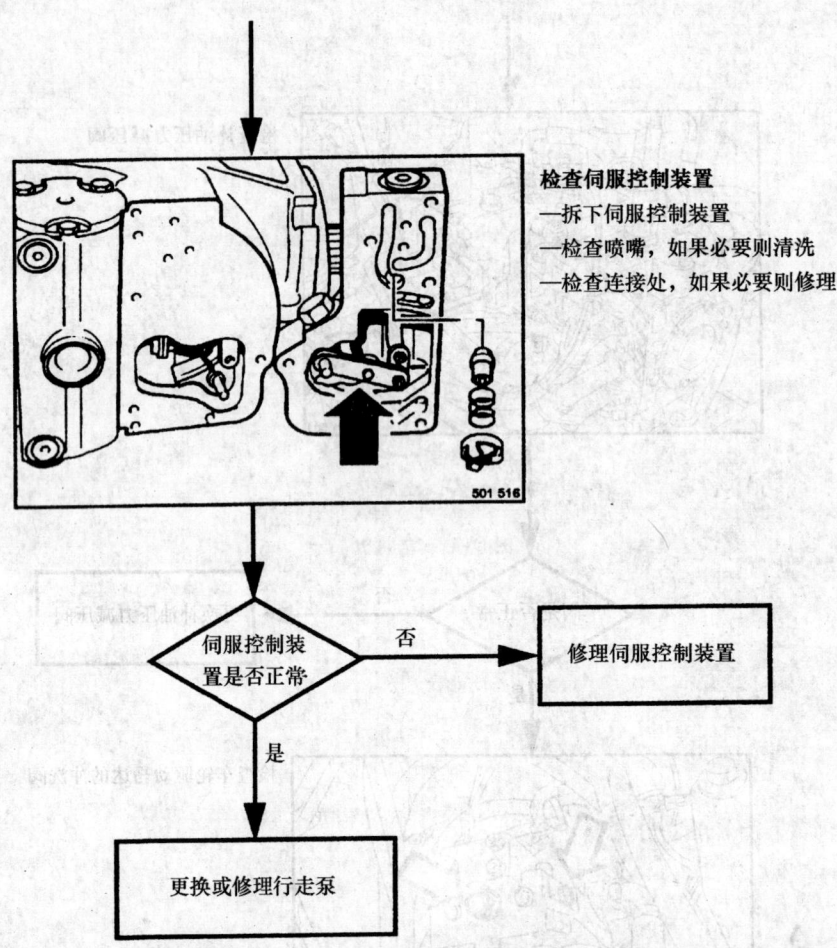

图 7-6 行驶功率不足，不能达到最大速度故障分析与排除方法（续）

6. 行走手柄位于中位，机器行走故障分析与排除（如图7-7所示）

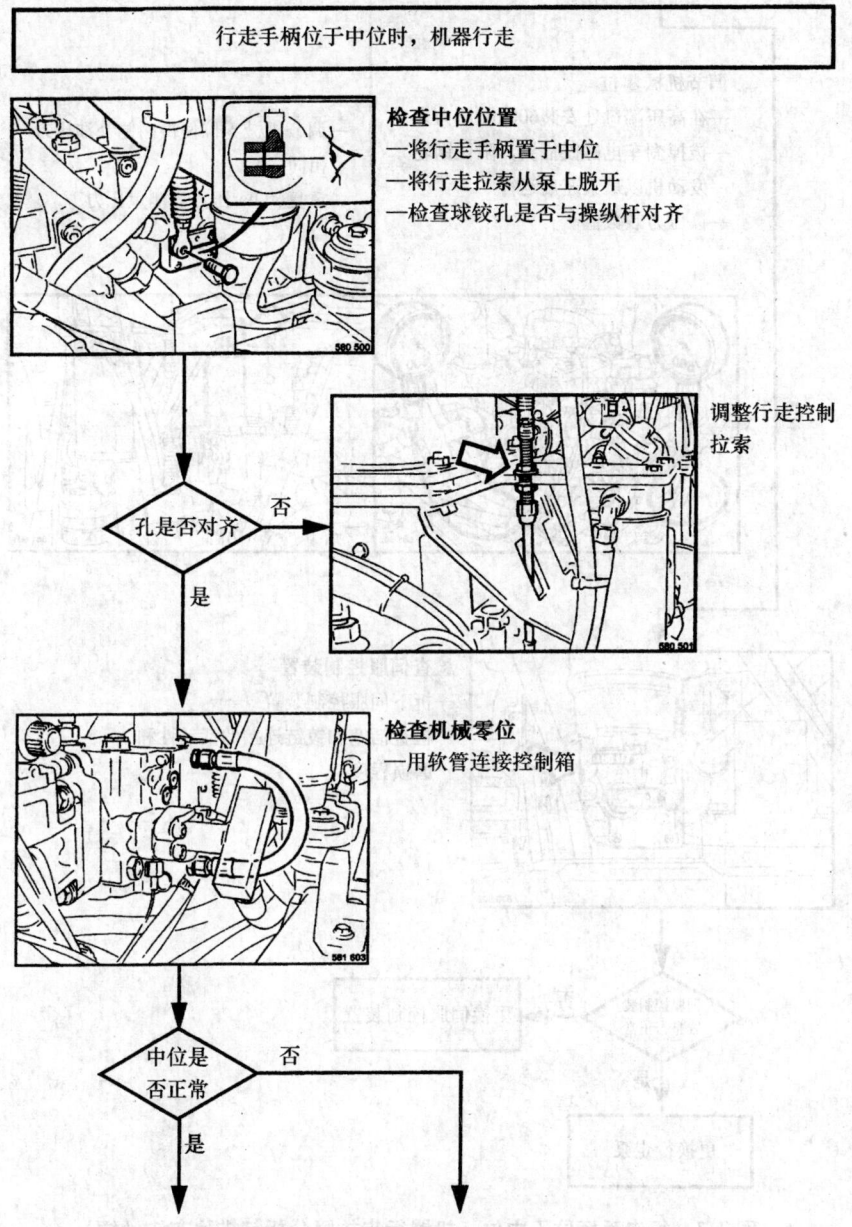

图7-7　行走手柄位于中位，机器行走故障分析与排除方法

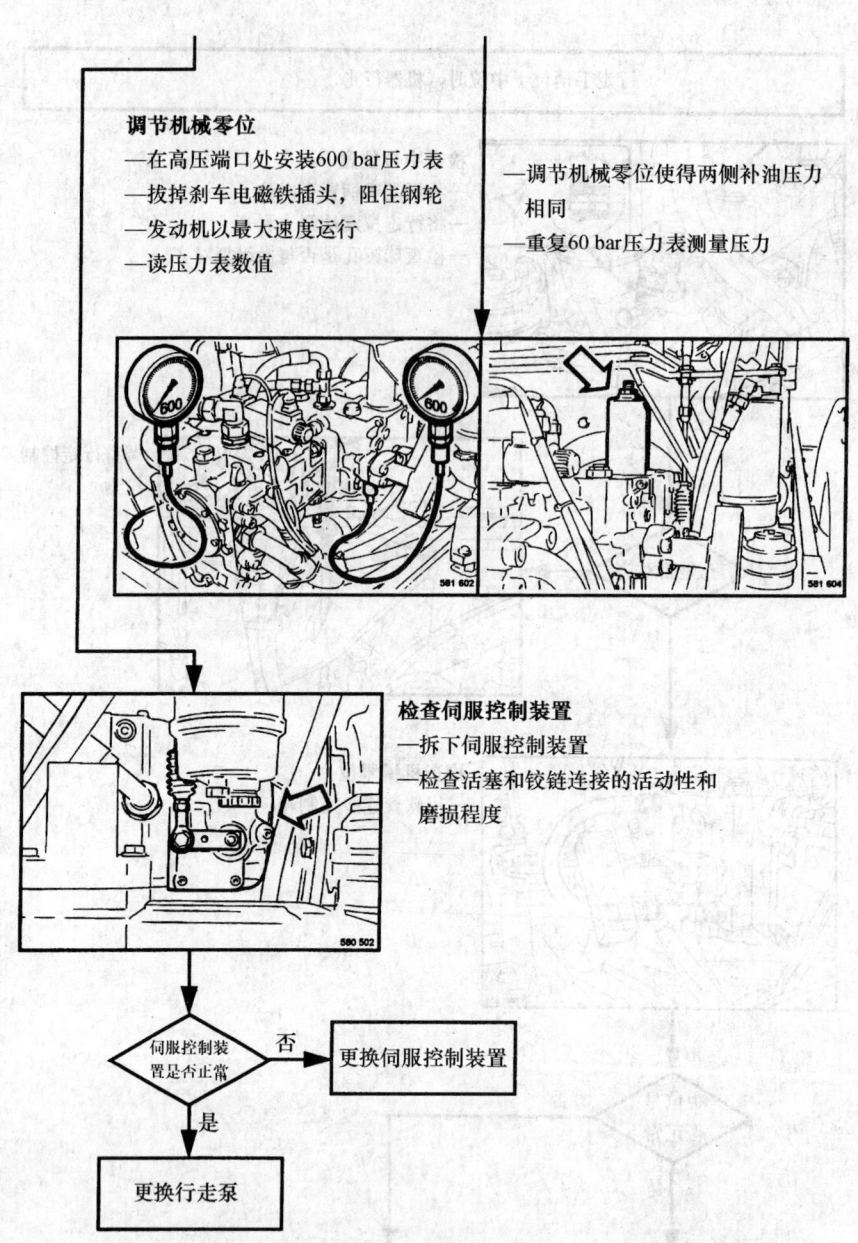

图 7-7 行走手柄位于中位，机器行走故障分析与排除方法（续）

7. 机器不行走（前进、后退）故障分析与排除（如图7-8所示）

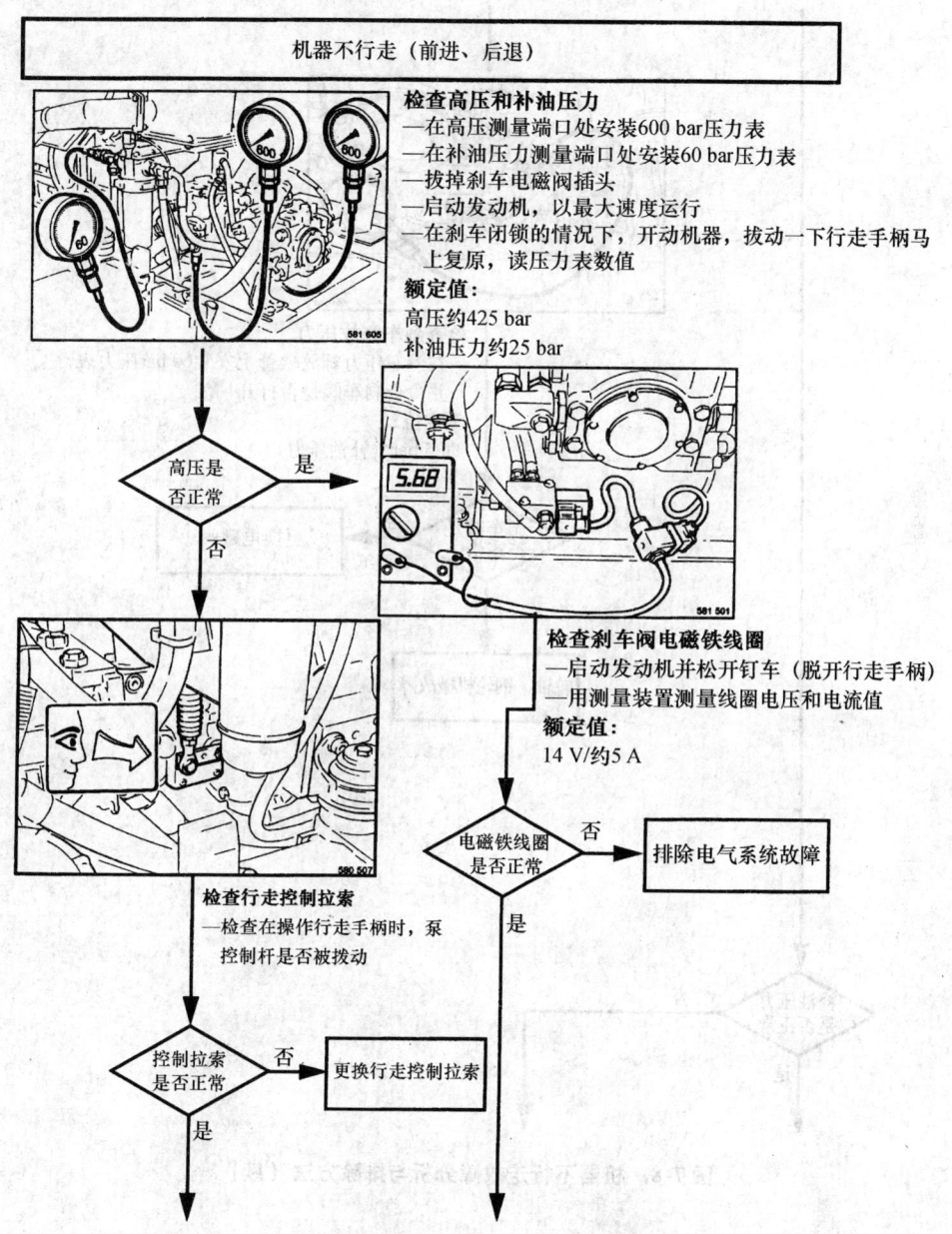

图7-8 机器不行走故障分析与排除方法

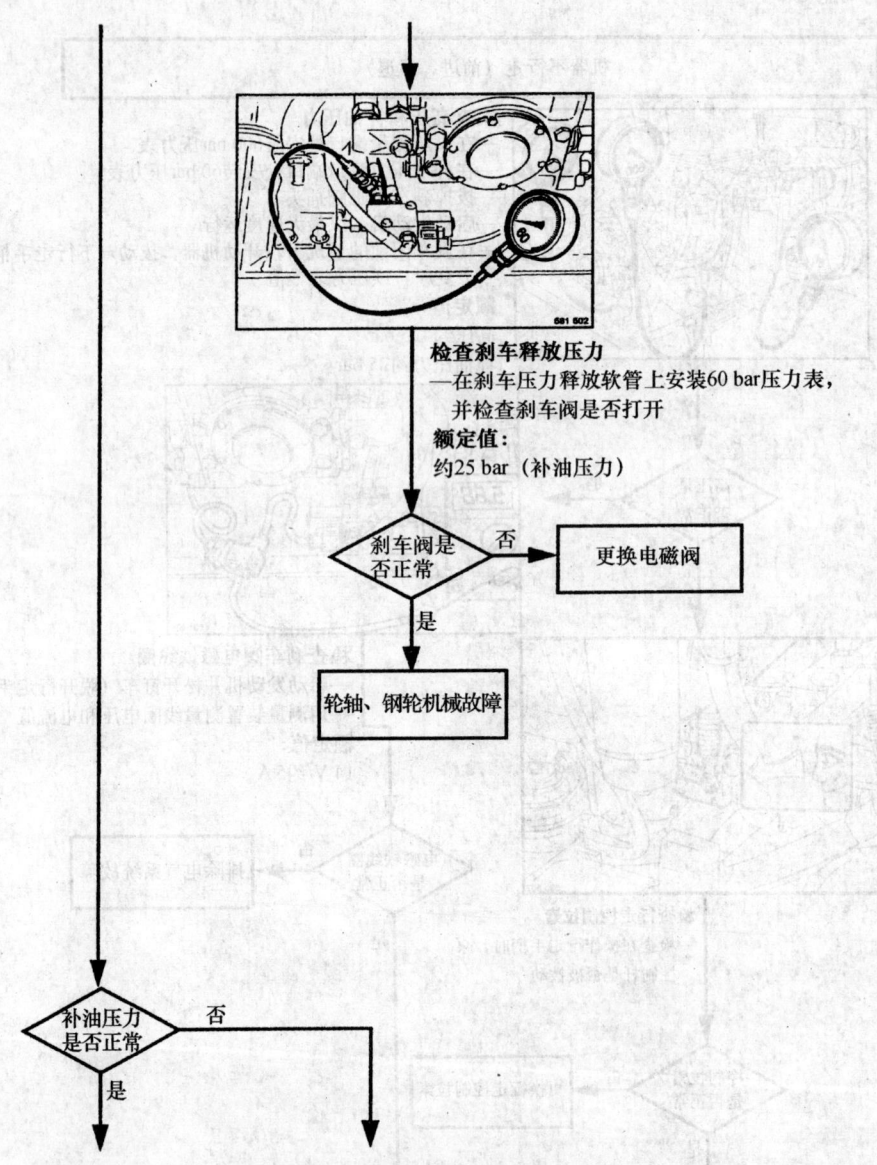

图 7-8 机器不行走故障分析与排除方法（续）

检查转向或补油泵
—在转向压力测试接口处安装量程为600 bar的压力表
—拔下起动机电磁铁插头，人工启动发动机
—转向打至极限并读取压力表数值

额定值：
约200 bar（蓄电池充满电）

转向压力是否正常 — 否 → 排除转向系统故障

是 ↓

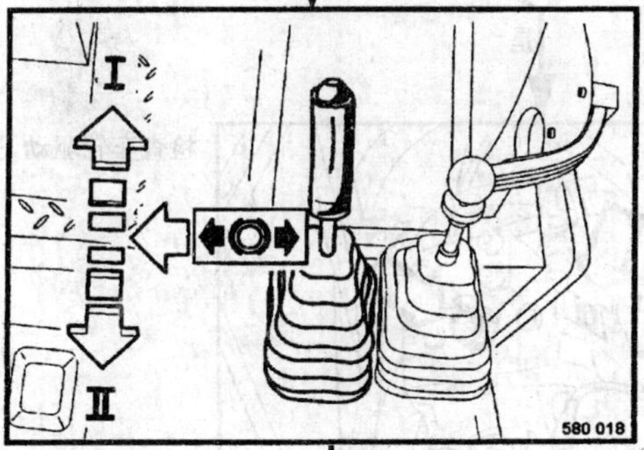

检查刹车泄漏
—松开刹车，使得行走操纵杆从刹车位置脱离，重复补油压力测试过程

—将刹车与钢轮马达和车轮轴马达的脱钩索分别松开，用接头将其闭合，并重复补油压力测试
—将补油压力正常部分拆离后，修理该组件

补油压力是否正常 — 否 → （上述处理）

是 ↓

图 7-8　机器不行走故障分析与排除方法（续）

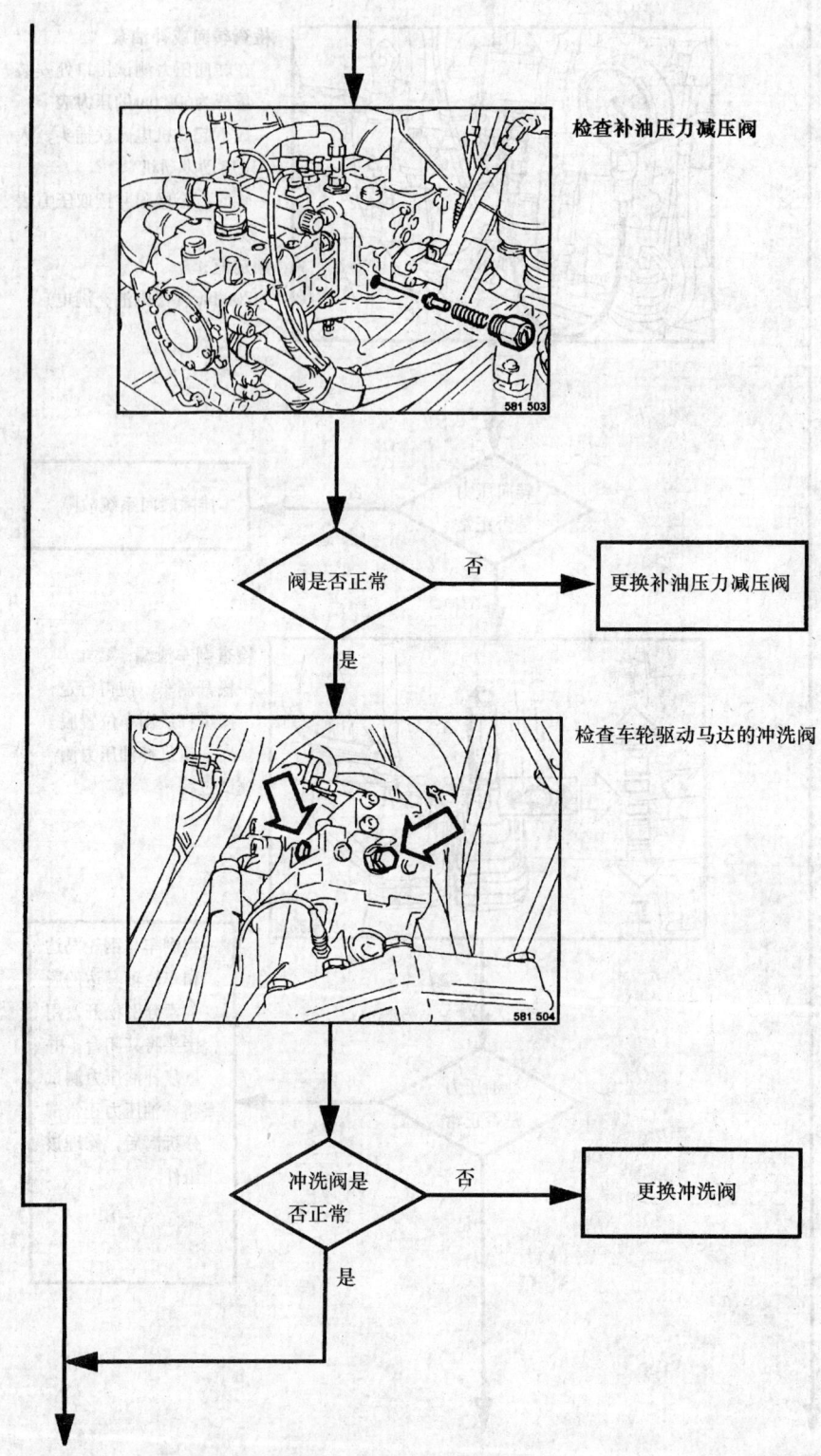

图7-8 机器不行走故障分析与排除方法（续）

第七章　压路机常见故障分析与排除　233

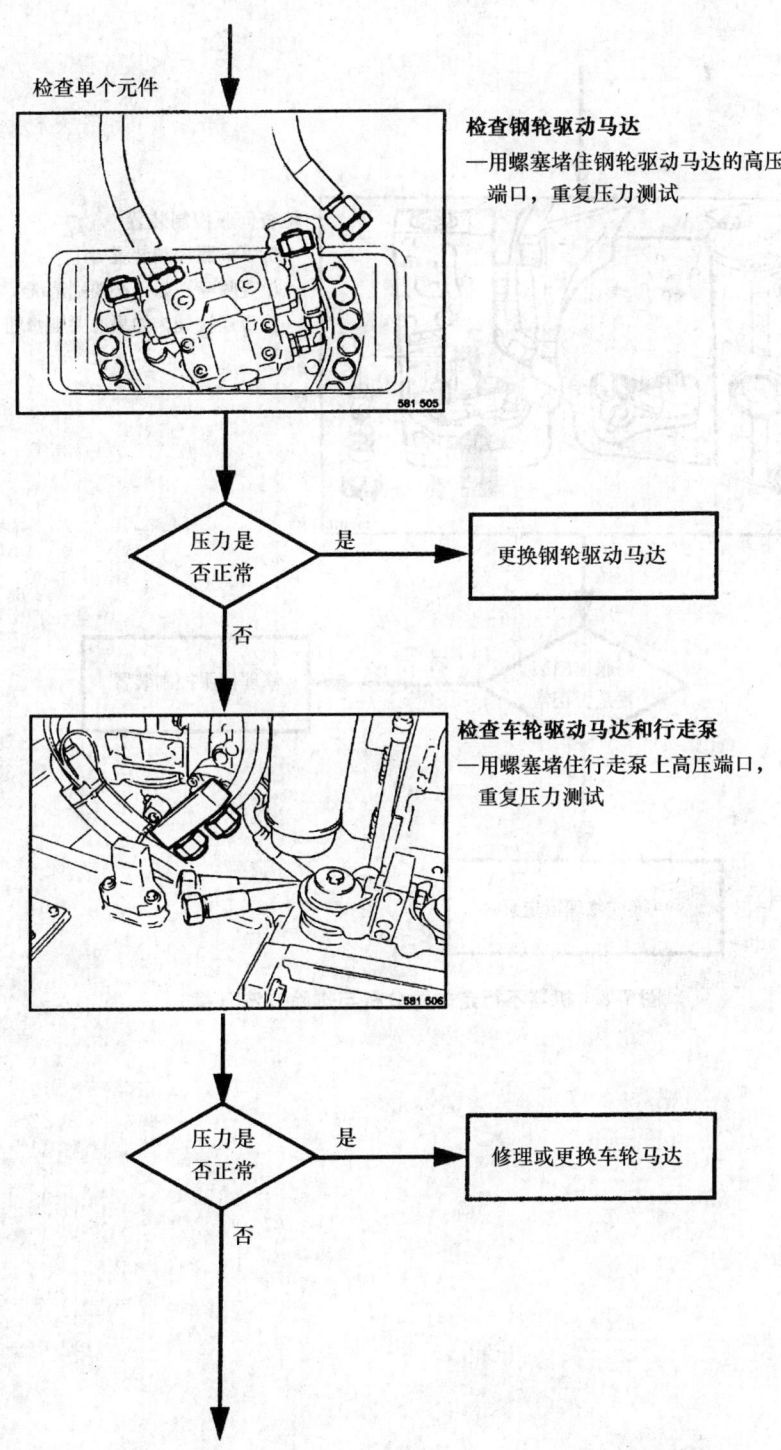

图 7-8　机器不行走故障分析与排除方法（续）

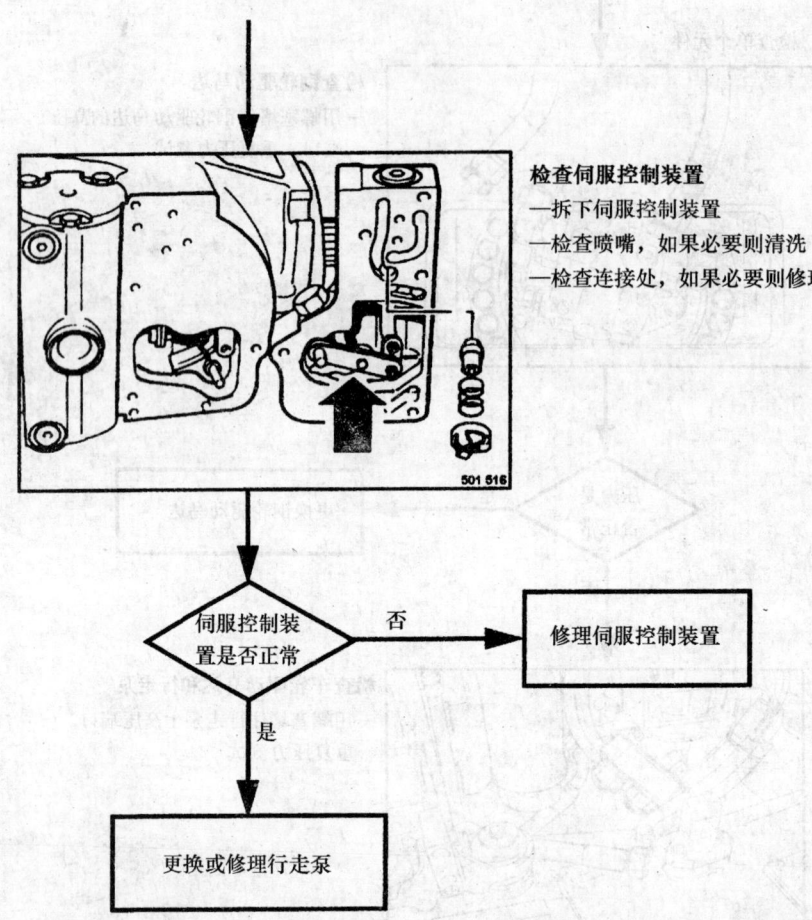

图 7-8 机器不行走故障分析与排除方法（续）

第八章 其他压路机

知识要点
（1）了解垂直振动压路机振动轮的结构，理解振动的原理和特点。
（2）了解水平振荡压路机振荡轮的结构，理解振荡的原理和特点。
（3）了解复式振动压路机振动轮的结构，理解振动的原理和特点。
（4）了解新型压路机的类型及特点。
（5）了解蟹行的方式和目的，了解闭环数字转向系统的作用，理解闭环数字转向的原理。

技能要点
（1）能够描述垂直振动压路机振动轮的结构；能够分析产生振动的原理。
（2）能够描述水平振荡压路机振荡轮的结构；能够分析产生振荡的原理。
（3）能够描述复式振动压路机振动轮的结构；能够分析产生振动的原理。
（4）能够说出1～2种新型压路机的类型。
（5）能够描述蟹行的目的；能够描述闭环数字转向系统的作用，能够分析闭环数字转向的原理。

第一节 定向振动和振荡压路机

一、垂直振动压路机振动轮的结构与原理

如图8-1所示是垂直振动压路机振动轮的结构图。振动轮主要由两根带相同偏心块的偏心轴构成。振动马达通过花键套将动力传到同步齿轮，驱动两根偏心轴反向旋转，水平方向的离心力始终大小相等，方向相反，相互抵消，只有垂直方向的离心力使振动轮振动，对被压实材料产生一个按正弦规律变化的激振力，如图8-2所示。设计安装时必须保证两根偏心轴在水平方向相对安装，且齿轮机构使其反向同步旋转；则在水平方向上的振动力相互抵消，对被压实材料仅产生垂直方向的交变振动力。激振器壳体不旋转，滚筒通过轴承支承在激振器壳体上。滚筒由行走马达驱动。

二、振荡压路机振荡轮的结构与原理

振荡压实作用的特点是振荡轮在压实过程中始终与地面紧密接触，振动波不会向两侧传播，从而改善了机器本身的工作条件和减轻了对环境的振动干扰。振荡压实实际上是一种振动与揉搓相结合的压实方法，也可以说是一种薄铺层压实机械，在压实沥青路面和RCC路面时已经显示了众所周知的良好效果，在对振动敏感地区的施工也是不错的选择，这将是其重点推广应用的领域。振荡轮的具体结构和原理如下。

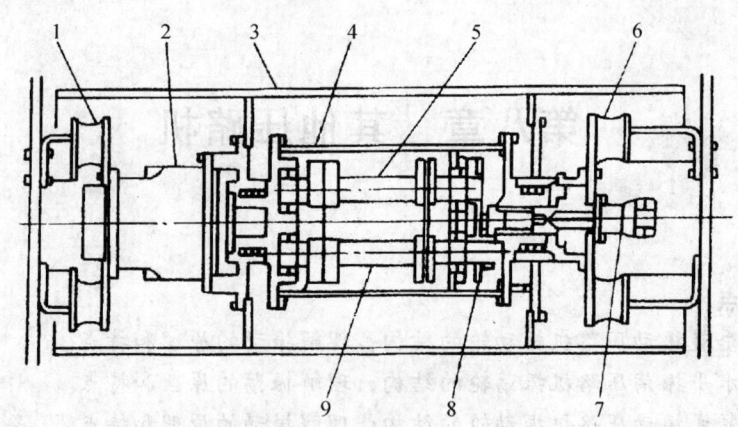

图 8-1 垂直振动压路机振动轮结构图
1—减振橡胶；2—行走马达；3—滚筒；4—起振器壳；5—偏心轴；6—减振橡胶；7—振动马达；8—同步齿轮；9—偏心轴

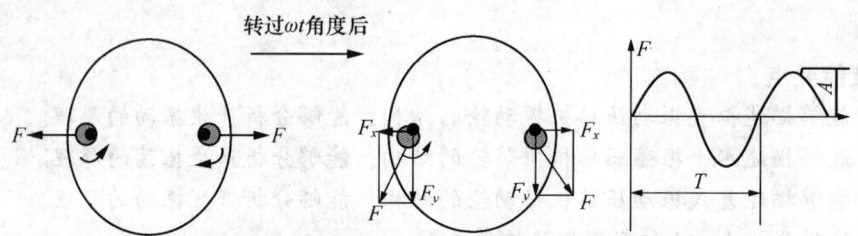

图 8-2 垂直振动压路机激振力变化规律图

1. 水平振荡压路机振动轮的结构及原理

如图 8-3 所示是振荡压路机振荡轮的结构原理图。它也是一种偏心块式结构，主要由两根偏心轴、中间轴、振荡滚筒、减振器等组成。振荡马达通过花键套将动力传给中间轴，再通过同步齿形带带动两根偏心轴同步旋转产生激振力，该激振力对被压实材料产生水平方向的交变力矩（如图 8-4 所示）。

2. 垂轴振荡压路机的振荡轮结构及原理

垂轴振荡压路机的碾滚的基本结构如图 8-5 所示。碾滚内装有两根与碾滚轴线垂直的平行回转轴，回转轴两端分别安装两个同等质量的偏心块，每根回转轴上的偏心块在相位上均相差 180°。偏心轴均安装在滚轮中的隔架上，并随滚轮一起作牵连运动。偏心轴由液压马达通过传动齿轮组驱动，液压马达直接驱动主动锥齿轮旋转，主动锥齿轮通过从动锥齿轮带动第一根偏心回转轴一体旋转，然后再通过一对相同齿数的圆柱齿轮驱动与之平行的第二根偏心回转轴，并以相同转速反向旋转。

从垂轴振荡碾滚的结构简图中可以看出，当两根偏心轴上的偏心块 a、b、c、d 处在碾滚纵向对称剖切的同一面（$x-y$ 平面）内时，上下偏心块的离心力均等值反向共线，离心力的合力均为零，碾体上没有力偶作用。当偏心轴转动，上下偏心块改变方位，则上偏心块的离心力合力总是与下偏心块的离心力合力等值反向，上下偏心块的总合力在任意反向都为零。由于上下偏心块的离心力合力等值反向，但不在同一直线上，故在碾滚旋转平面内产生形成振动力偶矩，且偏心轴旋转一周，力偶的旋转方向改变一次，使滚轮承受交变扭矩的作用，形成滚轮的扭转振动。

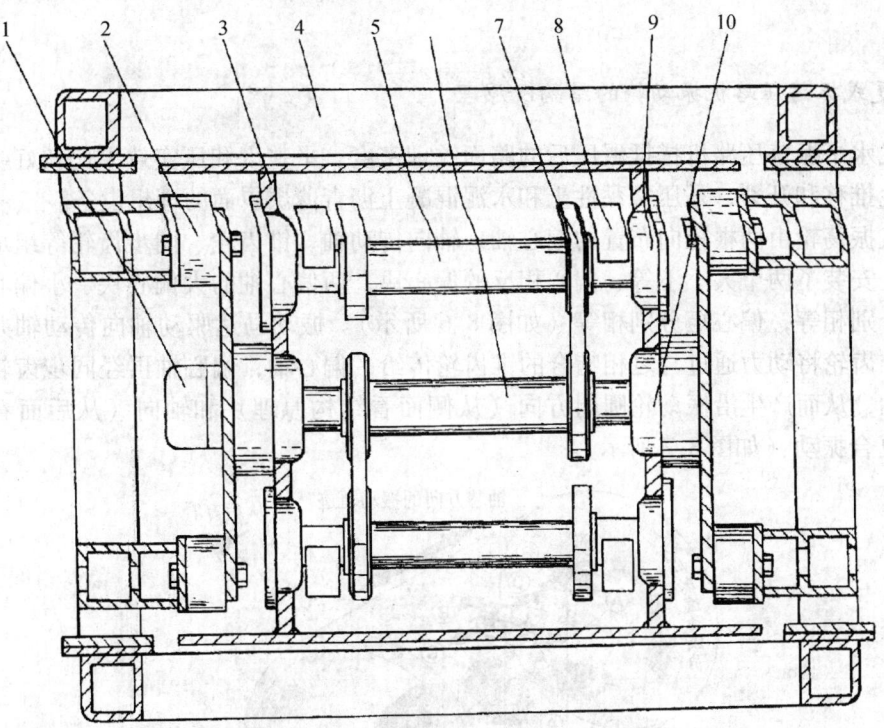

图 8-3 水平振荡压路机振荡轮结构图
1—振荡马达；2—减振器；3—振荡滚筒；4—机架；5—偏心轴；6—中心轴；
7—同步齿形带；8—偏心块；9—偏心轴轴承座；10—中心轴轴承座

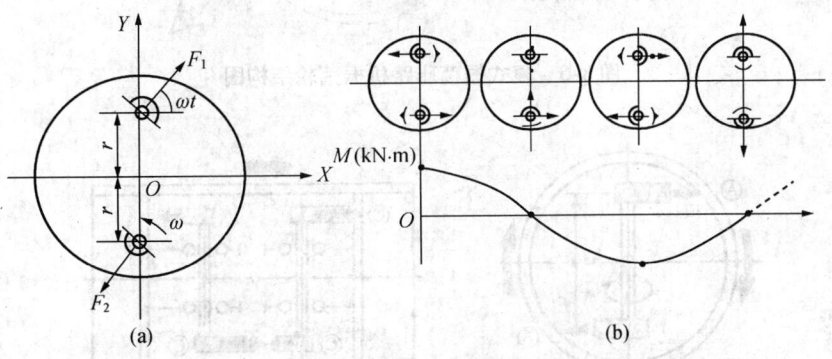

图 8-4 水平振荡压路机激振力变化规律
（a）任意位置；（b）典型位置

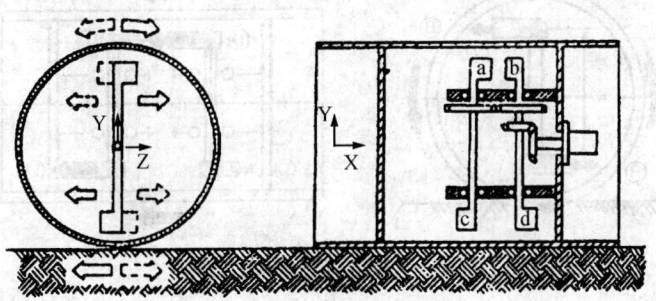

图 8-5 垂直振荡压路机振荡轮结构图

3. 复式振荡压路机振动轮的结构及原理

复式水平振荡压路机搓揉碾压后的路面纹理密度、平整度和压实效果比较好。碾压时不易发生推移和开裂，是压实黏性土和水泥混凝土沥青薄层罩面的理想设备。

复式振荡轮由两根径向布置的偏心轴、轴向传动轴、锥齿轮、同步齿轮等组成。同一偏心轴上安装了两个大小不等、偏心相反的偏心块，两偏心轴的大偏心块、小偏心块的偏心质量分别相等，偏心矩分别相等（如图 8-6 所示）。振动马达驱动轴向传动轴并带动锥齿轮，锥齿轮将动力通过与之相啮合的锥齿轮传给一偏心轴，偏心轴再经同步齿轮带动另一偏心轴，从而产生沿振动轮圆周方向（从侧面看结构原理）和轴向（从后面看结构原理）的复合振动（如图 8-7 所示）。

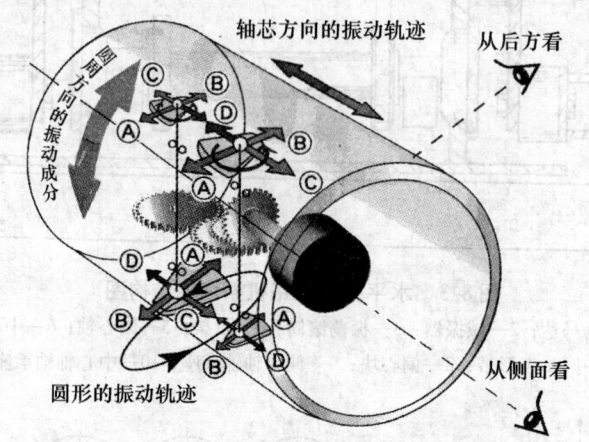

图 8-6　复式振荡压路机振荡轮结构图

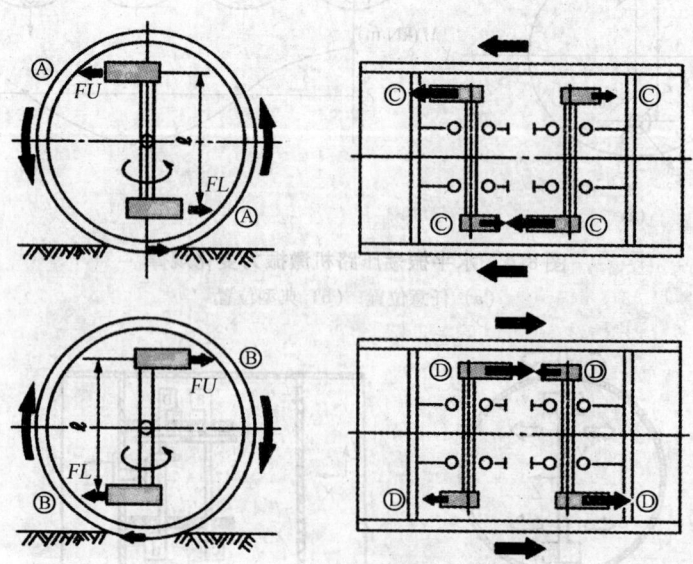

图 8-7　复式振荡压路机原理图

三、混沌振动压路机

复杂级配的物料中各成份的固有频率构成一个频域，宽频、宽幅的混沌激振可激起各种物料颗粒的全频域共振，以达到最佳的密实效果，而普通的单频激振也无法得到全频域共振。混沌振动压路机就是利用混沌振动学原理设计的，即位于轮心的振动轴上有多个激振器，每一个激振器的激振频率各不相同，因而振幅也随机变化，压实效果与效率均优于普通振动压路机，适用工况广泛，操控方法简单。

四、薄层路面振动压路机

瑞典 DYNAPAC 公司研制的 CC232 型串联式振动压路机，主要用于碾压厚度 40 mm 以下，碎石含量多的薄层路面。该机振动参数采用高频低幅匹配，有 70 Hz、0.22 mm 与 54 Hz、0.5 mm 两组振动参数，这种机型比一般压路机具有大得多的碾压力度，同时又不会把薄层中的石子碾碎，因而特别适合于路面磨耗层的压实。

五、履带式压路机

利用高频振动，可以大大降低被压实材料颗粒之间的间隙和摩擦阻力等，使材料易于被压实，因而振动压路机能够对较低温度下的沥青混凝土进行有效地压实。另一方面，沥青混凝土在 150～160°C 时具有非常好的流动性，同样易于被压实，但振动压路机的钢轮会使材料产生大量推移。加拿大 Carleton 大学 Halim A. O 教授在大量试验的基础上，发现用大面积的履带作为压实装置，不仅类似于轮胎压路机的揉搓作用更明显，而且压实效率更高，于是发明了橡胶履带压路机（AMIR-1），澳大利亚先锋道路公司 Richard I. J 先生在 Halim A. O 教授发明的基础上，发明了金属履带沥青路面压路机（HIDAC），具有加热功能的金属履带既能保证沥青混凝土进入压实状态时的温度，又避免了沥青粘附现象。

六、路肩专用压路机

美国路德特克（ROADTEC）公司研制的 TR75 型压路机，工作质量为 1.6 t，碾压宽度为 457～1 200 mm。其一侧安装有两个压实滚轮，另一侧为驱动行走的轮胎。轮胎行走在路面上，两个滚轮可伸缩调节，以改变碾压宽度。这种路肩专用压路机可以防止路肩被压塌或路面被碾伤。

七、沟槽专用压路机

德国和美国的一些公司生产有专用压实沟槽的振动压路机，其工作质量为 1.25 t 左右，压实宽度为 500～800 mm，一般采用 4 个滚轮全驱动，可原地转向，应用遥控技术，机架窄于压实轮总宽度，激振力可达机器重力的 4～5 倍，特别适合于压实沟渠和管道建筑基础。

第二节 压路机新技术

1. 智能压实系统

安装智能压实系统的振动压路机，能够根据土壤特性的变化状况，自动调节振动频率和振幅，最具代表性的产品是 BOMAG 公司首创的智能压实系统。这种智能压实系统可以使振动轮在垂直与水平振动的两个极限之间的任意状态下工作。在碾压低密实度材料时，振动轮在垂直方向输出最大激振力；当材料的密实度增加时，激振力的输出相对于垂直方向有一个夹角，此时振动的激振力可分解为垂直与水平两个方向的分量，垂直方向的有效振幅相应减小；在碾压高密实度材料时，振幅的输出为水平方向，垂直方向为零。

这种智能压实系统能够自动选择与被压实材料的密实度状况相匹配的振幅，从而消除了铺层材料的压实不足和"过压实"的现象，提高了压实均匀度，同时消除了振动轮的"跳振"现象，避免压碎粗骨料。该系统有手动和自动两种模式，手控时有 6 个档次的垂直振幅（从零到最大）可供操作人员选择；当压路机改变运行方向时，智能系统还可使激振力的方向随之自动切换，从而提高了压实质量。

2. 多边形振动压实钢轮

振动压实钢轮设计成非圆柱形，即六边或八边形，在整个宽度方向上分 3～5 段错位布置。这种压实钢轮相当于有一系列交错排列的凸点和平整的冲击面，在振动压实过程中同时具备振动、搓揉、冲击的作用效果。可以说，它有机地结合了振动压路机与冲击压路机的双重压实特点。

3. 剖分式振动压实钢轮

振动压路机在碾压过程中进行侧向位置转移时，是利用前进与后退过程中配合转弯实现的。对于整体式振动压实轮，很容易对松软的铺层材料产生较大的推移作用，在碾压轮的前后方形成材料堆积，造成压实后的表面存在裂纹和拱包现象。

剖分式振动钢轮就是将整个碾压轮从中间"一分为二"，利用振动机构、回转轴承等将两个半轮连接起来。当转向时，由于压实轮的两边滚动阻力方向正好相反，使得两个半轮反向旋转，起到一种自动"差速"的效果，大大减小了转向阻力即碾压轮对材料的推移作用，从而有效地保护压实表面质量。

4. 自动滑转控制系统

自动滑转控制系统即防滑转控制系统，可以防止钢轮或轮胎在上、下坡或恶劣的工况下打滑。在压路机的行走驱动液压系统中，采用先进的滑转自动控制（ASC）差速系统，通过监测所有轮胎和钢轮的转动（转速）状况，自动平衡各行走驱动机构的输出扭矩，以此来提供最佳牵引力分配，提高爬坡性能，确保压实效果，一般可以使压路机的爬坡能力超过 50%。BOMAG 公司称，其装备有防滑转控制系统的 BW213、BW225 高爬坡性能机型，可在 68% 的坡道上安全行驶。

5. 无人驾驶技术

利用自动控制技术和无线遥控装置可以实现振动压路机的无人驾驶，如国防科技大学与湖南江麓机械厂研制的无人驾驶振动压路机。该机包括振动式压路机本体、自动控制测控单元、无线遥控装置和自动报警安全保护装置等部分。在机械结构上除继承和保持了引进的德国 VIBROMAX 公司 W1102D 压路机的先进技术外，还新增了自动驾驶作业系统，系统按模块化设计；采用了智能移动机器人高科技和国际上振动式压路机的先进技术，提供了远距离遥控、自动编程控制和人工驾驶 3 种操作方式。

在压路机上应用无人驾驶技术，使得压路机能够根据施工的要求，自主完成点火、起步、变速、转向、倒车、停车等基本操作，并能根据施工地面的软硬程度调整振动等级，有效地提高施工效率和压实质量。由于不需要人工操作，所以不用考虑操作人员的劳动强度，可最大限度地增大振动幅度，达到提高施工质量的效果，因此非常适合水泥大坝、高速公路、铁路、机场、港口等大型工程施工，尤其适合在危险环境极限条件下作业。

6. 闭环数字转向系统

双枢轴转向压路机采用闭环数字转向控制系统，可以方便实现压路机的各种转向功能和蟹行功能，能快速地实现轮子和整体车架的对中，大大提高了压路机的工作效率。

7. 闭环蟹行系统

中心铰接架单液压缸蟹行系统采用闭环蟹行控制，可以方便地实现双钢轮压路机蟹行完成后前后碾压轮对中，大大提高了压路机工作效率，减轻了司机劳动强度。

第三节　压路机的转向蟹行和闭环数字转向系统

一、压路机的转向蟹行液压系统

选择蟹行模式后，将实现压路机蟹行功能。蟹行可以扩展作业面，可以实现贴边压实且防止碰撞路边岩石或建筑物。在前轮转向模式下，打开蟹行开关，按下按钮 1（蟹行电磁阀电源开关），后轮向左偏传，前轮由手柄控制器控制其偏转方向；按下按钮 2（蟹行电磁阀电源开关），后轮向右偏传，前轮同样也是由手柄控制器控制其偏转方向，前轮转向的角度根据具体路况由驾驶员任意控制。蟹行量的大小由后轮偏转的角度控制，即按钮通电时间长短决定。关闭蟹行开关后，压路机后轮自动回到直行状态，也就是和车架成垂直状态。

1. 转向蟹行液压系统设计方案一

如图 8-9 所示，系统采用 2 组（转向缸组和蟹行缸组）液压缸，通过转向器组成开式并联回路，系统中用 2 个完全相同的三位四通电磁阀分别单独控制转向缸组（一端铰接在前轮上）和蟹行缸组（一端铰接在后轮上，如图 8-8 所示），从而实现对压路机前后两个钢轮的独立转向、蟹行操作。整机的工作模式参见表 8-1（液压系统原理如图 8-9 所示）。表中"＋"表示该电磁铁通电，"－"表示该电磁铁断电）。

具体的转向或蟹行动作过程分析如下。

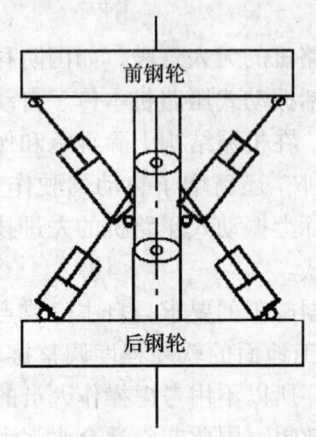

图 8-8　转向蟹行油缸安装形式

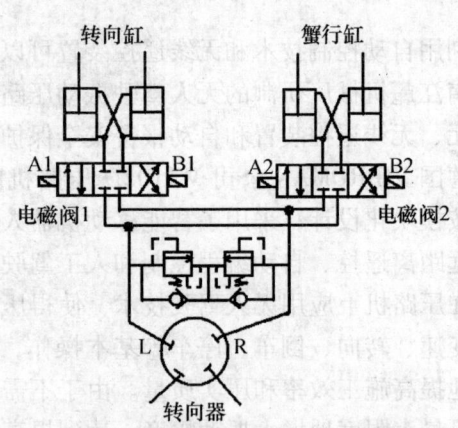

图 8-9　转向蟹行液压系统原理图

(1) 异步蟹行（两对油缸分别动作）：先给电磁铁 A1 通电，在转向器的操纵下，转向缸组推动前轮转动；然后切换到电磁铁 A2 通电，蟹行缸组推动后轮转动，从而达到异步蟹行的目的（如图 8-10 所示）。同理，当先后给电磁铁 B_1 和电磁铁 B2 通电时也可以实现整机的异步蟹行（如图 8-11 所示）。由上面的分析可以看出：为了符合驾驶员的工作习惯，最好采用先后给电磁铁 B1 和 B2 通电来实现蟹行的工作模式。

表 8-1　方案一工作模式表

A1	B1	A2	B2	工作模式	
+	—	—	—	前轮转向	异步蟹行
—	—	+	—	后轮转向	
—	+	—	—	前轮转向	
—	—	—	+	后轮转向	

表 8-2　同步蟹行工作模式

A1	B1	A2	B2	工作模式
+	—	—	+	两轮大转向
—	+	+	—	
+	—	+	—	两轮小转向
—	+	—	+	

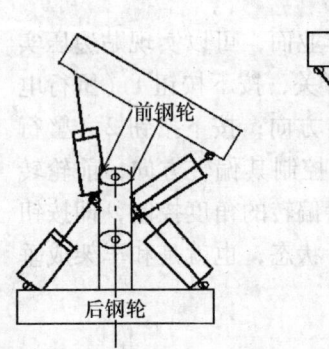 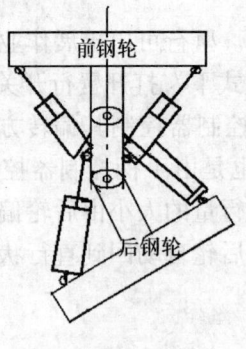

图 8-10　A1、A2 通电异步蟹行

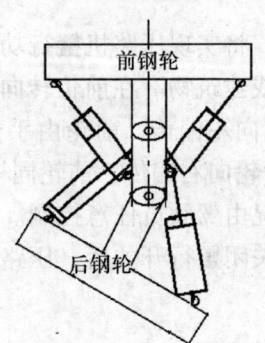 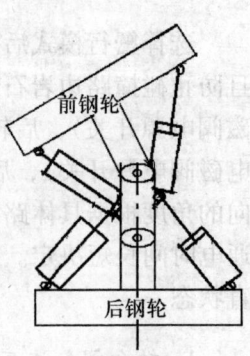

图 8-11　B1、B2 通电异步蟹行

(2) 同步蟹行（两对油缸同时动作）（工作模式参见表 8-2）

根据液压系统图分析，两个电磁换向阀分别单独控制两组油缸，因此前后两个钢轮可以同时进行同向转向（暂且称为两轮大转向），也可以进行同时反向转向（暂且称为两轮小转向），现分述如下。

① 两轮大转向控制：当电磁铁 A1 和电磁铁 B2 同时通电时，电磁阀 1 左侧位和电磁阀 2 的右侧位同时进入工作状态，在转动转向器时转向缸组和蟹行缸组同时同速动作，两组油缸推动前后钢轮向同一个方向转动，实现整机的两轮转向要求，转向后整机的姿态如图 8-12 左所示（转向盘逆时针旋转，如图 8-9 所示中转向器的 L 口为高压口，R 口为低压口）。同理，当电磁铁 B1 和电磁铁 A2 同时通电时，电磁阀 1 右侧位和电磁阀 2 的左侧位同时进入工作状态，转向器旋转时转向缸组和蟹行缸组也能同时同速动作，实现整机的两轮转向，转向后整机的姿态如图 8-12 右所示（转向盘逆时针旋转，如图 8-9 所示中转向器的 L 口为高压口，R 口为低压口），最好选择让电磁铁 B1 和电磁铁 A2 同时通电来实现整机两轮转向的工作方式，因为此时转向盘逆时针旋转前轮左移，这更符合驾驶员的工作习惯。

② 两轮小转向控制：当电磁阀 B1 和电磁阀 B2 同时通电时，电磁阀 1 和电磁阀 2 右位同时进入工作状态，实现两轮的反向转向，转向后整机的姿态如图 8-13 左所示，实现两轮的小转向；当电磁阀 A1 和电磁阀 A2 同时通电时，电磁阀 1 和电磁阀 2 左位同时进入工作状态，实现两轮的反向转向，转向后整机的姿态如图 8-13 右所示，便可以实现两轮的小转向。

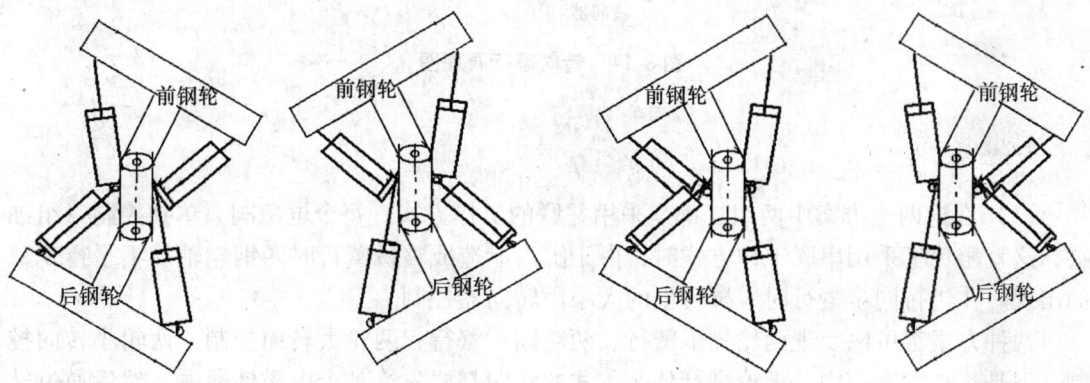

图 8-12　两轮同步蟹行（大转向）　　　　图 8-13　两轮同步蟹行（小转向）

2. 转向蟹行液压系统设计方案二

如图 8-14 所示，系统采用两组（暂且称为转向油缸组和蟹行油缸组）单杆双作用液压缸，通过转向器组成开式并联回路，系统中采用一个二位四通电磁换向阀来单独控制转向缸组，用一个三位四通电磁阀来单独控制蟹行缸组，从而实现对压路机前后两个钢轮的独立转向、蟹行操作。整机的工作模式参见表 8-3（液压缸如图 8-14 所示进行布置。表中"＋"表示该电磁铁通电，"－"表示该电磁铁断电）。

表 8-3　方案二工作模式表

电磁铁 A1	电磁铁 A2	电磁铁 B2	工作模式
－	－	－	前轮转向
＋	－	－	前轮转向
＋	＋	－	两轮转向
＋	－	＋	蟹行
－	＋	－	蟹行
－	－	＋	两轮转向

此方案中系统同样可以实现同步、异步蟹行以及两轮大转向、两轮小转向的功能。具体的转向或蟹行动作过程分析同方案一，在这里不再赘述。

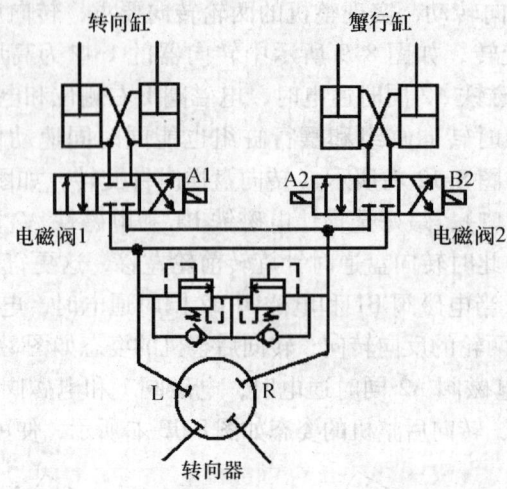

图 8-14　转向蟹行原理图

3. 总结

（1）在这两个方案中两组缸都是采用并联的工作方式，每个电磁阀只单独控制一组油缸，这就避免了采用串联工作方式时，由于缸内泄造成整机蟹行时两钢轮轴线不平行现象的出现。在进行同步蟹行时，蟹行量的大小由转向器控制。

两种方案都可以实现两轮异步蟹行、两轮同步蟹行；两轮大转向控制、两轮小转向控制。但是，在方案一中，无论进行什么方式的转向都要先给某个电磁铁通电，然后通过转向器来实现转向。而在方案二中，如果只进行单轮小转向就不需要先给电磁铁通电，可以直接通过操纵转向器来实现转向，这时的转向如同单钢轮压路机。

（2）两种方案的缺陷：这种采用整体车架和用 2 个独立的中心枢轴来转向（蟹行）的双钢轮振动压路机，由于只是采用转向盘和转向器控制转向（蟹行），因此无法判断前后轮的轴线是否平行，导致司机感官上以为车子在走直线，其实在走斜线。要解决这个问题，需采用闭环转向控制系统来实现车辆的转向（蟹行）。尤其是考虑采用闭环数字控制系统，才能很好地实现蟹行转向，从而达到很好地压实效果。

二、压路机的闭环数字转向系统

传统的双钢轮振动压路机普遍采用铰接式转向，转向不灵活且转弯半径大，蟹行量小，易产生辙痕。随着技术的发展，目前先进的双钢轮振动压路机车架为刚性整体结构，采用两个独立的中心枢轴，前后轮分别围绕各自的枢轴旋转，这样双轮转向可以获得较小的转弯半径，在狭窄的地带作业仍然有很好的机动性能，可实现真正的蟹行作业。但为了实现轮子和车架的快速方便对中，就要采用闭环数字转向控制，如 DYNAPAC、BOMAG、HAMM、ABG 等。

1. 闭环数字转向的作用

因为双钢轮振动压路机采用的是整体车架，转向是靠两个独立的中心枢轴来实现的。如果采用传统的转向盘和转向器控制转向的话，有一个很大的缺点就是无法准确判断车轮和车架是否对中，导致司机感官上以为车子在走直线，其实是在走斜线，这给压路机正常作业带来不便。因此，为了解决这个问题，缩短对正的时间，先进的双钢轮振动压路机采用闭环转向控制系统（如图8-15所示）来实现转向。

转动手柄，转向控制器得到信号，输出PWM信号给比例电磁阀，电磁阀得电，油缸动作，执行转向功能。

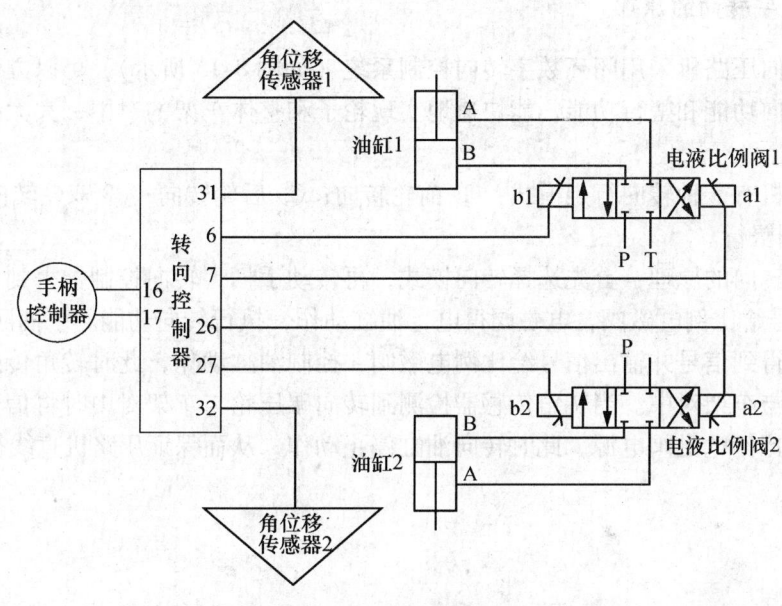

图 8-15 闭环转向控制框图

2. 转向行走模式

在前轮转向模式下，后轮自动处于直行状态，即和车架成垂直状态；在后轮转向模式下，前轮自动处于直行状态；在双轮转向模式下，前后轮状态自由。转向模式参见表8-4，前、后轮状态如图8-16所示。

表 8-4 转向模式及原理

转向模式	手柄转向	功能	前、后轮状态
前轮转向	左旋 右旋	前轮左转向 前轮右转向	后轮与车架垂直
后轮转向	左旋 右旋	后轮左转向 后轮右转向	前轮与车架垂直
双轮转向	左旋 右旋	双轮向左转向 双轮向右转向	前后轮状态自由

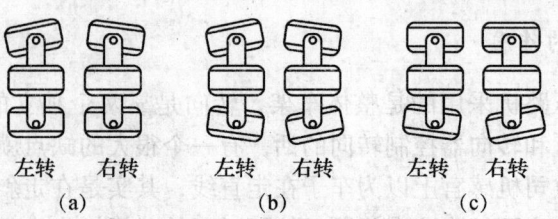

图 8-16 前、后轮蟹行状态
(a) 前轮转向；(b) 双轮转向；(c) 后轮转向

3. 闭环数字转向的原理

双枢轴转向压路机采用闭环数字转向控制系统（如图 8-15 所示），可以方便地实现压路机的各种转向功能和蟹行功能，能快速地实现轮子和整体车架的对中，大大提高了压路机的工作效率。

这种压路机有 5 种转向行走模式：① 前轮转向；② 后轮转向；③ 双轮转向；④ 左侧蟹行；⑤ 右侧蟹行。

数字闭环转向的原理：首先选择转向模式，再转动手柄，转向控制器得到信号，输出一组 PWM 信号给比例电磁阀，电磁阀得电，油缸动作，执行转向功能。手柄回到中位后，转向控制器又得到信号并输出信号给比例电磁阀，控制油缸动作，此时转角传感器检测转向碾压轮是否与车架对中。当转角传感器检测到转向碾压轮与车架对中时将信号传给比例电磁阀，切断比例电磁阀电源，此时转向油缸停止动作，从而保证压路机直线行驶。